HENAN KEJI XUEYUAN
YUANYI YUANLIN XUEYUAN YUANZHI

河南科技学院
园艺园林学院院志

（1975—2018）

园艺园林学院院志编写委员会◎编

中国农业出版社
北　京

编写委员会

主　任：周俊国　郜庆炉

副主任：朱黎娅　郑树景　张毅川

编写委员会委员：

杜晓华　郜庆炉　韩德全　何松林　李保丽　李新峥　李贞霞
刘会超　齐安国　宋建伟　王保全　王广印　姚连芳　张毅川
郑树景　周俊国　朱黎娅

第一部分　专科教育阶段（1975—1988）

负责人：韩德全　宋建伟

成　员：旦勇刚　刘慧英　王喜来　姚连芳　张贵河　张跃武　赵一鹏

联络员：王保全

第二部分　本科教育阶段（1989—2006）

负责人：姚连芳　王广印

成　员：旦勇刚　陈碧华　胡付广　姜立娜　焦　涛　李新峥　林紫玉
苗卫东　沈　军　宋建伟　王　莹　王少平　王智芳　杨和连
张传来　张忠迪　赵兰枝

联络员：李贞霞

第三部分　本科—研究生教育阶段（2007—2018）

负责人：刘会超　李新峥

成　员：陈碧华　杜晓华　扈惠灵　冀红举　李保印　李桂荣　林紫玉
刘　弘　苗卫东　沈　军　宋荷英　王少平　王　莹　张传来
张毅川　郑树景　周　建　周秀梅　贾文庆

联络员：杜晓华

序

PREFACE

河南科技学院源于1939年的延安自然科学院大学部生物系，历经北方大学农学院、华北大学农学院、华北大学农学院长治分院、北京农业大学长治分校、平原农学院、百泉农业专科学校、河南职业技术师范学院、河南科技学院等时期，至2019年，学校已走过80年的发展历程。园艺园林学院是河南科技学院下属的一个二级学院，1975年成立，在44年的组建、发展、壮大过程中，先后经历园林科、园林系、园艺系、园林学院，2011年更名为园艺园林学院。学院向社会输送专科、本科和硕士毕业生共6800多名，为河南省园艺、园林、城乡规划等领域培养了一大批专业技术、职教师资、产业管理、科学研究、技术推广、社会管理等方面的人才。

全院现有专任教师85人，其中教授11人，副教授 23人，高级实验师4人。具有博士学位的教师45人，教师队伍中有国务院政府特殊津贴专家、河南省学术技术带头人、河南省杰出人才、河南省教育厅科技创新人才、河南省骨干教师、河南省劳动模范等10余人。

学院现有4个本科专业，分别是园艺、园林、城乡规划和风景园林专业。设有蔬菜学、果树学、观赏园艺学、园艺遗传育种学、园林植物学、风景园林学、城乡规划学、建筑学、景观生态学9个教研室；有1个实验管理中心及园艺栽培、园艺植物遗传育种、景观生态、城乡规划设计、园林设计创作5个专业实验室。学院园艺本科专业为河南省首批名牌专业，2010年被评为国家特色专业，也是首批河南省专业综合改革试点专业，河南省卓越工程师培养计划试点专业，建有河南省园艺学实验教学示范中心。园林专业为省级特色专业，建有河南省园林学实验教学示范中心。城市规划专业为校级特色专业。

硕士研究生教育始于2004年，2006年蔬菜学被国务院学位委员会确定为二级学科硕士学位授权点，是学校首批硕士学位授权单位的5个支撑学科之一，2011年园艺学获批硕士学位一级学科授权点，涵盖蔬菜学、果树学、茶学、观赏园艺学和景观园艺学5个二级学科点，形成了园艺植物生物技术遗传与育种、设施蔬菜栽培与生理生态、园艺植物种质资源创新与利用、果蔬品质与营养生理方向4个研究方向，同时招收学术型和专业型硕士研究生。2018年，学校被确定为河南省博士点建设单位，其中园艺学是5个支撑学科之一，是重点建设学科。2018年学院的风景园林专业被国务院学位委员会确定为风景园林学硕士学位一级学科授权点，从2019年开始招收风景园林学术型和专业硕士研究生，有风景园林规划与设计、园林植物种质资源创新与应用2个研究方向。

园艺学为河南省第八批重点一级学科，风景园林学为河南省第九批重点一级学科，建有河南省园艺植物资源利用与种质创新工程研究中心、新乡市景观生态工程技术研究中心、新乡市草花育种重点实验室、新乡市果树种质资源与遗传育种重点实验室等省、市级科研平台。有河南省优异园艺植物种质创新与利用创新型科技团队、河南省大宗蔬菜产业技术体系耕作栽培创新团队、南瓜种质资源创新与利用河南省高校科技创新团队等省厅级科研团队。学院围绕河南省社会经济发展需要解决的突出问题开展科学研究，取得了一批重要成果。近十年来，先后承担了国家自然基金项目、国家重点研发计划、国家农业成果转化项目、河南省重大重点科技攻关项目等40余项，共发表学术论文935篇，其中被SCI、EI收录50余篇；出版学术著作25部；先后获各类科研成果奖32项，其中主持获得省级科技成果二等奖5项、三等奖2项，获得国家发明专利10项，主持省级科普传播工程项目、科技特派员项目150余项，推广科技成果100余项，为河南省地方的经济发展做出了突出贡献。

学院师生秉承“自立自强、求是创新”的校风，培养出了一大批优秀的毕业生，在全国相关行业做出了突出的成绩。近年来，学院的毕业生就业率达98%以上，全国大学英语四级及六级的通过率平均达28.39%，全国计算机等级考试达标率平均达22.21%，学生考取硕士研究生的比例近30%，学生培养质量逐年提高。

2019年学校将举行建校80周年校庆活动，为回顾学院44年发展历程，真实记录和反映学院从创建到不断壮大的过程，传承前辈艰苦奋斗、砥砺奋进的精神，激励全院教师以史为鉴，凝聚力量，再创辉煌，2018年10月，在韩德全等几位老教师的提议下，决定编写一本反映学院自1975年成立以来的发展历史的院志。一年来，在全院现职教师、退休教师及校友的大力支持下，编写人员利用工作业余时间，通过翻阅大量的档案资料、召开座谈会、电话采访等方式收集大量的资料和图片，经过反复推敲，终于在2018年7月初拿出初稿。2018年暑假，全院教师牺牲休假时间，几易其稿，于2019年8月底撰写出院志草稿，交付出版社编辑校对出版。

院志的编写按学院办学的阶段分为专科教育、本科教育和本科—研究生教育三个部分，内容上尽量做到客观、全面、翔实、连贯，以期使院志成为展现学院发展历程的一面镜子，成为感恩老教师的一块奖章，成为联结学校和校友的一条纽带。此次院志编写，学院全体教师参与总结梳理，对深化传统教育、增强爱院爱岗情感、激发工作热情、弘扬拼搏精神、推动学院良性发展具有深远的意义。

在组织编写的过程中，每当看到一件件变色的手抄文档，一张张褪色的老照片，就仿佛看到一幕幕当年老教师们艰苦办学、严谨治学的场景，看到一幕幕校友们年轻时在课外活动中生龙活虎、在课堂里踏实求学的场景……笔者被学院风雨兼程的发展历程深深感动着，也对学院以后将在专业建设、学科建设和博士点建设中取得新的成绩充满信心。在成稿之际，我谨代表学院现届党政领导和本书编委向学院初创期的老领导、老教师表示崇敬和感谢！向一代又一代曾在学院辛勤耕耘过的老领导、老教师表示真心感谢！向长期对学院给予大力支持的全体校友表示衷心感谢！向一直在一线潜心教学的全院教师表示真诚感谢！

盛世修志，继往开来。在学院建院44周年之际，让我们翻阅历史画卷，在对历史的深入思考中做好现实工作，更好地走向未来。在新的征程上，让我们携手前进，共同谱写园艺园林学院发展奋进的新篇章！

尽管我们已尽心尽力，但由于时间跨度长，编写时间紧，史料保管不善，加之我们水平有限，所以错误、遗漏在所难免，期盼广大校友和老师批评指正，以资再次修订时完善补正。

园艺园林学院院长 周俊国

2019年8月31日

目 录

CONTENTS

第一篇 专科教育阶段

（1975—1988）

一、历史沿革与发展

河南科技学院园艺园林学院是在学校原农学科园林组的基础上发展而来的，1975年经上级主管部门批准成立，名称历经园林科（1975）、园林系（1980）、园艺系（1981）、园林学院（2005）和园艺园林学院（2011）。1975年纳入河南省统一招生计划，开始招收2年制工农兵学员，1976年招收第二届工农兵学员，1977年普通高等学校招生全国统一考试制度恢复以后，开始招收3年制全日制专科大学生。1977—1988年，招收3年制园艺专科大学生857名，截至1991年7月，共为国家培养合格专科毕业生862人，大部分毕业生在河南省各地从事园艺专业工作，少部分从事行政、技术管理及教学工作，在不同工作岗位上为国家的经济建设做出了贡献。

（一）园林科的筹备

1970年春，园林组在百泉农业专科学校农学科果树课程组的基础上成立，学校派张文焕任组长，成员有郝铭荷、刘玉英、范毅、李福广、王志明、裘康羽、侯连兴、王金虎，后又增加鄢德锐。园林组的行政事务隶属农学科领导，并开始筹建园林科的准备工作，至1971年，根据当时的形势主要开展政治学习，搞政治运动，筹建园林科的工作尚未开展。

1972年，学校复课以后，当时学校向河南省有关单位申请筹建园林科，并安排园林组开展筹建工作，开始组建师资队伍，制定招生计划、教学计划和经费预算计划。后因人员少、经费不足等原因，该项工作暂停进行。

1973年，张文焕调至农学科办公室工作，学校指派郝铭荷主持园林组工作，继续筹建园林科。先后派人到河南省内外开展调研活动，了解河南省内外果树林业生产现状和生产发展趋势，以及对园林专业人才的需求情况，为园林科的成立进行了较详细的调研和论证。

（二）园艺系的成立与发展

1975年7月，经上级主管部门批准，在原有园林组的基础上，学校正式确定成立园林科。园林科由刘可升、赵世恒二位同志负责。教职工共有十余人，设1个办公室和1个园林教研组，当年正式招收75级工农兵大学生30名。

1976年，园林科机构调整为科办公室、团总支、基础课教研组和专业课教研组，王兴才、鄢德锐分别任基础课教研组和专业课教研组组长。

1977年，普通高等学校招生全国统一考试制度恢复，园林科部分教师调回农学系、基础部等单位，学校派韩永成、侯有德、王喜来到园林科工作。园林科只承担专业课及测量课的教学任务，基础课和专业基础课则由校基础部和农学系的教师担任。

1980年，学校成立新的领导班子组，根据学校建设和发展的需要，各项工作逐步走向正规，园林科根据教学管理、专业建设、课程建设及实验室建设的需要，报经学校批准，将园林科更名为园林系，原有的机构进行了细化、增加和扩大，使原有的机构更加细化，分工更加合理，责任更加明确。至此，园林系机构设置为系办公室、团总支、果树栽培教研室、果树育种教研室、果品储藏加工教研室、测量教研室，实验室主要有果树栽培实验室、果树育种实验室、果品储藏加工实验室、公共教学设备保管室。

1981年，经学校同意，园林系更名为园艺系。

自1975年园林科成立以来，在校党政的正确领导下，坚持以人才培养为根本，以教学、科研为中心，理论联系实践，突出实践教学，为我国经济建设和园林事业培养了一批合格的建设者。果树专业也成为学校主要专业学科之一，为以后的快速发展奠定了良好的基础。

二、党政管理机构与人员

（一）党政领导任职名录

表1-1　园艺系党政领导任职名录（1975—1988年）

职务	姓名	性别	出生年月	任职时间	备注
党支部（党总支）书记	刘可升	男	1934.08	1975.7—1977.3	单位负责人，侧重党务工作
	韩永成	男	1921.2	1977.3—1979.10	
	杨水云	男	1936	1979.10—1980.8	
	叶金立	男	1931.12	1980.8—1982.9	
	张贵河	男	1938.12	1983.2—1993.4	1983—1984副书记主持工作
党支部（党总支）副书记	侯有德	男	1936.10	1977.3—1979.10	
主任	赵世恒	男	1937.12	1975.7—1979	行政负责人
	鄢德锐	男	1925.11	1979—1980.8	无任命，协助业务工作
	王志明	女	1934.4	1980.8—1989.11	1980—1983副主任主持工作
副主任	王喜来	男	1954.12	1988.8—1990.3	

（二）管理机构及人员

1. 工会主席：陈立文、赵一鹏（1985年后）

2. 团委书记和辅导员

（1）1977年：王喜来任园林科政治辅导员。

（2）1982年：王喜来任园艺系团总支书记。

（3）1981年：王西平任园艺系政治辅导员。

（4）1982年：李恩广任园艺系政治辅导员。

（5）1984年：李恩广任园艺系团总支书记。

（6）1984年：旦勇刚任园艺系政治辅导员。

（7）1988年：旦勇刚任园艺系政治辅导员兼团总支副书记。

3.办公室主任（秘书、负责人）

1975—1982，马连书

1982—1988，王喜来

1988—1989，李恩广

4.教研室、实验室主任

果树栽培教研室主任：韩德全、张跃武（兼实验室主任）、宋建伟

果树育种教研室主任：王志明

果树育种实验室主任：殷桂琴

贮藏加工教研室主任：魏光裕

农业气象教研室主任：齐文虎

园林、测量教研室主任：陈立文、赵一鹏（1985年后）

蔬菜、花卉教研室主任：张百俊

三、师资队伍

（一）教师队伍建设与发展

师资队伍建设是学校的一项重要基础工程，直接关系着教学质量的高低。园艺系十分重视师资队伍建设，根据学校师资队伍建设的总体要求和安排，建系之初就从校外引进了韩德全、殷桂琴、熊晋三、陈立文等经验丰富的人员充实教师队伍，又从校内各教学单位选调赵世恒、王志明、张跃武、王兴才、杨华球等专业对口的教师任教。但随着园艺系招生人数的逐渐增加，规模的不断扩大，专业教师的数量明显不足。

1977年，恢复普通高等学校招生全国统一考试制度后，学校根据专业发展的需要，对校内机构和人员进行了调整和调动。虽然园艺系的基础课和专业基础课由外单位担任，但专业课教师仍显紧张。

为了进一步加强师资队伍建设，扩大教师数量，学校先后出台了关于加强教师培养的若干管理规定，着眼当前，立足长远，加强师资队伍建设，园艺系把握大好机遇，不失时机地狠抓师资队伍建设。一是增加教师数量。通过毕业生择优留校工作和引进应届本科生，充实教师队伍。1977年从河南农学院（现河南农业大学）引进樊万选、朱桂香；1980年，高愿军、杨成海留校；1981年从周口农业学校（现周口职业技术学院）引进孔瑾，徐澄源、刘慧英、王西平、郜六零留校；1982年从河南农学院（现河南农业大学）引进宋建伟、崔伏香、张百俊，姚连芳调入，康群威、李恩广留校；1983年从河南农学院（现河南农业大学）

引进赵一鹏、杨立峰，从西北农学院（现西北农林科技大学）引进王广印，从河南省中牟农业学校（现河南农业职业学院）引进杨玉玺、袁俊水；1984年从河南农业大学引进叶孟韬，旦勇刚、王少平留校；1985年从河南农业大学引进张传来，张永朝留校；1987年从河南农业大学引进李新峥。1988年经学校批准，气象教研室划归园艺系，齐文虎、赵兰枝和周广清三位教师也归属园艺系，至此，园艺系教师数量增至25人，加上行政人员总数近30人。二是培训提高。从1980—1988年，为了提高教师学历和知识水平，先后派高愿军、杨成海、宋建伟等十余名教师到华中农学院（现华中农业大学）等高校进修学习。

经过十多年时间的发展，园艺系师资建设得到了加强，年龄结构、学历结构、职称结构、学缘结构等方面都得到明显改善，教学质量也有了明显提高。园艺系果树专业成为学校的优势专业之一，为下一步的专业升级打下了坚实的基础。

（二）高级职称教师名录

建系之初的10年间，百泉农业专科学校和其他高校一样，职称评审不连续，教师职称晋升停滞。至1986年，职称评审工作才每年都进行。期间，共有1名教授和5名副教授在系工作。园艺系高级职称教师见表1-2。

表1-2　园艺系高级职称教师名录（1975—1988年）

序号	姓名	副高级	聘用时间（年.月）	正高级	聘用时间（年.月）
1	魏光裕	副教授	1982	教授	1986.11
2	鄢德锐	副教授	1979.12		
3	王志明	副教授	1986.11		
4	张跃武	副教授	1986.11		
5	韩德全	副教授	1986.11		
6	齐文虎	副教授	1987.11		

（三）教职工名录

截至1988年，共有55名教职工先后在园艺系工作。教职工在职及变动情况见表1-3。

表1-3　教职工在职及变动情况名单（1975—1988年）

序号	姓名	到系工作时间（年）	退休、调任或调离时间	序号	姓名	到系工作时间（年）	退休、调任或调离时间
1	刘可升	1975	1977年调任	28	杨成海	1981	1988年调离
2	赵世恒	1975	1979年调离	29	高愿军	1981	1988年调任
3	鄢德锐	1975	1980年调任	30	孔　瑾	1981	1988年调任
4	王志明	1975	在职	31	王西平	1981	1986年调离
5	张道勇	1975	1979年调任	32	徐澄源	1981	1989年调离

（续）

序号	姓名	到系工作时间（年）	退休、调任或调离时间
6	王兴才	1975	1979年调任
7	张跃武	1975	在职
8	杨华球	1975	1979年调任
9	郝铭荷	1975	1978年调离
10	马连书	1975	1982年调任
11	韩德全	1976	在职
12	侯西珍	1976	1980年调离
13	赵 玲	1976	1979年调任
14	姜振中	1976	1980年调离
15	殷桂琴	1976	在职
16	熊晋三	1976	1981年调离
17	陈立文	1977	1985年调离
18	樊万选	1977	1985年调离
19	韩永成	1977	1979年调任
20	侯有德	1977	1979年调任
21	王喜来	1977	在职
22	唐天仓	1977	1979年调任
23	朱桂香	1977	1985年调离
24	魏光裕	1979	1988年退休
25	叶金立	1980	1982年调任
26	李玉秋	1980	1987年调任
27	刘慧英	1981 1986	1982年调任 在职
33	郜六零	1981	1985年调离
34	姚连芳	1982	在职
35	康群威	1982	1986年调离
36	崔伏香	1982	1987年调离
37	李恩广	1982	在职
38	宋建伟	1982	在职
39	张百俊	1982	在职
40	王广印	1983	在职
41	张贵河	1983	在职
42	袁俊水	1983	1987年调离
43	杨玉玺	1983	1985年调离
44	杨立峰	1983	在职
45	赵一鹏	1983	在职
46	旦勇刚	1984	在职
47	叶孟韬	1984	1988年调任
48	王少平	1984	在职
49	张永朝	1985	1988年调离
50	张传来	1985	在职
51	张兆欣	1986	1989年调离
52	李新峥	1987	在职
53	齐文虎	1988	在职
54	赵兰枝	1988	在职
55	周广清	1988	1989年调离

（四）教师培训进修

教师的培养与提高，包括外语进修、脱产进修、业余进修及老教师传帮带等。

1. 外出进修

园艺系外出进修教师情况见表1-4。

表1-4 园艺系外出进修教师情况（1975—1988年）

姓名	进修单位	进修时间
马连书	河南农学院	1976.7—1976.12

（续）

姓名	进修单位	进修时间
樊万选	南京林产工业学院	1977.9—1978.7
杨成海	沈阳农学院	1981.9—1982.7
朱桂香	西南农学院	1981.9—1982.7
高愿军	华中农学院	1982.9—1983.7
徐澄源	西北农学院	1982.7—1982.7
王喜来	河南省团校	1983.6—1983.7
李恩广	北京师范学院	1983.7—1983.7
王少平	沈阳农业大学	1985.9—1986.7
宋建伟	华南农业大学	1986.9—1987.7
姚连芳	浙江农业大学	1986.9—1987.7

2. 校内脱产进修

朱桂香于1983年在校内脱产学习英语三个月。

3. 业余进修

参加校内英语业余进修班的有：宋建伟、杨成海、高愿军、姚连芳、康群威、崔伏香、王广印、赵一鹏、杨立峰、袁俊水等。

（五）集体和教师荣誉

园艺系教师所获荣誉见表1-5。

表1-5 园艺系教师所获荣誉

时间（年）	荣誉称号	教师姓名	级别
1977	优秀团员	王喜来	校级
1981	山楂生产科研全国先进工作者	韩德全	省级
1981	教学优质奖	王志明、韩德全、魏光裕	校级
1982	工会积极分子	王喜来、陈立文、徐澄源	校级
1982	优秀团员	孔 瑾	校级
1982	妇女先进工作者	殷桂琴	校级
1982	教学优质奖	韩德全、魏光裕	校级
1983	模范团员	徐澄源	校级
1984	模范党员	崔伏香	校级
1984	工会积极分子	宋建伟、康群威、赵一鹏	校级
1984	优秀团员	王喜来、宋建伟、赵一鹏	校级

（续）

时间（年）	荣誉称号	教师姓名	级别
1984	模范团干部	李恩广	校级
1984	优秀团干部	王喜来	市厅级
1985	教学优质奖	宋建伟	校级
1988	先进工作者	宋建伟	校级
1989	教学优秀三等奖	宋建伟	校级
1989	先进思想政治工作者	张传来	校级

（六）建院初期的名师

1. 魏光裕（1929.7—1990.1）

教授。男，汉族，四川万县人。1952年7月本科毕业于四川大学农学院园艺系。1982年晋升副教授，1986年晋升教授。1952年调入学校工作，为学院建系元老，1989年退休。曾任河南省园艺学会会员、河南省生态学会理事、《百泉农专学报》编委等，先后获得校“先进工作者”“模范教师”等荣誉称号。

参加国家科委、省科委下达黄淮海课题之一“河南省沙区葡萄优质丰产技术研究”，该课题获得河南省科学技术进步二等奖；主持“山楂开花结果习性的观察研究”和“GA_3在山楂生产上的应用技术研究和推广”，研究成果先后发表在《园艺学报》《果树科学》《河南科技》和《中国果树》等期刊，发表学术论文20余篇，其中7篇被《中国农业文摘》转载，编写《蔬菜研究法》《山楂贮藏加工》等著作。

2. 张跃武（1932.8—　）

教授。男，汉族，北京人。1956年本科毕业于河北农学院（现河北农业大学）果蔬专业。1986年晋升副教授，1992年晋升教授。1956年在浙江省台州农专任教，1960调入学校工作，为学院建系元老，1992年退休。曾任园艺系果树栽培教研室主任、河南省园艺学会理事、中国枣树志编委、河南园艺编委、河南职业技术师范学院（现河南科技学院）学报编委、新乡市园艺学会成果评委等，先后获得院“教学优秀二等奖”“实验室先进工作者”等荣誉称号。

先后主持“柿树花芽分化的观察”“山地苹果根系的剖面观察”“核桃嫁接技术研究”“柿果保鲜技术的研究”和“苹果盆栽优质丰产试验”等研究课题，获得河南省科技进步二等奖、三等奖各1项，编写《果树栽培》，参编《李》《中国枣树志》等著作，在《百泉农专学报》《河南园艺通讯》等杂志发表论文多篇。

3. 韩德全（1940.10—　）

教授。男，汉族，黑龙江杜尔伯特人。1969年加入中国共产党，1964年7月本科毕业于东北农学院（现东北农业大学）。1986年晋升副教授，1992年晋升教授。1976年调入学院工作，2000年退休。1992年享受国务院特殊津贴，获“国家有突出贡献专家”称号。曾任教务处副处长、园艺系主任、新科学院副院长等。曾任中国果品流通协会特邀理事、河南省果树生产科技专家组成员、新乡市教授协会常务理事。先后被河南省科学技术委员会、河南省教育委员会、河南省发展计划委员会授予河南省“高校科技开发先进工作者”，被商业部授予“山楂生产科研全国先进工作者”等荣誉称号。

参加的“河南山区综合开发治理研究”项目产生了显著的经济效益。参加的“全国协作山楂资源的考察与栽培利用研究”项目，对我国山楂资源的挖掘和整理，做了开拓性的工作，关于山楂的生物学特性及栽培技术方面的研究，填补了我国在该领域研究的空白。对苹果栽培技术的研究，提出了在黄河故道地区的自然条件下，苹果早期高产高效益的途径和配套技术，经推广应用，取得了显著的经济效益。在40余年的教学生涯中，先后获国家级、省部级教学和科研成果奖6项，出版专著13本，发表科技论文40余篇。

4. 鄢德锐（1925.1—1999.3）

副教授。男，汉族，河南正阳人，九三学社社员。1946年夏考入北京辅仁大学（现北京师范大学）生物系，1947年2月转入河北农学院（现河北农业大学）园艺系，1952年本科毕业于河北农学院。大学毕业后分配到学校（原平原农学院）工作，1979年晋升为副教授，为学院建系元老，1988年退休。曾任农学科的教研组组长、园林组组长、园艺系的教研组组长、校团总支副书记、图书馆馆长等，1986年3月加入九三学社，曾任新乡市林学会副理事长，辉县第三、第四届政协委员。

鄢德锐在山楂等植物特性研究方面取得了较大成绩，曾获得商业部科研成果四等奖，新乡地区科研成果二等奖，主编《山楂》《山楂栽培》等著作，参编《蔬菜栽培学》等著作7部，公开发表论文10余篇，其中在60年代在《园艺学报》上连续发表的3篇关于萝卜的学术论文，在我国园艺界产生较大影响。

5. 王志明（1934.3—2001.5）

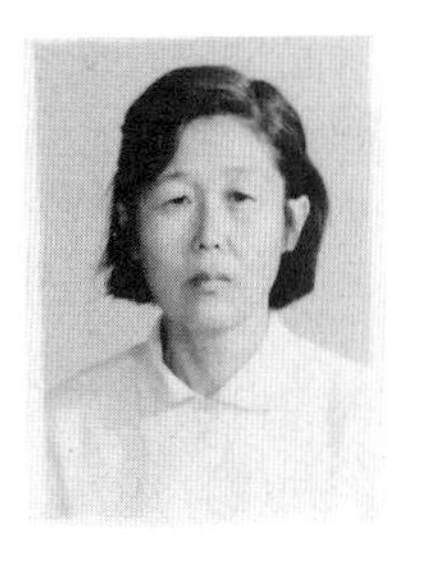

副教授。女，汉族，河北保定人。1982年12月加入中国共产党，1956年7月本科毕业于河北农学院（现河北农业大学）园艺系。1986年晋升副教授。1956年毕业分配到百泉农业专科学校工作，为学院建系元老，1989年退休。曾任园林系副主任、园艺系主任等职。曾任新乡地区园艺学会理事。多次获得新乡地区“先进妇女个人”、院“先进工作者”、“三八红旗手”等荣誉称号。

王志明长期从事教学和行政管理工作，先后获得5项省部级科研成果奖，9项地区级科研成果奖，发表学术论文多篇，出版编著3部。担任系主任期间，注重改善教学、科研条件，狠抓师资队伍建设，为园艺系的建设与发展做出了突出贡献。

6. 殷桂琴（1941.10—2008.7）

高级实验师。女，汉族，黑龙江鹤岗人。1964年7月本科毕业于东北农学院（现东北农业大学）农学系。1993年晋升高级实验师。1964—1969年在河南省博爱县林科所任技术员，1969—1976年在河南省沁阳县农业局任技术员，1976年11月调入学校园艺系工作，2001年退休。曾任园艺系果树育种实验室主任、中心实验室主任等。

殷桂琴有坚实的理论基础和实验实习技能，承担了大量实验室建设工作，组建了果树育种实验室和组织培养室，制作了大量果实标本、教学挂图、教学幻灯片等实验材料，管理的实验室曾被评为学校模范实验室，在做好实验室建设工作的同时，还积极开展科学研究，获得省科技进步三等奖和省教委科技成果二等奖各1项，编写《果树育种学实验实习指导书》《山楂育种》和《果树育种辅导材料》等多部著作。

四、教学工作

（一）专业设置与建设

（1）1975年：园林科成立后设园林专业（2年制专科）。

（2）1977年：恢复高考后园林专业学制变更为3年（3年制专科）。

（3）1978年：园林专业改设为果树专业（3年制专科）。

（4）1986年：新增果树师资专业（3年制专科）。

（二）教学管理机构设置

（1）1975年：园林系下设办公室和园林组。

（2）1976年：机构设置调整为办公室、团总支、基础课教研组、专业课教研组。

（3）1980年：机构调整为系办公室、团总支、果树栽培教研室、果树育种教研室、果品储藏加工教研室、测量教研室。实验室有果树栽培实验室、果树育种实验室、果品贮藏加工实验室，归各教研室管理。

（三）招生

（1）1975年：招收75级（一班）园林专业30名工农兵大学生。

（2）1976年：招收76级（二班）、（三班）园林专业60名工农兵大学生。

（3）1977年：招收77级（四班）园林专业43名专科生。
（4）1978年：招收78级（五班）、（六班）果树专业72名专科生。
（5）1979年：招收79级（七班）、（八班）果树专业69名专科生。
（6）1980年：招收80级（九班）、（十班）果树专业69名专科生。
（7）1981年：招收81级（十一班）、（十二班）果树专业72名专科生。
（8）1982年：招收82级（十三班）、（十四班）果树专业62名专科生。
（9）1983年：招收83级（十五班）、（十六班）果树专业61名专科生。
（10）1984年：招收84级（十七班）、（十八班）果树专业75名专科生。
（11）1985年：招收85级（十九班）、（二十班）果树专业71名专科生。
（12）1986年：招收86级果树专业34名、果树专业（果师班）30名专科生。
（13）1987年：招收87及果树专业29名、果树专业（果师班）31名专科生。
（14）1988年：招收88级果树专业32名、果树专业（果师班）28名专科生。

（四）培养方案

1.培养目标

培养德、智、体全面发展，适应社会主义农业现代化建设需要的、又红又专的高等果树科学应用人才和管理人才。

要求学生：

熟悉马克思列宁主义、毛泽东思想的基本原理，逐步树立无产阶级观点、群众观点、劳动观点、辩证唯物主义和历史唯物主义观点，拥护中国共产党，热爱社会主义，具有共产主义道德品质，积极为社会主义农业现代化建设服务。有一定的数理化基础和较好的生物学技术，掌握果树栽培育种、果品加工的基础理论，基本知识和基本技能，了解国内外果树科学技术的新发展。能运用一种外国语阅读专业书刊。具有健全的体魄。

2.学制

三年。

3.教学活动时数分配

3年制专科全学程共141周，大概分配情况见表1-6。

表1-6　果树专业专科教学活动时数分配表

教学活动	周数	教学活动	周数
理论教学	88	生产劳动	3
教学实习	6	入学、毕业教育	2
生产实习	12	军训	1
考试考察	6	假期（每年11周）	26
毕业考试	1	机动	1

4.主要教学环节和教学安排

（1）合理安排各门课程的讲述和实训实习等教学环节，保证实验实习的学时数。

（2）在理论学教学时间内，组织一、二年级学生在教师、教师实践员或技术工人的指导下参加一定的专业实践，每周一个下午，劳动内容根据专业需要通盘安排，在每次劳动前须向学生讲解劳动内容和要求，使学生及早接触专业知识。

（3）教学实习6周，主要用于植物、气象、测量、土壤、育种、果树栽培等课程。

（4）生产实习12周，集中进行。生产实习中包括一定比重的专业劳动，通过生产实习，使学生掌握主要果树的重要生产环节等基础项目，实习结束后写出实验报告。

（5）在理论教学时间内，每周星期五下午，安排一定的共产主义思想品德教育。

5.成绩考核

教学计划涉及的必修课程，以及在总学时内开设的选修课，在学习结束后都要进行考试，有些实际操作和习题、报告比较多的课程，如分析化学，果树研究学、测量学等可进行课程考查。

平时的实验、实习或考查的成绩，作为评定该课程学期考试（或考查）成绩的一部分。

毕业考试定为3门（果树栽培、果树育种、果品贮藏加工）。果树栽培通过生产实习，写出毕业论文代替毕业考试，另外两门为闭卷考试。

6.课程说明

（1）政治、体育：按教育局统一规定进行。

（2）英语：在高中学习的基础上，继续学习语音语法的基础知识，掌握常用词汇和词汇词组基本句型，通过听说写译读为阅读本专业外交书刊打下基础。

（3）高等数学：主要讲授函数概论及极限与连续概论，导数及其应用，微分及其应用，不定积分、定积分及其应用，微分方程。该课程为电算应用和生物统计课程打下基础。

（4）普通化学：主要讲授物质结构、化学的基础概论、胶体化学基本理论，与农业有关的化学元素及其主要化合物的性质和变化规律，通过实验使学生掌握化学实践的基本操作技能。

（5）分析化学：主要讲授分析化学的基本原理。以容量分析，比色分析为重点，学习掌握定位分析的基本方法。

（6）有机化学：主要讲授各类基本有机化合物的命名，结构，性质及与农业有关的重要天然有机化合物的结构与性质，主要有机反应的类型和机理。

（7）农业气象学：主要讲授气象条件、天气条件、气候条件及其与果树生产，特别是与植物病害流行和虫害发生的关系，果树生产环境的条件控制与病虫发生有关的农业气象分析及仪器使用资料整理等。

（8）植物学：主要讲授植物细胞、植物的形态、结构和功能、植物基本类群、植物分类和植物生态学等方面的基本理论。

（9）遗传学：主要讲授普通遗传的细胞学基础、遗传的基本规律、基因的分子基础、数量性状遗传和遗传力、杂种优势、基因突变等。

（10）微生物：主要讲授四大类微生物的形态构成、微生物的生长繁殖营养和环境条件、微生物对土地中物质转化的影响、微生物肥料和微生物、农药培养基制作和无菌操作。

（11）土壤学：主要讲授土壤学的基本理论、土壤的组成性质、土壤肥力的概念及其变化规律。

（12）肥料学：主要讲授肥料的种类、性质、保存及使用原理和方法。

（13）植物生理、生化：主要讲授细胞与器官的生理功能、水分、矿质营养（包括缺素诊断）、光合与呼吸作用、生长与发育等基本理论知识和田间测定方法，讲述组成植物及微生物细胞的主要成分及核酸蛋白质、脂类、碳水化合物等的化学组成结构及性质，以及它们在生命过程中的代谢，包括酶的催化作用。此外还有细胞的能量转化以及细胞的生物合成，以及对大分子的结构与功能的介绍。

（14）果树研究法：主要讲授果树研究的选题、计划拟定、设计、调查记载方法、试验总结报告等，重点讲述果树试验的基本原理、试验设计、分析方法及果树研究的特点。

（15）测量学：主要讲授测量学的基本理论，测量仪器的使用技术，地形图和航空像片的使用，以及建立果园的过程中会用到的测量技术、作业方法和制图方法。

（16）果树栽培学：主要讲授果树生长发育的规律及其与环境条件的关系，基地建设、果园管理、果树高产优质的原理与栽培技术。

（17）果树育种学：主要讲授果树育种的基本理论、选种引种、果树种质资源、良种繁育的原理和主要技术，主要北方果树的育种方法。

（18）果品贮藏加工学：主要讲授果品贮藏加工的基本理论、果品采摘后和储存过程中的生理和生化变化，分级、包装、运输和贮藏技术，加工原理和技术。

（19）果树病理学：主要讲授果树病害的基本概念，各种病原物的生物学特性。寄生物与寄主的关系、病害防治原理。

（20）果树昆虫学：主要讲授昆虫形态、分类、生态等基础理论知识和防治原理，主要杀虫剂、生物防治、主要果树害虫的发生规律、测报技术和防治方法。

（21）蔬菜栽培学：主要讲授蔬菜分类、起源、生物学特性，获得优质、高产、周年供应产品的原理和技术原则。各种蔬菜作物的生长发育规律、栽培技术和当地的栽培特点。

选修课主要有：

（1）花卉概述：主要讲授花卉的生物学特性、繁殖、栽培、管理，以及室温的管理及园林应用。

（2）造林：主要讲授造林基本知识、造林季节及病虫害防治，农田防护林、水土保持林的营造技术。

（3）果园机械：主要讲授果园所用机械的原理、性能和使用技术。

（五）教学实验室与平台建设

根据专业建设和人才培养的需要，实验室建设的发展可分以下几个阶段：

1975—1976年，建系之初刚开始招生，几乎无专门的实验室，实验课大都是利用基础部和外系的实验室进行；

1977—1980年，学校的各项工作逐步走向正轨，加之学校对专业建设的重视，加大对新建专业实验室的经费投入，实验室场所不断增加，仪器设备条件得到明显改善，实验实践教学条件逐年好转，园林科逐步成立了果树栽培、果树育种、果品储藏加工等实验室，实验室建设初具规模，基本上能开展独立的专业实验、实践教学；

1981—1988年，根据专业发展和提高人才培养质量的需要，学校进一步加大对实验室建设的投资，促进了园艺系实验室建设的快速发展。园艺系共有4个专业实验室，4个仪器保管室，1个组织培养室，1个电动仪器室，完全能满足专科专业教学的需求，并具备了开展本科教学的基本能力，为下一步开展本科教育打下了一定的基础。

1. 果树栽培实验室

共约100m^2，其中实验室60m^2，电动仪器20m^2，仪器保管室20m^2，主要承担果树栽培学的实验实习任务，自1982年后又承担了蔬菜栽培学和花卉栽培学的实验实习任务。

2. 果树遗传育种实验室

共约100m^2，其中实验室60m^2，仪器保管室25m^2，组织培养室15m^2，主要承担果树遗传育种学的实验实习任务及造林学的实验实习任务。

3. 果品储存加工实验室

共90m^2，其中实验室75m^2，仪器保管室15m^2，主要承担果品储存、果品加工学的实验实习任务。

4. 测量学实验室

共约80m^2，主要承担测量学的实验、实习任务。

五、科研工作与社会科技服务

在1975—1988年的13年间，高校确定了以教学和科研为中心的指导思想。学校同全国其他高校一样，制定政策，鼓励教师在搞好教学工作的同时，积极开展科学研究和社会服务，以科技促教学。园艺系教师先后主持和参加了国家和省级的“开发小流域治理——山楂综合开发和利用”、“黄河故道沙地葡萄优质综合开发”、“河南省杏李资源调查开发利用”、“河南省枣树资源调查”、“核桃嫁接技术研究”等10余项科研项目，获国家省部市级成果奖10余项，发表论文数十篇。学校成为全国研究山楂的中心，举办三期全国山楂培训班（图1-1、图1-2）。通过科研工作的开展，不但提高了教师的科研能力，还很好地充实了教学内容，提高了教学和人才培养质量，同时还服务了地方园林生产的发展，大力提高了学校的知名度。

图 1-1　全国首届山楂栽培技术培训班结业合影

图 1-2　全国第二期山楂栽培技术培训班结业合影

（一）科研项目及活动情况

（1）1978年：鄢德锐、韩德全主持“山楂若干生物学特性的研究”项目。

（2）1978年：鄢德锐、韩德全主持“山楂成龄树丰产栽培综合措施研究”项目。

（3）1978年：韩德全参加“苹果幼树修剪新技术研究”项目。

（4）1979年：鄢德锐、韩德全主持“河南山楂优良品种——豫北红”研究项目。

（5）1979年：张跃武主持“核桃茎解剖构造与愈伤组织形成”研究项目。

（6）1979年：王志明主持“山楂花粉母细胞减数分裂及花粉柱形成组织培养”研究项目。

（7）1979年：韩德全应邀参加中华全国供销合作总社组织的全国山楂主要产地的山楂资源考察。

（8）1980年：鄢德锐、韩德全等主持“山楂成龄树丰产栽培综合措施的研究”项目。

（9）1980年：魏光裕、杨成海等主持“赤霉素对山楂产量和品质的影响”研究项目。

（10）1980年：王志明主持“辉县果树种质资源调查及利用意见”科研项目。

（11）1981年：樊万选主持“泡桐种质资源调查收集”研究项目。

（12）1981年：韩德全应邀参加辽宁省组织的山楂科研成果鉴定。

（13）1981年：张跃武参加“核桃嫁接技术研究”项目。

（14）1981年：韩德全应邀参加商业部等单位组织的云南、江西山楂资源考察。

（15）1982年：王志明应邀参加河南省罐藏桃品种选育鉴定会。

（16）1982年：魏光裕应邀参加河南农学院（现河南农业大学）蒋建平主持的“泡桐科技资源”鉴定会。

（17）1982年：韩德全被聘为《全国山楂志》编委。

（18）1983年：张跃武、宋建伟主持“葡萄火烧育苗实验与推广”研究项目。

（19）1983年：韩德全应邀参加商业部组织的广西湖北山楂资源考察。

（20）1983年：张跃武等参加“关于延津大面积发展葡萄生产可行性探讨”项目。

（21）1983年：魏光裕应邀参加在郑州举行的“CO_2在蔬菜生产上的应用”成果鉴定会。

（22）1984年：王志明应邀参加中国农业科学院组织的“猕猴桃胚乳培养获得三倍体植株”成果鉴定会。

（23）1984年：魏光裕应邀参加“葡萄杂交育种”成果鉴定会。

（24）1984年：韩德全应邀参加中国农业科学院组织的新疆山楂资源考察。

（25）1984年：魏光裕参加新乡农业科学所组织“苹果矮化密植早期丰产”成果鉴定会。

（26）1984年：魏光裕参加河南省农业科学院组织的“Fig提高葡萄糖粉”成果鉴定会。

（27）1984年：樊万选主持“泡桐良种选育”项目，校级。

（28）1984年：张耀武主持“新乡地区枣树资源调查”项目，校级。

（29）1984年：王志明主持“木本油料浩浩芭引种试验”项目，校级。
（30）1984年：韩德全主持“山楂品种选育”项目，校级。
（31）1987年：魏光裕主持“山楂酒澄清试验”项目，校级。
（32）1987年：王志明主持“河南杏、李资源调查”项目，校级。
（33）1987年：赵一鹏主持“侧柏良种选育及栽培技术研究”项目，校级。
（34）1987年：韩德全主持“山楂资源与品种的研究”项目，校级。
（35）1987年：魏光裕主持“番茄抗病品种引进研究”项目，校级。
（36）1988年：魏光裕主持“番茄早熟高产栽培技术的研究”项目，校级。
（37）1988年：韩德全主持“山楂品种资源的研究”项目，校级。
（38）1988年：魏光裕主持“山楂酒澄清技术研究”项目，校级。
（39）1988年：赵一鹏主持“侧柏种质资源研究（第二阶段）”项目，校级。
（40）1988年：王志明主持“提高杏树坐果率的研究”项目，校级。
（41）1988年：高愿军主持“苹果化学去皮技术研究”项目，校级。
（42）1988年：张百俊主持“结球大白菜早熟栽培技术研究”项目，校级。

（二）科研获奖情况

教师科技成果获奖情况见表1-7。

表1-7　教师科技成果获奖情况（1975—1988年）

序号	获奖项目名称	奖励等级	获奖人	获奖时间（年）
1	山楂若干生物学特性的研究	新乡地区科技成果二等奖	鄢德锐、韩德全	1981
2	苹果幼树修剪新技术的研究	新乡地区科技成果三等奖	韩德全	1981
3	山楂成龄树丰产栽培综合措施研究	辉县人民政府二等奖	鄢德锐、韩德全	1981
4	泡桐种质资源调查收集	河南省科技成果三等奖	樊万选	1982
5	河南山楂优良品种——豫北红	新乡地区科技成果三等奖	鄢德锐、韩德全	1982
6	核桃嫁接技术研究	河南省科技成果三等奖	张跃武	1983
7	关于延津大面积发展葡萄的可行性的探讨	新乡地区科技成果二等奖	张跃武、宋建伟、魏光裕	1983
8	辉县果树种质资源调查及利用意见	新乡地区科技成果三等奖	王志明、徐澄源、康群威	1983
9	葡萄火烧育苗实验与推广	新乡地区农牧局科技成果三等奖	张跃武、宋建伟	1983
10	核桃嫁接技术的研究	林业部林业科学技术成果三等奖	张跃武、宋建伟	1984
11	山楂成龄树丰产栽培技术综合实验研究	商业部科技成果四等奖	鄢德锐、韩德全、杨成海	1984

（续）

序号	获奖项目名称	奖励等级	获奖人	获奖时间（年）
12	黄河故道沙地葡萄优质生产栽培试验	河南省农科院科技成果一等奖	魏光裕、张跃武	1984
13	延津县果树区划报告	新乡市科技成果三等奖	魏光裕、张跃武	1984
14	山楂结果母枝观察	新乡市科技成果四等奖	魏光裕、郜六零	1984
15	全国山楂资源考察与研究	农牧渔业部科技进步二等奖	韩德全	1985
16	河南省沙地葡萄优质丰产技术研究	河南省科技成果二等奖	魏光裕、张跃武、高愿军、杨立峰	1985
17	赤霉素在山楂生产上应用技术的研究与推广	新乡地区科技进步三等奖	魏光裕、杨成海、徐澄源、高愿军、杨立峰	1985
18	不同激素处理泡桐茎干育苗	新乡地区科技进步四等奖	赵一鹏	1985
19	侧柏种质资源研究	河南省科技进步三等奖	赵一鹏	1986
20	张武店农机化综合开发研究	河南省科技进步三等奖	王志明	1986
21	泡桐速生抗病品种选育	河南省科技进步三等奖	赵一鹏	1988
22	山楂	河南省科技著作三等奖	韩德全	1988

（三）发表论文与著作

1. 发表论文

（1）王志明. 介绍一种快速繁殖矮化中间砧苹果苗木的方法——二段枝接法. 百泉农学院学报，1976, 1:66.

（2）鄢德锐. 关于苹果夏剪问题的初步探讨. 百泉农学院学报，1976, 1: 62-65.

（3）王志明，殷桂琴. 果树花药培养小结. 百泉农专学报，1979, 1: 96-99.

（4）鄢德锐，韩德全. 关于苹果幼树的三步剪法及其探讨. 百泉农专学报. 1979, 1: 100-108.

（5）鄢德锐，韩德全. 关于山楂花期若干特性的研究初报. 百泉农专学报. 1979, 1: 81-89.

（6）熊晋三. 谈谈我省的柑橘栽培. 百泉农专学报，1979, 1: 90-95.

（7）熊晋三. 苹果树“疏花疏果”试验初报. 河南农林科技，1979, 4: 17-19.

（8）熊晋三. 谈谈柑橘栽培. 河南农林科技，1979, 9: 19-20.

（9）陈立文. 园叶毛白杨树干解析. 百泉农专学报，1979, 1: 113-120.

（10）鄢德锐，韩德全. 山楂主要结果特点的调查研究. 河南农林科技，1980, 6: 28-31.

（11）鄢德锐，韩德全. 山楂花期若干特性的研究初报. 中国果树，1980, 4: 1-3.

（12）熊晋三. 如何做好苹果的贮藏与保鲜. 河南农林科技，1980, 9: 28-30.

（13）鄢德锐，韩德全．山楂优良品种“豫北红”．百泉农专学报，1981，1: 51-52.

（14）鄢德锐，韩德全．山楂成龄树增产技术研究综述．中国果树，1981，2: 1-4.

（15）魏光裕，郜六零．辉县山楂生产的调查报告．百泉农专学报，1981，2: 65-70.

（16）樊万选．兰考泡桐花药培养简结．百泉农专学报，1981，1: 60-62.

（17）王志明，殷桂琴．山楂花粉母细胞的减数分裂．百泉农专学报，1982，1: 32-37.

（18）鄢德锐，韩德全，冯卓然，赵瑞敏，李德芳，赵聪明．山楂成龄树丰产栽培技术措施综合试验再报．百泉农专学报，1982，1: 11-20.

（19）鄢德锐，韩德全．山楂果实生长发育规律的研究．山西果树，1982，2: 19-23.

（20）魏光裕，郜六零．山楂、苹果、梨耐旱适应性与其叶组织水势关系初探．百泉农专学报，1982，1: 88-89.

（21）魏光裕，郜六零，徐澄源．赤霉素（GA_3）对山楂保花保果试验初报．河南农林科技，1982，6: 28-31.

（22）魏光裕，王西平．“豫北红”山楂花期动态．百泉农专学报，1982，2: 44-47.

（23）樊万选，陈占柱．若干泡桐品系苗期生长特性研究初报．百泉农专学报，1983，1: 101-105.

（24）樊万选．豫北太行山区森林群落的演替及其对生态系统的影响．河南林业科技，1983，Z1: 43-46.

（25）鄢德锐，韩德全，杨成海，李德芳，赵聪明．山楂成龄树丰产栽培综合措施试验报告．百泉农专学报，1983，1: 16-22.

（26）鄢德锐，韩德全，杨成海，李德芳，赵聪明．山楂成龄树丰产栽培综合措施试验简结．中国果树，1983，3: 51-52.

（27）鄢德锐，韩德全，李德芳，孙经邦．山楂成龄树单项增产措施调查研究．山西果树，1983，2: 28-32.

（28）魏光裕，杨成海，郜六零．适时浇水山楂树增产增收．河南农林科技，1983，2: 5.

（29）魏光裕，杨成海，郜六零，李德芳，赵聪明．赤霉素（GA_3）对山楂产量和果实品质的影响．百泉农专学报，1983，1: 10-15.

（30）魏光裕，杨成海，郜六零．山楂树要浇水．中国果树，1983，2: 52.

（31）魏光裕，郜六零．山楂结果母枝的观察研究．园艺学报，1983，2: 99-106.

（32）高愿军，赵玲，苗保朝，张同聚，曹运来．普通室内硅窗气调帐贮藏苹果试验初报．百泉农专学报，1983，2: 62-64.

（33）郜六零，武国定，魏光裕．山楂光合强度的测定．百泉农专学报，1983，2: 65-66.

（34）鄢德锐，韩德全，杨成海．我国山楂的种质资源．百泉农专学报，1984，2: 62-67.

（35）魏光裕，刘锋，苗琳．不同剂型“赤霉素”对山楂的增产效应．山东果树，1984，1: 25.

（36）魏光裕，杨成海，郜六零，李德芳，赵聪明．赤霉素对“豫北红”山楂产量和品质的影响．中国果树，1984，1: 54.

（37）魏光裕，郜六零，武国定．山楂光合强度的测定．山西果树，1984, 1: 26-27.

（38）魏光裕，杨立峰，徐志宾．黄河故道区葡萄建园当年全苗壮苗技术．河南科技，1984, 12: 15-17.

（39）郜六零，王彩敏，孟翠玲，魏光裕．山楂树体水势的研究．百泉农专学报，1984, 1: 53-57.

（40）樊万选，李定航．河南省召开第一次生态经济科学讨论会．生态学杂志，1984, 6: 62.

（41）宋建伟．梨潜皮蛾在苹果树上危害情况调查．山东果树，1984, 2: 21-22.

（42）宋建伟．浅谈果树环剥应注意的问题．山西果树，1984, 3: 35-37.

（43）杜广云，宋建伟，张跃武．桃、李、杏种子发芽试验初报．落叶果树，1985, S1: 45-47.

（44）鄢德锐，韩德全，杨成海．山楂主要栽培技术的生物学依据．山西果树，1985, 1: 19-22.

（45）鄢德锐．介绍几个山楂优良品种．河南农林科技，1985, 9: 28-29.

（46）鄢德锐．谈谈提高杏树坐果率的问题．山西果树，1985, 4: 20-21.

（47）魏光裕，杨成海，高愿军，杨立峰，徐澄源，郜六零，陈清华．赤霉素（GA_3）对山楂产量和品质的影响．河南科技，1985, 11: 11-14.

（48）魏光裕，杨成海，郜六零．赤霉素对山楂生产力和果实品质的影响．山西果树，1985, 4: 26-29.

（49）杨立峰，熊大庆，魏光裕．葡萄不同长度插条直插试验．百泉农专学报，1985, 1: 89-90.

（50）樊万选，王全新，朱桂香．生态经济学知识讲座（一）生态经济学的学科发展与研究概况．河南林业，1985, 2: 33.

（51）樊万选，赵一鹏，朱桂香，周景贤，刘达清，李定航．用不同的方法处理泡桐茎干育苗试验．林业科技通讯，1985, 7: 1-3.

（52）王志明，徐澄源．一个有发展价值的果树 - 杏梅．百泉农专学报，1986, 2: 70-71.

（53）王志明，徐澄源，孔瑾．灵宝县杏树资源调查，中国果树，1986, 1: 25-26.

（54）鄢德锐．辉县山楂．河南农业科学，1986, 9: 25-26.

（55）鄢德锐，胡琳山．山楂栽植密度问题的探讨．果树，1986, 4: 17-20.

（56）魏光裕，杨立峰，蒋宗良．佳利酿、白羽葡萄母枝粗度、节位与新梢上果穗数的关系．落叶果树，1986, 1: 5-6.

（57）魏光裕，杨成海，郜六零．“豫北红”山楂开花结果习性的观察研究．果树科学，1986, 1: 26-32.

（58）魏光裕，杨立峰，李熙福．葡萄幼树抽条回芽问题简析．落叶果树，1986.4: 32-33.

（59）韩德全，殷桂琴，杨成海，康群威．山楂苗期黄叶病研究初报．果树，1986, 1: 34-35.

（60）张跃武，宋建伟．地膜、生长素及扦插时期对葡萄扦插育苗的影响．百泉农专学报, 1986, 2: 43-47.

（61）叶孟韬, 魏光裕. 短枝型红星苹果生长结果习性的调查研究. 百泉农专学报, 1986, 1: 63-66.

（62）王广印, 张忠志. "无公害"蔬菜及其生产技术. 河南科技, 1986, 4: 13-15.

（63）王广印, 张忠志. "无公害"蔬菜及其生产技术要点. 河南农业科学, 1986, 5: 26-28.

（64）崔伏香. 桃带肉果汁罐头的制作. 中国果品研究, 1987, 1: 25.

（65）王志明, 徐澄源. 菊花苗试管繁殖与降低成本试验. 农业科技通讯, 1987, 11: 17, 43.

（66）王志明, 徐澄源. 葡萄单芽茎段的培养. 河南职技师院学报, 1987, 1: 18-23.

（67）鄢德锐, 余春林. 从我国盆景历史流派试探中州盆景风格. 河南职技师院学报, 1987, 1: 29-32.

（68）鄢德锐. 山楂幼树增枝促花的夏剪技术. 河南科技, 1987, 5: 20-22.

（69）鄢德锐. 山楂幼树增枝促花的夏剪措施. 河南农业科学, 1987, 5: 25-26.

（70）鄢德锐, 余春林. 提高山楂栽植成活率的措施. 果树, 1987, 4: 43-44.

（71）杨成海, 张百俊, 魏光裕. 几个葡萄品种在豫东沙区的表现. 落叶果树, 1987, 4: 28-31.

（72）韩德全, 殷桂琴, 赵一鹏, 王永建, 赵同军. 山楂幼树地膜覆盖的效果. 果树, 1987, 4: 44-45.

（73）韩德全, 殷桂琴, 杨成海, 张传来. 山楂开花结果习性观察研究. 果树, 1987, 4: 18-19.

（74）王广印. 菜花高产优质栽培技术. 河南农业科学, 1987, 5: 21-22.

（75）王广印, 张忠志. 大白菜合理施肥技术. 河南科技, 1987, 9: 8-9.

（76）王广印. 春番茄"蹲苗"技术. 蔬菜, 1987, 5: 37.

（77）王广印. 早春塑料大棚的保温增温技术. 河南科技, 1987, 12: 18.

（78）王广印. 菊芋的开发利用大有前途. 蔬菜, 1988, 1: 39.

（79）王广印, 张百俊. 抗病番茄品比试验初报. 河南职技师院学报, 1988, 2: 45-50.

（80）王广印, 张百俊, 魏光裕, 张忠治. 番茄晚疫病诊断与防治技术. 河南科技, 1988, 7: 14-15.

（81）王广印, 张百俊, 魏光裕. 引种抗病番茄品种比较试验初报. 河南农业科学, 1988, 8: 24-26.

（82）王广印. 大白菜软腐病的发生及综合防治技术. 河南科技, 1988, 9: 22.

（83）王广印. 结球大白菜早熟栽培技术. 河南科技, 1988, 10: 19.

（84）韩德全, 杨成海, 张传来. 提高新栽山楂幼树成活率的几项技术措施. 落叶果树, 1988, 4: 39.

（85）韩德全, 殷桂琴, 杨成海, 张传来. 我国山楂生产的历史、现状及其展望. 河南职技师院学报，1988，3: 18-23.

（86）赵一鹏．谈我国职业技术教育的发展趋势．河南职技师院学报，1988，3: 47-49.

2. 出版著作

（1）百泉农业专科学校．大蒜，河南人民出版社，1978.

（2）百泉农业专科学校．榆树，河南人民出版社，1978.

（3）鄢德锐，韩德全，杨成海．山楂栽培技术，河南科技出版社，1984.

（4）鄢德锐，韩德全．山楂栽培，河南科技出版社，1984.

（5）鄢德锐，韩德全．山楂实用栽培技术，农村读物出版社，1984.

（6）魏光裕．蔬菜研究法，河南科技出版社，1986.

（7）魏光裕，高愿军．山楂贮藏与加工，中国农业出版社，1987.

（四）科技服务

园艺系在努力搞好教学，提高人才培养质量的同时，结合当时农村改革、农业快速发展、园林技术匮乏滞后、农业农民渴望技术的实际，结合教学科研，充分利用科研项目、各种教学实习、假期社会实践活动、课外科研小组、假日等课余时间，充分发挥高校的科研优势，开展了多途径多形式的农村科技服务，为农村经济发展注入了活力，取得了较为显著的经济效益和社会效益。在深入广泛地开展科技服务的同时，也锻炼了教师队伍，提高了整体师资水平，培养了学生过硬的实践动手能力，实现了学校和地方的双赢，受到了各级政府、学校领导和广大受益群众的表彰和赞誉。

（1）1983—1985年，魏光裕主持“沙地葡萄优质丰产科研”项目，举办各种类型的葡萄育苗、栽培、病虫害防治、贮藏加工等培训班数十期，累计培训达数千人次。帮助引进葡萄品种20余个，建立品种园1个，指导葡萄园近2万亩*，第三年亩产2 500千克以上。发表葡萄科技文章10余篇。

（2）张跃武主持的“河南省枣树资源调查”项目，摸清了河南省豫北各县及新郑县枣树资源的类型及分布，提出了枣树合理开发利用的建议。指导枣树生产数万亩，促进了枣树栽培技术水平的提高。制作虫叶、果实标本数万件套，胶片数万张。培训群众数百人，83届、84届、85届参与学生人数达百余人次。

（3）王志明主持的“河南省杏、李资源调查研究”项目，摸清了河南省杏、李资源的现状和分布，为杏、李资源的合理开发利用提供了重要依据。在调查过程中，指导杏、李生产面积达数万亩。培训技术人员数千人次，印发技术资料数千份，发表科普文章10余篇。

（4）利用冬季修剪、夏季修剪、毕业生产实习开展科技服务。园艺系每年都组织进行4周冬季修剪实习、1周夏季修剪实习和3个月的毕业生产实习。所有的实习全部是利用校外国企农场或集体果园。多年来为群众义务讲授果树综合栽培技术，累计培训达数万人

* 亩为非法定计量单位，1亩≈667米^2——编者注。

次。通过实习既培养锻炼了学生，又服务了生产，还扩大了学校在社会上的影响力。

（5）举办果树栽培培训班。在校内为孟县、辉县等县举办果树培训班十余期，累计培训学员数百人次。举办或参与各种类型的中、短期培训班数十期，累计培训技术人员数千人次。

（6）教师以技术顾问的身份，开展科技服务。张跃武、韩德全、杨成海、高愿军、宋建伟、张百俊等多位教师都曾被县区聘任为园艺生产技术顾问。一方面为受聘单位提供技术方案、技术信息，进行技术培训；一方面在关键季节到现场进行示范指导。累计指导果树生产面积达数十万亩。

（7）学生以课外科技小组的形式，开展科技服务。根据任课教师的科研课题，组织学生参加或组成课外科技兴趣小组，在教师的指导下，利用假日定期到果园或果树种植户家中进行实际动手操作，帮助农户进行生产。

（8）以学生与农户结对帮扶的形式，开展科技服务。在教师的指导下，组织学生利用星期天等课余时间，与学校附近的园艺种植户结对子，开展一对一的技术帮扶。既锻炼了学生的实际动手操作能力，又服务了群众。十余年里，共组织学生联系辉县的卓水村、刘店村、小屯村等十余个村的100余户，指导园艺生产面积500余亩。

六、学术交流

（一）学术活动与学术会议

（1）1979年1月：邀请中国农业科学院果树研究所汪景彦副研究员来学校作“苹果树简化修剪”和“乔砧矮化栽培”的学术报告。

（2）1979年3月：邀请河北农业大学曲泽州教授、王永惠教授，西北农业学院（现西北农业大学）许朋宪副教授，沈阳农学院（现沈阳农业大学）张育民副教授、洪建泾等来学校作学术报告。

（3）1979年5月：邀请河南省农业科学院林科所王遂义副研究员来学校作“河南野生水果资源”专题讲座。

（4）1979年6月：樊万选应邀为河南省林业厅举办的林木育种培训班作学术讲座。

（5）1979年8月：韩德全应邀参加中华全国供销合作总社组织的北方九省山楂资源考察。

（6）1980年12月：魏光裕应邀参加林县召开的山楂会议。

（7）1981年4月：韩德全为本系师生作“河南省山楂栽培与应用”的专题报告。

（8）1981年11月：鄢德锐应邀参加河南农学院（现河南农业大学）果林方向研究生毕业论文答辩会。

（9）1981年11月：邀请华中农学院（现华中农业大学）夏鸣鼎副教授来学校作“果树研究法”学术报告。

（10）1981年12月：园艺系侯召贤同学向全系作“植物激素与果树栽培”的专题报告。

（11）1982年12月：园艺系汪瑞山同学向全系学生作“一种新兴果树——中华猕猴桃”的专题报告。

（12）1982年，新乡市公园程贵出工程师应邀作“花卉栽培与利用”专题报告。

（13）1982年4月：邀请民权农场总工程师陈怡作“河南葡萄栽培林木”专题报告。

（14）1982年11月：魏光裕应邀参加河南省在林县举办的“山楂栽培研讨会”。

（15）1983年，邀请郑州果树研究所王宇霖副研究员作“果树生产和科研”的专题报告。

（16）1983年，邀请洛宁县林业局王哲理工程师作“核桃子苗嫁接技术”专题报告。

（17）1983年11月：杨成海参加河南省农业科学院组织的果树修剪会议。

（18）1983年12月：魏光裕应邀参加河南省在济源县举办的山楂栽培培训班讲课。

（19）1984年4月：杨成海应邀参加河南省园艺学会学术报告会。

（20）1984年6月：魏光裕应邀参加河南省园艺学会主办的《果树研究法》培训班授课。

（21）1984年：特邀北京农学院曲泽州教授、华南农业科学院周启明教授、中国农业科学院柑橘研究所所长周开隆研究员作果树学术报告。

（二）学术兼职

教师学术兼职情况见表1-8。

表1-8　教师学术兼职情况一览表（1975—1988年）

姓名	兼职机构	兼职职务	时间（年）
熊晋三、鄢德锐	河南省园艺学会（第一届）	理事	1979
鄢德锐	新乡地区园艺学会	副理事长	1979
姜振中	新乡地区园林学会	理事	1979
张跃武	河南省园艺学会	理事	1981
张跃武	全国枣树志	编委	1981
张跃武	《河南园艺》杂志	编委	1984

七、学生工作

（一）历届学生名册

1. 园林1班（1975.9—1977.7）

陈和芬　程玉环　崔国才　杜振华　关素珍　胡志才　霍学文
贾西凯　康永清　李凤珍　李晓林　李玉凤　廉令旭　梁振会
刘道敏　马秀峰　毛太祥　乔宪生　秦会通　任何忠　申兰英

王　趁　王淮河　王宪杰　王小爱　王秀叶　徐令香　杨龙宽
张庆连　职法清

2.园林2班（1976.9—1978.7）

安英格　毕宪生　杜法臣　葛小社　何为华　霍亚兴　贾学波
孔繁昌　李　伟　李建军　李　立　李林学　李守广　李树叶
李占元　刘全歧　路中会　宋永芳　汤鲜花　王水鲜　魏闻东
许保成　杨运香　翟淑琴　张道会　张素玲　张小芬　赵桂枝
周白孩　周文彬　张素粉

3.园林3班（1976.9—1978.7）

崔玉娥　董和平　冯集体　谷永丰　候长来　李河旺　李满香
李培聪　李培菊　李天雄　李小雪　李业安　栗红芳　刘　珍
马全兴　毛秀齐　庞金花　任素芹　宋艳霞　王经文　王小占
王秀梅　王玉兰　王振云　岳世河　张凤芹　张根群　张怀龙
赵永梅　左光炎

4.果树4班（1977.9—1980.12）

曹永林　陈建业　崔学业　高愿军　郭春坡　郭更亲　韩俊章
韩喜斌　贺永耀　黄汉中　金新富　李金兰　李兴华　刘　景
刘荷芬　刘宏潭　刘启刚　刘启华　刘先驱　吕海平　马玉德
孟月娥　潘　峰　秦金林　秦培义　商洪光　石远银　唐　薇
王国全　杨成海　杨善稳　姚丽勤　姚连芳　余翠华　翟渊博
张发林　张国芳　张建庄　张麦生　张新聪　张彦生

5.果树5班（1978.9—1981.7）

张世勋　陈同兴　范永兰　高　永　郜六零　顾秀丽　管明德
郭顺江　韩三喜　蒋成生　李翠萍　李国建　李锦然　李俊杰
李向东　刘建中　罗宗权　尚永利　邵顺学　申　涛　王广顺
王建成　王盼格　吴新治　杨松林　杨增楼　余学友　张秋英
张振平　赵耀平　郑建威　朱合庄　史锁乾

6.果树6班（1978.9—1981.7）

常焕武　杜习祥　樊培勋　付万和　韩爱桃　韩元玉　和贵生
贾平原　李高扬　李守相　李有才　栗进朝　刘慧英　刘文学
刘志强　吕万祥　马兴旗　孟振武　秦彩凤　秦　路　任灵恩

沈栓柱　宋建生　孙　振　田金旗　王文英　王西平　王小兴
王新广　王新华　王振东　徐澄源　严　峻　杨洪超　张海洲
张素梅　周国庄

7. 果树7班（1979.9—1982.7）

曹运来　韩维领　侯召贤　胡才章　胡云河　姜永来　康群威
李恩广　李　伦　李清来　李淑琴　李振泰　梁怀钦　廖天稳
刘富安　刘小江　毛金成　牛桂英　屈家厂　沙瑞山　石建中
孙海山　王丹宁　王在晶　王尊发　徐海斌　姚明寅　张东良
赵清保　赵富贵　赵淑昶　赵一功　赵战芳

8. 果树8班（1979.9—1982.7）

安呈军　陈同居　杜纪格　段学典　韩振清　侯平洋　贾耀军
金勇杰　蔡敬祥　郎福龙　李德全　李俊德　李　伟　李正奇
梁志宏　刘全兴　刘小喜　吕志耀　米纪文　苗保朝　邱灿录
任乾同　盛正武　唐兴宏　王爱芳　王红梅　吴少星　杨全亮
杨文卓　张同聚　张孝峰　赵年双　郑业顺

9. 果树9班（1980.9—1983.7）

车照海　陈　宏　程秀兰　楚士俊　董相育　耿秀珠　郭春峰
何梅生　洪桂祥　黄建华　黄宗泽　贾书建　康成君　孔卫国
李保全　李保中　李定江　李建中　梁桂生　苗　琳　任向伟
宋国立　王德才　王华兴　王火雷　王密霞　王庆功　吴显东
武俊生　徐　彬　杨金超　姚　勇　姚新安　袁新节　原国富
朱西伦

10. 果树10班（1980.9—1983.7）

柴荣成　董华河　董民富　付喜龙　高社敏　何　鉞　靳锡山
孔令奎　刘　锋　刘红丽　刘洪亭　刘怀安　卢保善　马耕天
孟翠玲　王　敏　王彩敏　王庆民　王天保　王伟华　王文军
王玉峰　王忠贤　武国定　武敬军　徐新春　闫玉雷　姚宝珍
张宏志　张如刚　张小森　赵明月　赵长江　周明林　周清瑞

11. 果树11班（1981.9—1984.7）

郭付旺　王丰恩　杨　明　孟凡松　史济花　解　龙　付延炎
李明宪　张卫真　魏景宽　李芳华　徐志宾　王坤岭　党向兵

王泽予　刘软林　杜宏超　熊大庆　徐继红　王志强　王建业
宠在本　李新愿　秦东升　梁宏松　寇保良　李国让　冯富真
王维勤　李荣彦　马丙良　旦勇刚　王启明　李习和　张国有

12. 果树12班（1981.9—1984.7）

王振豪　侯春湘　吴金成　王　彩　王二合　陶青松　张保强
张泽洪　张玉忠　黄运超　王少平　路买林　涂　喆　魏海建
丁锦平　侯富荣　李振东　赵卫东　张宏套　李风仙　王灵均
李熙福　陈平富　宋旭军　和洪锋　魏寅初　张有成　武文全
任玉昭　冷佩军　任雪玲

13. 果树13班（1982.9—1985.7）

陈进友　崔禄仁　杜广云　韩保国　郝海民　贺延欣　蒋宗良
金松灿　李法正　李峰梅　李桂芝　李增兰　刘地泰　刘家来
刘　磊　毛继富　卿树政　申海明　沈洁明　王洪凯　王清芝
王永梅　席志宏　薛武宗　尹章文　张凤杰　张国安　张魁长
张万青　张喜银　张永朝

14. 果树14班（1982.9—1985.7）

曹玉星　畅兴国　陈金宝　陈淑娴　陈香梅　储鹤鸣　樊晓杉
甘记录　晋海金　康　艳　兰文彬　李　良　李永峰　刘会超
刘启山　刘竹梅　卢胜军　万善友　王仁亮　王勋章　徐庆立
张春霞　张凤德　张奇普　张青旺　张胜军　张望先　张新成
赵昌锋　朱广金

15. 果树15班（1983.9—1986.7）

董永毅　方东红　郭清芝　郭小庆　衡彦习　黄　伟　黄宝生
李宝玲　李　峰　李加辉　李茂军　李世明　刘金凡　刘金华
刘永峰　刘永珍　刘玉申　娄　瑜　娄元功　陆其芹　吕春峰
潘冠中　屈清玉　王大用　王玉花　杨长杰　张炳彦　张应开
赵成民　赵雪展　赵宗淑　周普菊

16. 果树16班（1983.9—1986.7）

陈聚海　仇宏昌　段青芳　冯亚军　郝绍谦　金　宏　李　凤
李根成　李贵新　李江波　李小栓　李艳丽　刘纪生　刘孝锋
阙静修　邵　平　孙　恒　王春雷　王　晖　王毅飞　王玉芝

闫安利　闫变芳　杨运华　尤雨仙　袁国民　张方扬　张焕珍
张喜良　张永久　张正强　郑宝梅　郑金成　周登发

17. 果树17班（1984.9—1987.7）

白爱香　陈云峰　杜彩霞　方永旗　冯　军　郭万里　郭　晓
韩锡强　蒋松山　李保龙　李长山　李俊红　刘保才　刘　希
刘夏彬　陆建华　吕建刚　牛和举　荣青海　董如意　王文杰
王晓军　吴继红　武淑桃　杨　刚　杨廷录　姚顺利　袁莲花
张建设　张　禼　张中强　张周祥　郑传俊　朱良钰

18. 果树18班（1984.9—1987.7）

曹学国　陈翠荣　陈红刚　陈维权　董克海　都保国　杜绪明
冯春叶　耿春梅　郭土臣　韩成琦　郝德军　何景忠　李永梅
李志强　李其海　刘道海　刘天喜　毛清梅　齐淑娟　秦振梅
王达丛　王广山　王国全　王永健　韦学臣　辛　钊　尤宇新
于云婕　余春林　张存厚　赵建华　赵同军　赵振营　周　谨
朱建国　朱素玲　张立新

19. 果树19班（1985.9—1988.7）

陈国民　陈汉群　葛中仁　何运富　郝德军　赫振华　李德才
李金香　李士华　李玉清　刘爱峰　刘　巍　梅存英　孟明军
牛桂花　秦向量　秦自生　苏国顺　苏武生　孙宾超　田爱香
田小根　王天河　王云冰　芮旭耀　徐世启　徐晓婷　薛胜军
杨　华　袁新华　张尚伦　张树勤　张祥新　张　鑫　张兴河
张玉峰

20. 果树20班（1985.9—1988.7）

曹守群　程彦玲　勾喜爱　胡鑫峰　黄民献　黄彦真　李长领
刘　斌　马秀龙　毛胜利　潘渊志　潘战社　钱竹梅　苏群环
仝兆振　王景迅　王荣静　王同新　王振盛　吴瑞红　吴文乾
谢保富　徐国光　杨世宏　杨　勋　杨长江　张继林　张明新
张丕立　张世运　张小荣　张玉洁　张再仓　赵金龙　赵亚东

21. 果树86班（1986.9—1989.7）

陈　冰　陈恒庆　陈秀坤　程国和　杜长满　范钦民　韩为强
李文华　李　杨　林成付　刘淑媛　刘为民　娄革命　马大伟

马尚军 聂长亮 史润生 陶 冶 王红生 王世伟 王素霞
王天江 王万春 王水英 吴合昌 叶建伟 袁云珍 张改平
张俊峰 张有生 赵小山 周艳萍 王 萍 唐蓉蓉

22.果师86班（1986.9—1989.7）

陈祥生 程艳君 杜贺亮 杜鹏飞 杜雪芹 扶元华 古超民
郭相俊 李青彦 刘 青 刘 岩 马 刚 孟 进 申学良
苏 志 孙君峙 孙心民 万二双 王长海 王水龙 徐风雨
徐显伟 徐 娅 杨长伟 杨清闯 彭永行 张旭瑞 张永贵
赵东峰

23.果树87班（1987.9—1990.7）

安东方 曾庆发 丁贤玉 董红伟 董长辉 顾 杰 郭立霞
琚瑞江 孔新华 李艳华 李 愔 刘新梅 明廷湖 邵长虹
王慧英 王金旺 王俊长 王明伟 王新文 王耀武 魏光辉
魏新民 文 进 薛兰学 杨四营 张新成 张雪苗 张元文
赵根群

24.果师87班（1987.9—1990.7）

白伍云 曹汉东 曹合轩 曹庆友 陈国华 崔庆海 董玉周
杜恭权 付凤春 付行先 郭 才 郭祥旭 郭晓录 何 健
洪富荣 胡 晓 焦明霞 李全德 刘 斌 卢 福 鲁四利
吕凤侠 吕 森 乔忠义 曲怀霞 史宏道 孙铁钢 王家军
王书魁 吴章运 武书谭 辛九远 徐铁军 杨雯宏 张秋娟
张中锋 赵国胜 赵 飒

25.果树88班（1988.9—1991.7）

白伍云 付凤春 付行先 郭祥旭 郭晓录 何 燕 贺雪峰
李红旗 李鹏飞 李平河 李卫平 李文霞 梁 锐 苗进国
师予彪 石玉霞 宋全胜 孙开成 万少侠 王国臣 王海更
王穹霄 吴运舟 徐文贵 许 睿 闫丽君 杨静国 杨庆勋
张俊龙

26.果师88班（1988.9—1991.7）

金 辉 谢书祥 王全新 尚中枝 牛卫红 王 新 张士雨
常新年 张慧君 张金霞 孙峻峰 韩彩红 李会玲 李天义

付文海　申丽花　李文俊　王鹏辉　权继普　莫　霞　曹　信
陈启明　李圳波　祁玉峰　王军利　王同春　杨桂荣　谷启龙

（二）学生工作情况

1. 专职学生管理政工队伍建设

随着高校招生工作正常化发展，学生人数的增加，为进一步加强学生管理工作，园林系从1977年开始成立专职政工队伍，王喜来、王西平、李恩广、旦勇刚先后担任政治辅导员。

2. 兼职学生管理队伍建设

为了进一步加强学生管理工作，园林系还成立了兼职学生管理队伍。

（1）1977年：陈立文、姜振中兼任班主任。

（2）1979年：陈立文、韩德全、樊万选兼任班主任。

（3）1983年：宋建伟、杨成海、康群威、袁俊水、赵一鹏等担任班主任。

（4）1985年：张传来、张永朝等担任班主任。

（5）1986年：张传来、张兆欣等担任班主任。

（6）1988年：张传来、李新峥等担任班主任。

3. 团总支建制发展

从1980年起为加强学生政治思想工作，园林系扩大和规范了团总支建制。

（1）1980年团总支委员会

书记：王喜来
副书记：唐　薇
组织委员：陈同兴　李恩广
宣传委员：段学典　马耕天
文体委员：沈栓桂　李保全

（2）1981年团总支委员会

书记：王喜来
副书记：王西平　李恩广
组织委员：段学典　刘　锋
宣传委员：李保全　张天祥
学习委员：王西平（兼）
文体委员：赵战芳　杨　明

（3）1982年团总支委员会

书记：王喜来
副书记：马耕天　王西平
组织委员：刘　铮　李恩广
宣传委员：杨　明　李保全
学习委员：王西平（兼）

文体委员：张天祥　马耕天（兼）
(4) 1983年团总支委员会
书记：王喜来
副书记：李恩广　黄运超
组织委员：娄　瑜　李恩广（兼）
宣传委员：杨　明　李　良
(5) 1984年团总支委员会
书记：李恩广
副书记：旦勇刚　张万青
组织委员：席志宏　刘保才
宣传委员：李　良　方东红
文体委员：刘孝峰　余春林
(6) 1985年团总支委员会
书记：李恩广
副书记：旦勇刚　张万青
宣传委员：李　良　方东红
组织委员：席志红　刘保才
文体委员：刘孝峰　余春林
(7) 1986年团总支委员会
书记：李恩广
副书记：旦勇刚　赵成民
宣传委员：方东红　孟明军
组织委员：刘保才　张继林
文体委员：刘孝峰　余春林
(8) 1988年团总支委员会
书记：旦勇刚
副书记：辛九远
组织委员：付行先　申学良
宣传委员：权继普　王天江
文体委员：刘　斌　安东方

4.学生会建设发展

为了加强学生的自我管理，自我教育，自我培养和自我发展，园林系成立了学生会。
(1) 1980年系学生会
主席：严　俊
副主席：李志强、翟渊博
宣传部部长：李志强（兼）；副部长：秦彩凤

学习部部长：翟渊博（兼）；副部长：余学友
生活部部长：张同聚；副部长：胡志河
文体部部长：徐澄源；副部长：高愿军
女生部部长：刘慧英；副部长：唐　薇
（2）1981年系学生会
主席：严　俊
副主席：刘志强、李恩广
宣传部部长：刘志强（兼）；副部长：秦彩凤
学习部部长：余学友；副部长：陈　宏
生活部部长：张同聚；副部长：胡志河
文体部部长：徐澄源；副部长：何　铖
女生部部长：刘慧英；副部长：牛桂英
（3）1982年系学生会
主席：黄运超
副主席：张万青、王　晖
宣传部部长：侯春湘
学习部部长：党向兵；副部长：赵成民
文体部部长：张万青（兼）；副部长：王春雷
生活部部长：付廷炎；副部长：晋海金
女生部部长：王少平；副部长：沈洁明
办公室主任：陶青松
（4）1984年系学生会
主席：张万青
副主席：赵成民、杜绪明
宣传部部长：杨长杰；副部长：李茂军
学习部部长：王　晖；副部长：类　瑜
文体部部长：王春雷；副部长：郭　晓
生活部部长：晋海金；副部长：李世明
女生部部长：沈洁明；副部长：于云婕
（5）1985年系学生会
主席：杜绪明
（6）1986年系学生会
主席：杨　勋
（7）1987年系学生会
主席：王世伟
（8）1988年系学生会

主席：辛九远

5.加强对学生政治思想主题教育活动

从1983年开始在一、二年级中开设德育课。授课时间为双周星期五，每学期讲5个专题，任课教师由园林系党总支书记张贵河，团总支书记李恩广，办公室秘书王喜来，德育教研室娄源钊担任。

一年级，主要进行培养目标，继承优良传统，遵守组织纪律，端正学习态度和掌握正确的学习方法的教育。

二年级，主要开展世界观，人生观，价值观教育，培养学生树立远大理想，提高思想政治觉悟和掌握并运用辩证唯物主义思想。

6.学生评先评优工作

（1）1977年

优秀团员：

杜法臣　赵桂枝　张素玲　葛晓社　徐宝成　周文彬　李占元　贾雪坡　孔凡富
宋永芳　李林学　汤鲜花　霍亚兴　路中会　何为华　李守广　周白孩　张素粉
谷永才　李天雄　张怀龙　王经文　刘　真　宋艳霞　王秀梅　王玉兰　马金兴
毛秀齐　李小雪　李增聪　任何忠　王小爱　贾西凯　秦会通　康永青　王秀叶
王　趁　杨龙宽　李晓林　胡志才　乔宪生　职发青　张庆连　王维河　毛太祥

（2）1979年

优秀三好学生：

翟渊博　高愿军　杨成海　沈栓柱　秦　露　李进朝　余学友　邵顺学　李翠平

三好学生：

姚连芳　孟月娥　李兴华　崔学业　贺永跃　唐　薇　刘先驱　马兴旗　常焕武
韩爱桃　刘志强　任灵恩　罗宗权　郭顺江　范永兰　王建成　张振平

（3）1980年

优秀三好学生：

唐　薇　张国芳　高愿军　杨成海　邵顺学　郜六零　申　涛　张秋实　韩爱桃
严　俊　刘慧英　常焕武　王爱芳　张国聚　王红艳

三好学生：

崔学业　张建庄　郭春波　翟渊博　姚连芳　贺永贤　秦金林　刘　景　余翠花
李翠平　李俊杰　张国斌　杨增楼　史锁乾　吴新志　韩三喜　刘志强　秦　露
徐澄源　李高扬　沈栓柱　任灵恩　栗进朝　王舟宁　屈家厂　沙瑞山　李清来
牛桂英　赵清保　李淑琴　刘付安　姜永来　梁怀钦　黄宗泽　侯平扬　杨文卓
张孝峰　蔡敬祥

（4）1981年

优秀三好学生：

余学友　郜六零　栗进朝　康群威　梁怀钦　刘　锋　黄宗泽　韩振清

三好学生：
邵顺学　申　涛　王建成　李翠平　陈同兴　刘志强　严　峻　徐澄源　李高杨
任灵恩　秦　露　陈　宏　王火雷　王庆功　李保中　苗　琳　何梅生　王丹宁
赵战芳　赵淑昶　沙瑞山　李恩广　屈家厂　武国定　付喜龙　武敬军　靳锡山
王玉峰　孟翠玲　李保全　唐兴红　吕志跃　苗保朝　安成军　陈同居
模范学生干部：
余学友　严　峻　任灵恩　李保全　李恩广　梁怀钦　靳锡山　吕志跃
新乡市新长征突击手：刘　锋（10班）。
优秀团员：
邵顺学　余学友　王建成　申　涛　蒋成生　顾秀丽　徐澄源　韩爱桃　李高扬
刘志强　栗进韩　任灵恩　梁怀钦　姜永来　李清来　屈家厂　王尊法　康群威
李恩广　吕志跃　赵年双　李俊德　李正奇　王红梅　段学典　原国富　王火雷
李保全　李保宗　王德才　苗　琳　姚宝珍　何　铖　刘　锋　马耕天　靳锡山
付保龙
（5）1982年
优秀三好学生：康群威　勒锡山　李振东
三好学生：
梁怀钦　姚明寅　赵战芳　屈家厂　孙海山　毛金成　段学典　赵年双　李德全
陈同居　李俊德　吕志跃　盛正武　李保中　苗　琳　王火雷　陈　宏　王德才
耿秀珠　李保全　武俊生　王玉峰　王庆民　武国定　刘　锋　王彩敏　秦东升
寇保良　史济花　孟凡松
模范学生干部：段学典　李恩广　原国富　姚宝珍　党向兵　张天祥
优秀团员：
原国富　王火雷　王德才　李保中　马耕天　姚宝珍　何　铖　刘　锋　秦东升
党向兵　史济花　旦勇刚　侯春湘　张天祥　魏寅初　冷佩军
（6）1983年
优秀三好学生：沈洁明　孟凡松
三好学生：
徐庆生　卢胜军　李　良　康　艳　晋海全　陈香梅　杜广云　韩保国　刘　磊
李峰梅　解　龙　寇保良　李习和　杨　明　王　彩　魏寅初　陶青松　侯富荣
李振东
模范学生干部：李　良　席志宏
优秀团员：
陈　宏　任向伟　何梅生　苗　琳　李保中　武国定　武俊生　黄建华　王文军
赵明月　姚宝珍　刘红丽　侯富荣　李振东　和洪峰　吴金成　陶青松　沈洁明
韩保国　李峰梅　席志宏　廖洪范　李　良　张望先　张奇普　陈香梅　李荣景

解　龙

模范团干部：李保全　杨　明　卢胜军

在"学习张海迪，做合格大学生"演讲比赛中刘红丽获省一等奖　团中央二等奖。刘红丽、侯春湘获学校一等奖，苗琳获二等奖，武国定获三等奖。

（7）1984年

三好学生：

娄　瑜　赵成明　吕春峰　郭小庆　赵雪展　郑宝梅　张正强　朱广金　李峰梅　沈洁明　韩保国

模范学生干部：赵成明　郑宝梅　李峰梅　沈洁明

"新乡市新长征突击手"：娄　瑜（15班）

模范团干部：杨　明　黄运超　沈洁明　张望光　方东红

优秀团员：

党向兵　徐志宏　李习和　旦勇刚　孟凡松　冯富真　杨　明　王振豪　张保强　任玉昭　季丰毅　陶青松　和洪峰　黄运超　王少平　刘地太　席志宏　蒋忠良　杜广云　韩保国　沈洁明　李峰梅　李　良　朱广金　康　艳　张望先　黄保生　赵雪展　郭小庆　赵成明　娄　瑜　方东红　吕春峰　郑宝梅　李小栓　张正强

吕春峰（15班）获一等奖学金，娄　瑜、赵雪展、郭小庆、赵成民（15班）、郑宝梅、张正强（16班）获二等奖学金。

（8）1985年

优秀三好学生：吕春峰　刘金华　娄　瑜　李世明　陈翠荣

三好学生：杨长杰　郭小庆　赵成民　郑宝梅　李保龙　赵振营　陈云峰

模范学生干部：方东红　郑宝梅　郭　晓　赵成民　赵同军

（9）1986年

三好学生：赵振营　刘夏彬

模范学生干部：陈云峰

新乡市先进团支部：园艺17班团支部

先进班集体：果树88-1班

（10）1987年

先进团支部：88-1班团支部

模范团干部：张传来　彭永行　孟明军　刘保才　辛　钊

优秀团员：

刘　希　陈云峰　牛和举　蒋松山　于云婕　尤新宇　赵振营　李其海　徐世启　芮旭跃　王天河　苏武生　张兴河　苏群环　黄彦真　张丕立　仝照振　杨　勋　王天江　程国和　陈恒庆　王红生　李　扬　申学良　杜雪芹　刘　岩　程艳君

（11）1989年

先进团支部：果师87-1班

优秀共青团员：
吴河昌　程艳君　苏　志　杜鹏飞　吴章运　吕丰侠　陈国华　安东方　孙俊峰
祁玉峰　谢书祥　付凤春　石玉霞　徐文贵　万少侠　杨静国　辛九远
模范团干部：张兆欣　权继普　刘　岩　王天江

八、校友活动

部分优秀毕业生代表

园林系自成立十多年来，在领导管理岗位、教学、科研、生产等多个行业做出了突出成绩，涌现出了一大批优秀校友。园艺系部分优秀校友见表1-9。

表1-9　园艺系部分优秀校友名录（1975—1988年）

班级	姓名	工作单位（或原工作单位）	职务（或原职务）
园林1班	王小爱	河南省政协人口资源环境委员会	主任
	张庆连	获嘉县林业局	局长/高级工程师
	王　趁	温县档案局	局长
	毛太祥	原阳县林业局	局长
	职法清	焦作市科技情报研究所	所长/高级工程师
	任何忠	焦作市科学技术局	局长/工程师
	王宪杰	新乡市水利局水科所	所长
	乔宪生	中国农业科学院郑州果树研究所	处长
	廉令旭	沁阳市政治协商会议提案委员会	主任
园林2班	何为华	中国农业科学院郑州果树研究所	高级实验师
	霍亚兴	卫辉市林业局	局长/党委书记
	贾学波	新乡市牧野区国土资源局	局长
	李建军	新乡市天然文岩渠管理处	处长
	李林学	安阳市园林局洹水公园	主任
	李守广	新乡市园林处	副处长
	路中会	新乡市水利科技推广中心	办公室主任
	宋永芳	焦作市中站区科技局	局长
	汤鲜花	焦作市华电集团	团委书记/宣传部长
	王水鲜	武陟县	高级实验师
	魏闻东	南乐县	副县长/副研究员

（续）

班级	姓名	工作单位（或原工作单位）	职务（或原职务）
园林2班	杨运香	获嘉县财政局	主任科员
	翟淑琴	辉县农业局	高级农艺师
	张素玲	孟州市财政局	局长
	周文彬	河南科技学院房产科	科长
	张素粉	沁阳市妇女联合会	副主任/主任科员
园林3班	崔玉娥	漯河市台湾事务办公室	副主任
	董和平	焦作市科学技术协会	副调研员
	王秀梅	焦作市科学技术局	局长
	王振云	辉县市林业局	副局长
果树4班	高愿军	郑州轻工业学院食品学院	教授
	郭更亲	焦作市绿化队	副高
	金新富	商丘市经济作物技术推广中心	二级研究员/主任
	马玉德	新乡县林业局	副局长
	孟月娥	河南省农业科学院园艺所	副所长
	王国全	荥阳市市场监督管理局	所长
	姚连芳	河南科技学院园艺园林学院	院长/教授
	陈建业	许昌职业技术学院	副教授
	石远银	范县农业局	纪检组长
	翟渊博	中国农业发展银行宁夏回族自治区分行	行长
	韩喜斌	新乡县	副县长
	李兴华	周口市农业机械管理局	局长
	李金兰	新乡县林业局	高级农艺师
	曹永林	鹤壁市城乡建设局	副局长
	张发林	驻马店市发展和改革委员会	副主任
	张麦生	新乡市农业局	教授级高级农艺师
	张国芳	许昌市监狱	纪委书记
	刘荷芬	河南科技学院生命科技学院	高级实验师
	姚力勤	北京阳光鑫盛通技术有限公司	财务总监
	刘启华	商丘市农业科学院	高级农艺师

（续）

班级	姓名	工作单位（或原工作单位）	职务（或原职务）
	陈同兴	商水县农业机械管理局	副局长
	范永兰	济源市西关小学	中教一级
	郜六零	辉县市农村工作委员会	主任
	韩三喜	商水县广播电视局	局长
	李翠萍	焦作市雕塑公园	支部书记、高工
	李锦然	辉县市委员会党校	常务副校长
	刘建中	济源市林业局林果中心	主任
	罗宗权	开封县中国共产党县一级委员会机构	副书记/纪委书记
	尚永利	温县林业局	局长
	申　涛	河南省委政法委员会政治部	主任
	王广顺	驻马店市黄淮海平原农业开发办公室	副主任
	杨松林	武陟县委县直机关工作委员会	书记
	杨增楼	灵宝市园艺局	副局长
	余学友	河南省委农村工作领导小组	副组长
	张秋英	漯河市源汇区总工会	副主席
	赵耀平	沈丘县中国共产党县一级委员会机构	巡查组组长
	郑建威	孟县农业局	副局长
	史锁乾	方城县总工会	党组书记
果树6班	樊培勋	郑州市林业局(郑州市苗木场)	副局长/高级工程师
	韩元玉	鹿邑县科学技术协会	主席
	李有才	河南省高速发展有限公司商丘分公司	书记
	栗进朝	郑州市农林科学研究所	所长/高级工程师
	刘慧英	河南科技学院统战部	部长
	刘文学	中牟县林业局	高级工程师
	刘志强	周口市广播电视局	副局长
	马兴旗	济源市蟒河林场	场长/高级工程师
	孟振武	获嘉县统计局	局长
	秦彩凤	河南省经济林和林木种苗工作站	高级工程师
	王文英	巩义市北山口镇政府	镇长
	王西平	焦作市林业局	副局长
	王新广	太康县林业局	高级工程师
	王新华	周口市沈丘县监察局	局长

（续）

班级	姓名	工作单位（或原工作单位）	职务（或原职务）
果树6班	王振东	泌阳县农业技术推广站	高级工程师
	徐澄源	郑州市西流湖管理处	主任
	严　峻	中国联通海南分公司事业发展部	经理
	杨洪超	鄢陵县行政审批中心	主任
	张海洲	许昌林业科学研究所	所长/高级工程师
	张素梅	温县林业局	工会主席
	周国庄	南阳市经济作物技术推广站	站长
果树7班	韩维领	周口市人民代表大会常务委员会财经委员会	副主任
	侯召贤	Arton Landscaping Ltd.	CEO/高工
	胡云河	三门峡市建设委员会	书记/研究员
	姜永来	扶沟县人民代表大会常务委员会	党组书记/主任
	康群威	法国“怡黎园”	总经理
	李　伦	安阳市果品公司	高级工程师
	梁怀钦	厦门市市政园林局	副巡视员
	刘小江	汤阴县人民代表大会常务委员会城乡建设环境保护工作委员会	原主任
	毛金成	商水县人力资源和社会保障局	副局长（正科）
	牛桂英	安阳市园林绿化管理局	高级工程师
	屈家厂	睢县农业机械管理局	副局长
	孙海山	辉县市林业局	高级工程师
	徐海斌	许昌市建安区财政局	副局长（正科）
	张东良	周口市植物保护植物检疫站	站长/研究员
	赵清保	中共驻马店市委员会农村工作办公室	总经济师
	赵淑昶	项城市农业局	正科级干部
	赵一功	延津县农业局	高级农艺师
果树8班	安呈军	民权县农村工作办公室	正乡级干部/中级农艺师
	陈同居	中国人民政治协商会议民权县委员会	原卫生局长
	杜纪格	周口市农业科学院	院长/研究员
	金勇杰	兰考县人民代表大会常务委员会	副主任
	蔡敬祥	沁阳市统计局	党组成员/中级
	李德全	扶沟县卫生局	局长
	梁志宏	信阳市委组织部	副部长
	刘全兴	商丘市司法局	纪检书记
	刘小喜	中国人民政治协商会议焦作市马村区委员会	正乡级干部

（续）

班级	姓名	工作单位（或原工作单位）	职务（或原职务）
果树8班	吕志耀	南阳市林产品公司	经理
	米纪文	焦作市文化广电和旅游局	党组书记
	苗保朝	驻马店市蔬菜办公室	副主任/高级农艺师
	邱灿录	中国共产党乌苏市委员会经济工作领导小组办公室	主任/中级
	任乾同	邓州市林业局	高级工程师
	盛正武	驻马店正阳县兰青乡	正乡级干部
	王爱芳	许昌市建安区财政局	副局长
	杨文卓	宜阳县民政局	副局长
	张同聚	南乐县文学艺术界联合会	主席/一级美术师
	赵年双	义马市城乡规划建设局	副局长/工程师
果树9班	车照海	中国人民政治协商会议太康县委员会	研究员
	程秀兰	洛阳市实验中学	中学高级
	何梅生	洛阳市回民中学	中学高级
	李保全	河南省农科院作物设计中心	研究员
	苗　琳	铁道警察学院图书馆	副研究馆员
果树10班	付喜龙	安阳市林州市林业技术推广站	教授级高工
	靳锡山	南阳市林业局	高级工程师
	王彩敏	郑州市世纪游乐园	教授级高工
	王庆民	南阳市南召县林业技术中心	高级工程师
	王文军	济源市园林局	高级工程师
	武国定	河南省人民政府	副省长
果树11班	旦勇刚	河南科技学院审计处	处长/讲师
	党向兵	焦作市政协农业农村委员会	副主任
	杜宏超	上海美东生物材料股份有限公司 安徽美东生物材料有限公司	总经理/讲师
	寇保良	原漯河市地震局	副局长
	李明宪	安阳市林业技术推广站	站长/教授级高级工程师
	李习和	中国人民政治协商会议鹤壁市委员会	调研员
	秦东升	鹤壁市农业农村局	副局长/工程师
	王丰恩	登封市纪律检查委员会	常委/高级农艺师
	王建业	长葛市政府	市委常委、常务副市长
	徐志宾	河南省新郑市监狱管理局	一级警长
果树12班	丁锦平	义马市民政局	局长

（续）

班级	姓名	工作单位（或原工作单位）	职务（或原职务）
果树12班	侯春湘	南阳市方城县人民政府	副县级
	黄运超	洛阳市国花园管理处	副主任/高级工程师
	季丰毅	南阳市宛城区人民代表大会常务委员会	副主任
	李振东	商丘市睢县民政局	局长
	陶青松	新疆伊犁哈萨克自治州	党委常委、副州长
	王二合	中国人民政治协商会议濮阳县委员会	副主席
	王灵均	禹州市人民代表大会常务委员会	办公室主任
	王少平	河南科技学院	教授
	夏代宝	中国共产党新县产业聚集区工作委员会	书记
	张宏套	漯河市农业科学院、源汇区人民代表大会常务委员会	副院长、副主任
	张天祥	河南省监狱管理局	副局长
果树13班	陈进友	信阳职业技术学院后勤服务集团	副总经理/副教授
	杜广云	安阳市森林公安局	政委
	韩保国	新乡市卫滨区纪律检查委员会	书记
	郝海民	夏邑县农业农村局	高级农艺师
	贺延欣	湖北省襄樊市城市绿化管理处	总工程师
	蒋宗良	滑县人大农村工作委员会	主任/农艺师
	金松灿	洛阳市种子管理站	站长/研究员
	李峰梅	河南科技学院校长办公室	总支书记
	李桂芝	平顶山市园林处	党委委员/总工
	刘地泰	鹤壁矿务局绿化委员会办公室	主任
	刘家来	博爱县人民代表大会财经委员会	副主任
	刘　磊	洛阳市科学技术协会	副主席/党组成员
	毛继富	西华县司法局	局长
	卿树政	商水县农业农村局	高级农艺师
	申海明	安阳县纪律检查委员会监察委员会	副书记/副主任
	王洪凯	许昌市农业科学研究所许科种业	董事长/高级农艺师
	王清芝	开封市文化广电和旅游局新局	副局长
	王永梅	浚县住房和城乡建设局	副局长/高级工程师
	尹章文	河南科技学院实验管理中心	科长/高级实验师
	张国安	许昌市司法局律师科	科长
	张魁长	民权县司法局办公室	主任
	张万青	河南工业大学招投标办公室	主任/工程师

（续）

班级	姓名	工作单位（或原工作单位）	职务（或原职务）
果树14班	畅兴国	获嘉县农业局	高级农艺师
	陈淑娴	濮阳县农业局经济作物站	副站长/高级农艺师
	陈香梅	许昌市纪律检查委员会监察委员会	正县级纪检监察员
	储鹤鸣	汝南县农业农村局	副主任
	樊晓杉	温县岳村街道办事处	副主任
	康　艳	社旗县人民代表大会教育科学文化卫生委员会	主任/高级工程师
	兰文彬	民权县畜牧局	主任科员
	李　良	方城县农业农村局	副局长
	刘会超	河南科技学院园艺园林学院	院长/教授
	刘启山	商水县农业局	高级农艺师
	刘竹梅	灵宝市职业中等专业学校	中学高级教师
	卢胜军	新野县农业农村局	高级农艺师
	张春霞	中国共产党义马市委员会组织部、老干部局	副部长/局长
	张凤德	漯河市住房和城乡建设局审批科	科长
	张奇普	长垣县农业农村局	高级农艺师
	张新成	127师高炮团	副政委
	赵昌锋	周口市川汇区人民检察院刑检一部	副主任
果树15班	仇宏昌	三门峡市园艺工作总站	科长/研究员
	董永毅	焦作市园林局	副主任/高级工程师
	段青芳	平顶山市园林绿化中心	高级工程师
	郭清芝	睢县档案局	副局长
	黄宝生	安阳易园	主任/高级工程师
	黄　伟	南召县交通运输局	副局长
	金　宏	新县林业局	高级工程师
	李　峰	鹤壁市森林公安局	政委
	李　凤	驻马店市土肥利用管理站	副站长/研究员
	李根成	河南广文律师事务所	副主任/一级律师
	李加辉	信阳市平桥区林业局	总工程师/工程师
	李茂军	扶沟县农业农村局	高级农艺师
	李小栓	焦作市园林局	教授级高级工程师
	刘金凡	南阳市宛城区鸭河口灌区管理局	高级经济师
	刘金华	郑州市住房公积金管理中心	副处长
	刘玉申	新安县磁涧镇人民政府	高级农艺师

（续）

班级	姓名	工作单位（或原工作单位）	职务（或原职务）
果树16班	屈清玉	方城县林业局	高级工程师
	邵　平	洛阳师范学院后勤处	副处长/园艺师
	王大用	南阳市宛城区农业农村局	高级农艺师
	王　晖	郑州市石佛镇强制隔离戒毒所	副政委/会计师
	王毅飞	南阳市纪律检查委员会监察委员会驻市林业局纪检监察组	副组长/农艺师
	尤雨仙	宝丰县扶贫办	副主任
	张应开	鄢陵县园林局	副局长/高级农艺师
	张永久	中石油东方地球物理公司装备服务处	办公室主任/农艺师
	郑宝梅	三门峡市国家保密局	原局长/工程师
	郑金成	西峡县林业技术推广站	高级工程师
	周普菊	张家口市信访局	副局长
果树17班	白爱香	温县住房和城乡建设局	党组成员
	陈云峰	日本GSK株式会社	董事长
	方永旗	兰考县林业局	副局长
	郭万里	濮阳市华龙区林业局	局长
	蒋松山	遂平县商务局	副局长
	李保龙	南阳市园林局	副局长
	李长山	扶沟县统战部	副部长
	刘夏彬	济源市科学技术协会	副主席
	吕建刚	长葛市司法局	副局长
	牛和举	桐柏县扶贫开发局	局长
	吴继红	天津市河北区档案局	副局长
	杨　刚	灵宝市园林局	副局长
	杨廷录	河南省周口监狱	监区长
	袁莲花	鹿邑县工信局	副局长
	张建设	平顶山市湛河区交通运输局	党组副书记
	张中强	项城市卫生健康委员会	副主任
	朱良钰	西峡县信访局	副局长
	王同新	闽江学院马克思主义学院	教授
果树18班	陈翠荣	太原钢铁（集团）有限公司装备部	高级工程师
	陈维权	信阳市第一职业中等专业学校	高级教师
	杜绪明	河南理工大学	高级工程师

（续）

班级	姓名	工作单位（或原工作单位）	职务（或原职务）
果树18班	冯春叶	郑州市二七区科学技术局	副局长/高级农艺师
	郝德军	济源市城乡规划设计服务中心	主任/高级工程师
	李志强	漯河市纪律检查委员会监察委员会派驻第15纪检监察组	组长
	齐淑娟	嵩县林业局	高级工程师
	王广山	中国烟草总公司郑州烟草研究院	一级高级工程师
	王国全	荥阳市农委	高级农艺师
	尤宇新	伊川县农业农村局	高级农艺师
	于云婕	郑州市二七区建中街办事处	副科级协理员
	余春林	郑州市农业高新技术产业示范区管委会	副主任
	赵同军	建源科技（香港）有限公司	CFO/经济师
	赵振营	卢氏县人民法院院长	三级高级法官
果树19班	陈国民	驻马店市园林管理局	副处级干部/高级工程师
	何运富	辉县市自然资源和规划局	副局长
	郝德军	济源市城乡规划服务中心	主任/高级工程师
	赫振华	河南省商丘市民权农场五分场	场长/书记/政工师
	李玉清	武陟县司法局	副局长
	刘　巍	河南省光山县紫水街道办事处	党工委委员、秘书
	梅存英	河南省夏邑县信访局	副局长
	苏国顺	西华县园艺站	站长/高级农艺师
	苏武生	中国共产党栾川县委员会	副处级干部
	田小根	濮阳市濮上生态园区管理局市场营销部	主任/高级工程师
	王天河	长垣县住房和城级建设局	党组成员/水务公司总经理
	芮旭耀	漯河市郾城区林业技术推广服务中心	站长/工程师
	袁新华	西华县自然资源局	高级工程师
	张　鑫	虞城县第二高级中学	党委书记
	张兴河	延津县委统战部	常务副部长
果树20班	胡鑫峰	永城市农业局	中心副主任/高级农艺师
	黄民献	濮阳市南乐县民政局	党组成员/副局长
	黄彦真	上蔡县卫生健康体育委员会	党组成员/副主任
	刘　斌	平顶山市园林科学研究所	副所长
	潘渊志	卫辉市纪律检查委员会监察委员会	副书记/副主任
	钱竹梅	河南省焦作市孟州市河雍街道办事处	农办主任/高级农艺师

（续）

班级	姓名	工作单位（或原工作单位）	职务（或原职务）
果树20班	仝兆振	唐河县教育体育局	书记/局长
	王景迅	汝南县商务局	副局长
	王同新	闽江学院	教授
	谢保富	河南省国营武陟农场	扶贫办主任/农艺师
	徐国光	焦作市马村区农业农村局	党组副书记
	杨世宏	扶沟县自然资源局	党组成员/副局长
	杨　勋	深圳市人民公园	综合部部长/副教授
	杨长江	长垣县人民代表大会农村工作委员会	农工委副主任
	张世运	河南省信阳市商城县交通运输局	副局长
	张小荣	济源市虎岭高新区	妇联主席/副主任科员
	张玉洁	三门峡市灵宝市园艺局检测中心	主任/高级农艺师
果树86级	陈　冰	商丘市睢阳区宋集乡	工会主席
	陈恒庆	平顶山市园林处	高级工程师
	陈秀坤	桐柏县林业局	高级工程师
	程国和	鲁山县民政局	副局长
	范钦民	洛宁县监察局	驻林业局纪检组长
	韩为强	息县农场	场长
	李文华	周口市鹿邑县马铺乡	人大主席
	李　杨	濮阳市华龙区中原路办事处	副主任
	刘为民	博爱县组织部	副部长
	马尚军	中国人民政治协商会议淮滨县委员会办公室	主任
	聂长亮	夏邑县人力资源局	副局长
	史润生	新郑市发展和改革委员会	副主任
	王红生	太康县独堂乡政府	副乡长
	王世伟	汝南县商务局	副局长
	王天江	南召县监察委	副主任
	王万春	巩义市园林局	高级工程师
	叶建伟	平顶山市湛南新城管委会	副主任
	张改平	平顶山市天使集团工会	主任
	张俊峰	洛宁县罗岭乡	党委副书记/乡长
	张有生	武陟县林业局	总工程师
果师86级	古超民	三门峡市义马市财政局基建科	科长

（续）

班级	姓名	工作单位（或原工作单位）	职务（或原职务）
果师86级	杜贺亮	华泰证券河南分公司机构业务部	总经理
	刘　岩	商丘市虞城县精神文明建设指导委员会办公室宣传部	副部长
	郭相俊	民权冷柜厂	厂长
	彭永行	太康县政府	局长
	苏　志	原阳县职业教育中心	校长
	徐显伟	杞县城关高中	校长
	孟　进	南阳市桐柏县农场	场长
	赵东峰	河南省卢氏县中等专业学校	校长
果树87级	董红伟	驻马店市平舆县东皇庙办事处	主任科员
	李艳华	驻马店市上蔡县杨集镇	党委副书记
	明廷湖	中国人民政治协商会议辉县市委员会文教卫	主任
果师87级	李全德	驻马店市香山办事处农村工作领导小组办公室	主任
	辛九远	西峡县职业技术教育中心	高级教师
果树88级	曹　信	汝州市畜牧局	副局长
	付凤春	商丘市虞城县农业机械服务中心	办公室主任
	梁　锐	西峡县公安局	治安管理大队大队长
	石玉霞	新乡市中级人民法院	宣教处副处长
	王海更	宁陵县农业农村局蔬菜生产办公室	主任
	王穹霄	银联商务河南分公司	副总经理
	吴运舟	淮滨县林业局	党组成员、副局长
	徐文贵	中国人民政治协商会议泌阳县委员会	政协副主席
	张俊龙	中国人民政治协商会议内乡县委员会科教文卫体委员会	主任
果师88级	常新年	新密市职教中心	副校长/高级教师
	张金霞	新密市职教中心	中学一级教师
	韩彩红	新密市城关镇教育办公室	督导专干
	李天义	新密市岳村镇人民政府	纪委书记
	王鹏辉	周口市川汇区税务局	局长
	权继普	中国共产党孟津县委员会巡察工作领导小组办公室	正科
	曹　信	汝州市畜牧局	副局长
	王同春	灵宝市职业中等专业学校	中教一级
	杨桂荣	新县职业高级中学	中学一级教师

第二篇 本科教育阶段

（1989—2006）

HENAN KEJI XUEYUAN YUANYI YUANLIN XUEYUAN YUANZHI

一、概述

1988年，学校更名为河南职业技术师范学院，并转型为职业、师范教育，升格为本科教育层次。2005年6月，园艺系更名为园林学院，设置园艺系和园林系两个系。期间，共有5任党总支书记（党委书记）和4任系主任（院长）。

师资队伍逐渐扩大，职称、学历结构不断优化。1989年，园艺系共有教职工23人，2000年后，学院进入到快速发展期，引进年轻教师的步伐加快，到2006年时，教职工人数已达到54人，其中教授6人，副教授（高级实验师）12人。期间，有7人考取博士研究生，1人从事博士后研究工作，7人考取硕士研究生，2人出国学习交流，10人到其他院校或科研单位进修学习。先后有多人次获得国务院特殊津贴专家、国家有突出贡献专家、全国优秀教师、全国八十年代优秀大学毕业生、教育部曾宪梓教育基金三等奖等各级各类荣誉称号。

本科教育为主，专业设置不断拓展。1989年，经河南省教育委员会批准，开始从普通高中招收第一届果树专业（4年制）本科生，性质是师范教育，每年招收2个自然班。1992年开始，从河南省职业中学招收4年制果树专业（师范教育）本科生，该届学生在新乡新校址招生入校，至此园艺系开始在新乡校区办学，形成了辉县和新乡两地办学的格局，直到2002年7月，园艺专业98级学生从辉县老校址毕业，从此结束了园艺系十年的两地办学格局。期间，1989年前招收的3年制果树专科专业学生陆续毕业。1993年和1994年，从普通高中招收3届2年制城镇园林绿化专业专科生，每年招收1个自然班。1999—2001年，从普通高中招收了3届3年制经济花卉与园林设计专业专科生，每年招收1个自然班。

1993年，国家教育委员会对全国农林院校开办的原果树专业、蔬菜专业和花卉专业进行了合并，改名为园艺专业，学校也开始招收4年制园艺专业本科生（园艺教育）。同年，经河南省学位委员会评估验收，学校的果树本科专业具有学士学位授予权，首届本科毕业生获农学学士学位。

1997年，经教育厅批准，全校统一对从职业中学招收的学生实行“1+4”学制，园艺专业的学制变为5年。2000年，开始从普通高中招收4年制园林专业（师范）本科生。2003年以后，同时从普通高中和职业中学招收园林专业本科生，从普通高中招收的学生为非师范生，从职业中学招收的学生为师范生。2004年，开始从普通高中招收4年制城市规划专业本科生。园艺系的招生人数也在不断增加，从1989年的49人增长到2000年后的200人左右，招生人数最多时为2001年的344人。在1989年到2006年间，园艺系先后制定了多个版本的人才培养方案（教学计划）。

教学管理机构不断完善。园艺系设置有系办公室、团总支办公室。教研室设有果树栽培教研室等5个教研室，实验室设有果树栽培实验室等4个实验室，1996年成立了园艺研究所。到2006年，随着专业的进一步发展，为了更有利于学科建设和专业建设，对教研室又进行调整，设置有果树学等8个教研室。1993年，设置了中心实验室。2005年随着园林学院成立，实验室由中心实验室集中管理，将果树实验室、蔬菜实验室、花卉实验室合并成园艺栽培实验室，实验室调整为6个。为了满足实验实习的需要，园林学院在校内充分挖掘资源，先后建立了4个校内小型实验、实习基地。同时，充分利用校外资源，建立了校外实习基地22处。

不断加强教育教学研究工作，获得2项省级教学成果奖。1989—2006年，学院教师主编或参编教材30余部；主持各级教改项目15项；撰写教研论文12篇，获各级教学成果奖12项，其中获河南省高等教育省级教学成果二等奖2项。2005年，园艺专业获批省级特色专业建设点。4门课程获批省级优秀课程、精品课程或网络课程建设。

科研实力不断增强，开始涌现出有较大影响的科研成果。期间，主持厅级以上科研项目60余项，其中包含国家“948”项目子项目、国家归国留学人员基金项目、国家科技部转基因专项、国家林业局标准化项目、河南省科技发展计划、河南省自然基金、河南省农业结构调整等项目。

主持完成或参与获厅级以上科研成果奖40多项，其中获国家科技进步三等奖1项，河南省科技进步二等奖3项，河南省星火计划二等奖1项，河南省实用社会科学优秀成果奖二等奖1项，河南省高等教育教学成果奖二等奖1项，河南省科技进步三等奖5项，全国农牧渔业丰收奖三等奖1项。

发表论文450余篇，其中自2004年以来，发表的学术论文的质量有了明显提升，数量也有明显的增加，实现了SCI源期刊论文和SCI收录论文的突破，2005年实现了EI源期刊论文和EI收录论文的突破。主编或参编著作近40部；省级鉴定成果10余项；主持制定新乡市农业技术标准3项。

科技服务工作扎实有效，特别是科普服务工作成为一大亮点，曾主持河南省科普传播工程项目56项。

学科建设取得重大突破，开始了硕士研究生教育。果树学科为第一批校级重点学科。2002年，学校把果树学科作为学校申请新增硕士学位授予单位的主要支撑学科之一，当时整合了三个研究方向。2003年学校申硕未果，但获得与其他学校联合招收硕士研究生的资格。2003年，开始与新疆农业大学联合培养硕士研究生，当年联合培养硕士研究生1名（耿新丽，女，2006年毕业，蔬菜学），导师是留英归国博士赵一鹏。培养方式是学生在新疆农业大学完成主要课程，后来学校完成硕士学位毕业论文，然后回新疆农业大学进行学位论文答辩并由该校授予学位。2005年，赵一鹏教授与河南师范大学联合培养硕士研究生1名（卢莉，女，2008年毕业，植物学），博士后刘会超与河南师范大学联合培养硕士研究生1名（郭丽娟，女，2008年毕业，植物学）。

2006年，经国务院学位办批准，蔬菜学科为学校首批硕士学位授权学科，有3个研究方向。2007年开始独立招收全日制硕士研究生，硕士研究生导师有姚连芳教授、赵一鹏教授、刘鸣涛教授、刘会超教授、孟丽教授和王广印教授，当年招收硕士研究生3名。

积极开展国内外学术交流活动。随着科研项目经费的增加和学科建设的需要，外出参加学术交流活动的人次逐渐增加，邀请国内外专家来校讲学与开展学术交流活动也逐渐活跃。

学团工作卓有成效。学生工作队伍发挥了重要作用。学生社团活动、社会实践活动和大学生科技创新活动蓬勃开展，院团委及学生多人次获奖与表彰。学生就业率、考研与考公务员成功率、英语四六级通过率、计算机等级通过率等稳步提高。

二、党政管理机构与人员

（一）党政领导任职名录

期间，共有5任党总支书记（党委书记）和4任系主任（院长），具体名录见表2-1。

表2-1　园林学院领导干部任职名录（1989—2006年）

职务	姓名	性别	出生年月	任职时间
系党总支书记（2005年6月始称党委书记）	张贵河	男	1938.12	1983.2—1993.4（其中1983.2—1984.12副书记主持工作）
	王喜来	男	1954.12	1993.4—1995.11
	李广保	男	1963.1	1995.11—1998.7
	旦勇刚	男	1965.6	1998.7—2004.5
	焦　涛	男	1965.1	2004.5—2010.11
系党总副支书记（2005年6月始称党委副书记）	旦勇刚	男	1965.6	1995.11—1997.12
	赵一鹏	男	1962.2	1998.5—2004.5
	焦　涛	男	1965.1	1998.7—2002.6
	宋荷英	女	1968.3	2004.7—2013.5
系主任（2005年6月始称院长）	王志明	女	1934.4	1984.2—1989.11
	韩德全	男	1940.1	1990.3—1997.12（其中1990.3—1993.3副主任主持工作）
	宋建伟	男	1957.9	1997.12—2001.10
	姚连芳	女	1955.7	2001.10—2010.11（其中2002.1—2004.5副主任主持工作）
系副主任（2005年6月始称副院长）	王喜来	男	1954.12	1988.8—1990.3
	宋建伟	男	1957.9	1991.1—1997.12
	姚连芳	女	1955.7	1995.11—2001.10
	赵一鹏	男	1962.3	1997.12—2004.5
	张传来	男	1963.8	2004.4—2013.5
	刘会超	男	1964.9	2006.9—2010.11

（二）管理机构及人员

1.分工会主席和委员

1989—1993：工会主席：赵一鹏；委员：苗卫东　杨立峰

1994—2001：工会主席：姚连芳；委员：苗卫东　赵兰枝　杨立峰

2002—2006：工会主席：苗卫东；委员：赵兰枝　杨立峰

2.团委书记和辅导员

1989—1995：团总支书记：旦勇刚；辅导员：周俊国　扈惠灵

1996—1999：辅导员：张忠迪　高启明

1999—2000：辅导员：张忠迪　胡付广

2001—2002：团总支副书记：张忠迪；辅导员：胡付广　吴玲玲

2002—2003：辅导员：胡付广　吴玲玲　孙震寰

2003—2004：团总支副书记：胡付广；辅导员：吴玲玲　孙震寰　宰波

2004—2006：团委副书记：胡付广；辅导员：吴玲玲　孙震寰　宰波

3.办公室主任（负责人）

1989—1995：刘慧英

1995—1996：李新峥

1996—1997：王少平

1998—2005：周俊国

2005—2015：刘　弘

4.教学秘书（教务员）

2000—2001：张晓云

2001—2005：张立磊

2005—2006：李贞霞

2006—2010：罗未蓉

5.教研室和实验室主任

（1）1989年

果树栽培教研室主任：宋建伟

育种教研室主任：王志明

农业气象教研室主任：齐文虎

蔬菜教研室主任：张百俊

园林测量教研室主任：姚连芳

（2）1993年6月

中心实验室主任：殷桂琴

中心实验室副主任：杨立峰

果树栽培教研室主任：张传来

育种蔬菜教研室主任：张百俊
园林教研室主任：姚连芳
园林教研室副主任：赵一鹏
测量实验室主任：王少平
（3）1996年3月
中心实验室主任：殷桂琴
中心实验室副主任：杨立峰
果树教研室主任：张传来
果树教研室副主任：苗卫东
育种蔬菜教研室主任：张百俊
气象园林教研室主任：赵一鹏
（4）2002年4月
中心实验室主任：赵兰枝
园艺栽培育种实验室主任：张传来
园林规划设计实验室主任：姚连芳
气象测量实验室主任：王少平
（5）2003年9月
中心实验室主任：赵兰枝
果树学教研室主任：张传来
果树学教研室副主任：苗卫东
蔬菜学教研室主任：李新峥
花卉学教研室主任：王少平
园艺育种学教研室主任：杨立峰
园林规划设计教研室负责人：郑树景
园林树木学教研室主任：李保印

三、师资队伍

（一）教师队伍建设与发展

1989年，园艺系共有教职工23人，其中副教授3人。到1999年，教职工人数增加到28人，其中有教授3人，副教授（高级实验师）11人。2000年后，园艺系进入到快速发展期，引进教师步伐加快，到2006年时，园林学院教职工人数已达到54人，比1989年净增加了31人，其中教授6人，副教授（高级实验师）12人。

（二）高级职称教师名录

1989年，当时副教授只有3人。1999年，被聘为副教授（高级实验师）8人，教授3人。2006年，在职副教授（高级实验师）12人、教授6人。具体高级职称人员见表2-2。

表2-2 高级职称教师及变化名单（1989—2006年）

序号	姓名	副教授聘任时间（年）	教授聘任时间（年）
1	张跃武	1986	1992
2	韩德全	1986	1992
3	张百俊	1993	1998
4	宋建伟	1992	2001
5	王广印	1997	2004
6	李保印	2001（转评副教授）	2005
7	姚连芳	1995	2006
8	赵一鹏	1998	2006
9	齐文虎	1987	
10	殷桂琴	1993（高级实验师）	
11	刘用生	1998	
12	张传来	1999	
13	李新峥	2001	
14	王少平	2002（高级实验师） 2006（转评副教授）	
15	刘会超	2003	
16	杨立峰	2004	
17	张建伟	2004（高级实验师）	
18	苗卫东	2005	
19	周俊国	2005	
20	赵兰枝	2005（高级实验师）	
21	周秀梅	2005（高级实验师）	
22	扈惠灵	2006	

（三）教职工名录

此阶段，共有80人在学院工作。1989年，园艺系有教职工23人。1999年，教职工人数为28人。2006年时，教职工54人，比1989年净增加了31人。具体情况见表2-3。

表2-3　园林学院教职工在职及变动情况名单（1989—2006年）

序号	姓名	到院工作时间（年）	退休、调任或调离时间
1	张跃武	1975	1992年退休
2	王志明	1975	1989年退休
3	王喜来	1975 1993	1990年调任 1995年调任
4	韩德全	1976	2000年退休
5	殷桂琴	1976	2001年退休
6	宋建伟	1982	2002年调任
7	张百俊	1982	2002年调任
8	李恩广	1982	1990年调离
9	姚连芳	1982	在职
10	王广印	1983	在职
11	杨立峰	1983	在职
12	赵一鹏	1983	2004年调任
13	张贵河	1984	1993年调任
14	王少平	1984	在职
15	旦勇刚	1984 1998	1997年调任 2004年调任
16	张传来	1985	在职
17	刘慧英	1986	1995年调任
18	张兆欣	1986	1990年调离
19	李新峥	1987	在职
20	齐文虎	1988	1992年调任
21	赵兰枝	1988	在职
22	周广清	1988	1990年调离
23	苗卫东	1989	在职
24	王　建	1989	2001年调离
25	刘用生	1989	1995年调任
26	周俊国	1992	在职
27	扈惠灵	1992	在职
28	张建伟	1993	在职
29	符　丽	1993	2000年调离
30	李广保	1995	1997年调任
31	郭雪峰	1995	2004年调离
41	胡付广	1999	在职
42	林紫玉	2000	在职
43	殷利华	2000	2004年调离
44	杨和连	2000	在职
45	张毅川	2000	在职
46	张晓云	2000	2001年调任
47	张立磊	2001	在职
48	李保印	2001	在职
49	刘志红	2001	在职
50	刘振威	2001	在职
51	周秀梅	2001	在职
52	孙　丽	2001	在职
53	李桂荣	2001	在职
54	齐安国	2001	在职
55	吴玲玲	2001	在职
56	李贞霞	2002	在职
57	郝峰鸽	2003	在职
58	杨鹏鸣	2003	在职
59	张文杰	2003	在职
60	沈　军	2003	在职
61	孙震寰	2003	2006年调任
62	宋荷英	2004	在职
63	乔丽芳	2004	在职
64	周　建	2004	在职
65	刘遵春	2004	在职
66	陈碧华	2004	在职
67	毛　达	2004	在职
68	宰　波	2004	在职
69	王珊珊	2004	在职
70	王　瑶	2005	在职
71	王建伟	2005	在职

（续）

序号	姓名	到院工作时间（年）	退休、调任或调离时间	序号	姓名	到院工作时间（年）	退休、调任或调离时间
32	余义勋	1995	2000年调离	72	贾文庆	2005	在职
33	房玉林	1995	2003年调离	73	蔡祖国	2005	在职
34	周小蓉	1996	2001年调离	74	尤　扬	2005	在职
35	张忠迪	1996	2002年调任	75	李　梅	2006	在职
36	高启明	1997	2003年调离	76	孙涌栋	2006	在职
37	焦　涛	1998 2004	2002年调任 2010年调任	77	宋利利	2006	在职
38	刘会超	1998	在职	78	雒海潮	2006	在职
39	郑树景	1998	在职	79	罗未蓉	2006	在职
40	刘　弘	1999	在职	80	赵润州	2006	在职

注：调任指调到校内其他单位任职；调离指调出学校；在职指2006年时在院工作。

（四）教师培训进修

期间，教职工中共有8人考取博士研究生，12人考取硕士研究生，2人出国学习交流，17人次到其他院校或科研单位进修学习。园林学院教职工培训进修明细见表2-4。

表2-4　园林学院教职工个人培训进修一览表（1989—2006年）

序号	姓名	进修/出国时间	进修/出国地点	进修/出国学习内容
1	王广印	1990.09—1991.01	浙江农业大学	硕士研究生课程进修
2	赵兰枝	1990.09—1991.07	南京气象学院	农业气象学课程进修
3	杨立峰	1991.09—1992.01	江苏省农业科学院	英语进修
4	姚连芳	1991.09—1992.01	郑州工学院	英语进修
5	张传来	1991.08—1992.07	河北农业大学	硕士研究生课程进修
6	王少平	1991.09—1992.07	北京林业大学	花卉学课程进修
7	旦勇刚	1992.9—1994.7	郑州大学	专升本学历教育
8	宋建伟	1992.09—1993.07	河南农业大学	英语进修
9	赵一鹏	1992.09—1993.02	北京外国语学院	出国外语培训
10	王　建	1993.09	北京林业大学	攻读硕士
11	赵一鹏	1994.09—1995.08	美国俄亥俄州立大学	访问学者
12	王少平	1997.09—1998.07	郑州工业大学	外语进修
13	赵一鹏	1997.09—2000.06	英国华威大学（Warwick）	攻读硕士
14	房玉林	1997.09	西北农林科技大学	攻读博士
15	扈惠灵	1998.09—2001.01	西北农林科技大学	攻读硕士
16	刘会超	1999.09—2002.06	中国农业大学	攻读博士

（续）

序号	姓名	进修/出国时间	进修/出国地点	进修/出国学习内容
17	赵一鹏	2001.09—2004.06	英国艾塞克斯大学	攻读博士
18	李新峥	2001.09—2003.07	西北农林科技大学	硕士研究生课程进修
19	周俊国	2001.09—2003.07	西北农林科技大学	硕士研究生课程进修
20	周小蓉	2001.09	中国农业大学	攻读硕士
21	刘用生	2002	加拿大	访学
22	刘会超	2002.09—2005.06	中国林业科学研究院	博士后进站
23	姚连芳	2003.09—2005.07	西北农林科技大学	硕士研究生课程进修
24	郑树景	2003.9—2004.6	南京林业大学	园林课程进修
25	刘　弘	2003.09—2004.07	解放军信息工程大学	测量学课程进修
26	高启明	2003.09	新疆农业大学	攻读硕士
27	扈惠灵	2003.09—2006.07	中国农业大学	攻读博士
28	张毅川	2003.09—2004.07	北京林业大学、东南大学	进修
29	杨和连	2004.09—2005.07	中国农业大学	设施园艺学位课程进修
30	李保印	2004.09—2007.07	北京林业大学	攻读博士
31	郭雪峰	2004.09	中国林业科学研究院	攻读博士
32	郑树景	2004.09—2007.07	华南热带农业大学	攻读硕士
33	殷利华	2004.09	中南林业科技大学	攻读硕士
34	周俊国	2005.09—2008.07	南京农业大学	攻读博士
35	周秀梅	2005.09—2008.07	北京林业大学	攻读博士
36	张立磊	2005.09—2008.06	西南大学	攻读硕士
37	张毅川	2005.09—2008.06	中南林业科技大学	攻读硕士
38	齐安国	2005.09—2008.07	南京林业大学	攻读硕士
39	张文杰	2006.09—2009.06	南京林业大学	攻读硕士
40	孙　丽	2006.09—2008.06	河南农业大学	攻读硕士
41	李桂荣	2006.09—2007.06	江南大学	进修

（五）集体和教师荣誉

据不完全统计，自1989年以来，学院先后有多人次获得国家有突出贡献专家、全国优秀教师、全国师德先进个人、全国八十年代优秀大学毕业生、河南省优秀教师、河南省高校优秀中青年骨干教师、河南省对经济建设有突出贡献的先进个人、河南省投资统计先进工作者、新乡市优秀青年科技工作者、新乡市教书育人先进个人、新乡市文明教师、校十佳教师、校优秀教师、校优秀共产党员、校文明教师等各级各类荣誉称号。园林学院教职工个人所获荣誉见表2-5。

表2-5　园林学院教职工个人荣誉一览表（1989—2006年）

年份	序号	荣誉称号	姓名	级别
1989	1	河南省讲师团鹤壁分团先进工作者	张传来	省级
1991	2	全国八十年代优秀大学毕业生	宋建伟	国家级
	3	河南省高校优秀中青年骨干教师	赵一鹏	省级
	4	校社会实践活动先进工作者	张传来	校级
	5	校优秀共产党员	焦　涛	校级
	6	全国优秀教师	宋建伟	国家级
1992	7	国务院政府特殊津贴	韩德全	国家级
	8	校社会实践活动先进工作者	张传来	校级
	9	河南省优秀中青年骨干教师	赵一鹏	省级
1993	10	河南省社会实践活动先进工作者	张传来	省级
	11	河南省重点建设统计工作先进工作者	焦　涛	省级
	12	新乡市优秀青年科技工作者、新长征突击手	赵一鹏	市级
	13	校社会实践活动先进工作者	张传来	校级
	14	校三育人先进个人	杨立峰	校级
	15	优秀共青团员	扈惠灵	校级
	16	暑期社会实践活动先进工作者	扈惠灵	校级
	17	社会实践先进工作者	周俊国	校级
1994	18	教育部曾宪梓教育基金三等奖	宋建伟	国家级
	19	新乡市教书育人先进个人	杨立峰	市级
	20	优秀中青年骨干教师	刘用生	校级
	21	优秀中青年骨干教师	宋建伟	校级
	22	校优秀教师	刘用生	校级
	23	模范团干部	周俊国	校级
1995	24	河南省社会实践活动先进工作者	张传来	省级
	25	河南省投资统计先进工作者	焦　涛	省级
	26	校社会实践活动先进工作者	张传来	校级
	27	社会实践先进工作者	周俊国	校级
	28	校优秀教师	刘用生	校级
	29	河南省优秀中青年骨干教师	刘用生	省级
1996	30	河南省对经济建设有突出贡献的先进个人	张百俊	省级
	31	新乡市文明教师	张传来	市级
	32	校优秀教师	张传来	校级
	33	校优秀教师	赵一鹏	校级
	34	河南省第二批跨世纪学术和技术带头人培养对象	张百俊	省级

（续）

年份	序号	荣誉称号	姓名	级别
1997	35	国家有突出贡献专家	韩德全	国家级
	36	校文明教师	张传来	校级
	37	教案三等奖	扈惠灵	校级
1998	38	校优秀教育工作者	焦　涛	校级
	39	新乡市优秀科技工作者	宋建伟	市级
	40	优秀共产党员	韩德全	校级
	41	优秀教师、优秀教育工作者	宋建伟	校级
1999	42	河南省教育系统第二届社会主义劳动竞赛教师优秀奖	宋建伟	省级
	43	濮阳县科技扶贫功臣	杨立峰	市级
	44	校优秀中青年骨干教师	扈惠灵	校级
	45	校文明教师	姚连芳	校级
	46	优秀教师、优秀教育工作者	张忠迪	校级
	47	优秀中青年骨干教师	扈惠灵	校级
2000	48	河南省社会实践活动先进工作者	王广印	省级
	49	河南省社会实践活动先进工作者	张传来	省级
	50	河南省高校干部培训中心优秀学员	焦　涛	省级
	51	校优秀教师	扈惠灵	校级
	52	校优秀共产党员	焦　涛	校级
	53	校社会实践活动先进工作者	张传来	校级
	54	校优秀教师	王广印	校级
	55	校优秀教师	姚连芳	校级
	56	河南省学术技术带头人	刘用生	省级
2001	57	全国师德先进个人	刘用生	国家级
	58	河南省社会实践先进个人	李保印	省级
	59	河南省社会实践活动先进工作者	张传来	省级
	60	新乡市社会实践先进工作者	张忠迪	市级
	61	新乡市社会实践先进工作者	胡付广	市级
	62	校社会实践活动先进工作者	张传来	校级
	63	校优秀教师	扈惠灵	校级
	64	校文明教师	姚连芳	校级
	65	校优秀教师	姚连芳	校级
	66	校优秀共产党员	焦　涛	校级
	67	教学工作合格评估先进个人	周俊国	校级

（续）

年份	序号	荣誉称号	姓名	级别
2002	68	河南省文明教师	刘用生	省级
	69	河南省社会实践活动先进工作者	张传来	省级
	70	河南省高校青年骨干教师	刘会超	省级
	71	校社会实践活动先进工作者	张传来	校级
	72	校我心目中最崇敬的老师	张传来	校级
	73	校优秀教师	周俊国	校级
	74	校社会实践先进工作者	扈惠灵	校级
	75	校优秀教师	姚连芳	校级
	76	校文明教师	焦　涛	校级
	77	校优秀共产党员	焦　涛	校级
	78	校优秀工会会员	刘　弘	校级
2003	79	河南省社会实践活动先进工作者	张传来	省级
	80	河南省驻村科技服务工作优秀专家	李新峥	省级
	81	校十佳教师	王广印	校级
	82	校优秀教师	姚连芳	校级
	83	校文明教师	胡付广	校级
	84	校社会实践活动先进工作者	张传来	校级
	85	校优秀共产党员	张传来	校级
	86	校文明教师	张传来	校级
	87	校文明教师	齐安国	校级
	88	校文明教师	苗卫东	校级
	89	校优秀教育工作者	焦　涛	校级
	90	校优秀教师	周俊国	校级
	91	校优秀教师	张传来	校级
	92	校十佳科技工作者	姚连芳	校级
2004	93	河南省教育厅学术技术带头人	刘会超	省级
	94	新乡市文明教师	张传来	市级
	95	新乡市社会实践先进工作者	姚连芳	市级
	96	校优秀教师	杨立峰	校级
	97	校社会实践活动先进工作者	张传来	校级
	98	校优秀教师	周俊国	校级
	99	校优秀共产党员	焦　涛	校级
	100	校文明教师	林紫玉	校级
	101	校优秀教师	姚连芳	校级

（续）

年份	序号	荣誉称号	姓名	级别
2004	102	校文明教师	李新峥	校级
	103	校文明教师	苗卫东	校级
2005	104	河南省教育厅学术技术带头人	赵一鹏	省级
	105	校级优秀教师	王广印	校级
	106	校优秀共产党员	李贞霞	校级
	107	校优秀教师	姚连芳	校级
	108	校优秀教师	李新峥	校级
	109	校师德先进个人	姚连芳	校级
	110	校文明教师	李新峥	校级
2006	111	河南省创新人才工程培养对象	刘会超	省级
	112	河南省社会实践先进工作者	胡付广	省级
	113	新乡市十佳文明市民标兵	赵一鹏	市级
	114	校申硕先进个人	王广印	校级
	115	校申硕先进个人	姚连芳	校级
	116	校文明教师	刘　弘	校级
	117	校优秀共产党员	刘　弘	校级
	118	校优秀教师	张传来	校级
	119	校优秀教育工作者	焦　涛	校级
	120	校优秀教师	刘振威	校级
	121	校文明教师	刘振威	校级
	122	校青年骨干教师	李贞霞	校级

四、教学工作

（一）专业设置与建设

1987年，学校更名为河南职业技术师范学院，并升格为本科教育，招收学生按照师范生培养。1989年4年制果树本科专业开始招生。1993年，国家专业目录进行了调整，开始招收4年制园艺本科专业（园艺教育）。1993—1994年，随着社会对园林绿化人才需求的增大，开始招收城镇园林绿化专业2年制专科班共2届。1997年为了加强学生的培养质量，对从职业高中招收的学生实行“1+4”学制。1999年开始招收经济花卉与园林设计专业3年制专科班，共招生3届。2000年，开始招收园林专业4年制本科师范生。2004年学校更名为河南科技学院，2005年园艺系更名为园林学院，专业设置为园艺专业、园林专业、城市规划专业，共3个本科专业。园艺系（园林学院）专业设置简况见表2-6。

表2-6　园艺系（园林学院）专业设置简况表（1989—2006年）

时间	专业	校名
1989—1992	果树专业（3年制专科）、 果树专业（4年制本科师范生）	河南职业技术师范学院
1993—1994	园艺专业（4年制本科师范生）、 城镇园林绿化专业（2年制专科）	河南职业技术师范学院
1995—1996	园艺专业（4年制本科师范生）、 园艺专业（4年制本科-园林设计方向）	河南职业技术师范学院
1997—1998	园艺专业（5年制本科师范生）	河南职业技术师范学院
1999	园艺专业（5年制本科师范生）、 经济花卉与园林设计专业（3年制专科）	河南职业技术师范学院
2000	园艺专业（5年制本科师范生）、 园林专业（(4年制本科)、 经济花卉与园林设计专业（3年制专科）	河南职业技术师范学院
2001	园艺专业（5年制本科师范生）、 园林专业（4年制本科）、 园林专业（5年制本科师范生）、 经济花卉与园林设计专业（3年制专科）	河南职业技术师范学院
2002	园艺专业（4年制本科）、 园艺专业（5年制本科师范生）、 园林专业（4年制本科）、 园林专业（5年制本科师范生）、 经济花卉与园林设计专业（3年制专科）	河南职业技术师范学院
2003	园艺专业（4年制本科）、 园艺专业（5年制本科师范生）、 园林专业（4年制本科）、 园林专业（5年制本科师范生）	河南职业技术师范学院
2004	园艺专业（4年制本科）、 园艺专业（5年制本科师范生）、 园林专业（4年制本科）、 园林专业（5年制本科师范生）、 城市规划专业（4年制本科）	河南科技学院
2005	园艺专业（4年制本科）、 园艺专业（5年制本科师范生）、 园林专业（5年制本科师范生）、 城市规划专业（4年制本科）	河南科技学院
2006	园艺专业（5年制本科师范生）、 园林专业（4年制本科）、 城市规划专业（4年制本科）	河南科技学院

（二）教学管理机构设置

1989—1991年，园艺系共设有5个教研室，分别是果树栽培教研室、蔬菜教研室、果树育种教研室、花卉学教研室和农业气象教研室。

1991年，新增园林教研室。

2003年，随着本科专业的发展，园艺系对教研室进行调整，设置有果树学教研室、蔬菜学教研室、花卉学教研室、园艺植物遗传育种教研室和规划设计教研室等5个教研室。

2006年，随着专业的进一步发展，为了更有利于学科建设和专业建设，园林学院对教研室又进行调整，设置有果树学教研室、蔬菜学教研室、花卉学教研室、园艺植物育种学教研室、园林设计教研室、城市规划教研室、园林树木教研室和建筑学教研室等8个教研室。

（三）招生

1989—1992年，园艺系仅有果树本科专业招生。1993—1994年，开始招收园艺本科专业和2届城镇园林绿化专业2年制专科班。1999—2002年，招收园艺本科专业和3届3年制经济花卉与园林设计专科班。2000—2003年，招收园艺和园林2个本科专业。2004—2006年，招收园艺、园林、城市规划3个本科专业。招生人数也在不断地增加，从1989年的47人增长到2006年的172人，招生人数最多时为2001年的344人。园艺系（园林学院）招生情况见表2-7。

表2-7 园艺系（园林学院）招生情况（1989—2006年）

年份	专业						合计
	果树（本科）	园艺（本科）	城镇园林绿化（2年制专科）	园林（本科）	城市规划（本科）	经济花卉与园林设计（3年制专科）	
1989	49（4）						49
1990	58（4）						58
1991	60（4）						60
1992	60（4）						60
1993		31（4）	22（2）				53
1994		57（4）	35（2）				92
1995		63（4）					63
1996		92（4）					92
1997		94（5）					94
1998		114（5）					114
1999		211（5）				37（3）	248
2000		151（5）		26（4）		53（3）	230
2001		118（5）		58（4）+124（5）		44（3）	344

（续）

年份	专业						合计
	果树（本科）	园艺（本科）	城镇园林绿化（2年制专科）	园林（本科）	城市规划（本科）	经济花卉与园林设计（3年制专科）	
2002		21（4） 116（5）		25（4）+117（5）		20（3）	299
2003		24(4)+112(5)		29（4）+109（5）			274
2004		11(4)+114(5)		24（4）+66（5）	26（4）		241
2005		37(4)+59(5)		62（5）	21（4）		179
2006		59（5）		36（4）	34（4）		129
合计	2 679人						

（四）培养方案（教学计划）

随着招生专业的增加，本科师范教育的转型，办学规模逐步的扩大，根据社会对人才的需要及学院的实际情况，在1989—2006年间，先后制定（修订）了多个版本的培养方案（教学计划）。专业培养方案（教学计划）制定修订情况见表2-8。

表2-8　专业培养方案（教学计划）制定修订情况（1989—2006年）

序号	制定（修订）时间（年）	专业名称
1	1989	果树专业
2	1993	果树专业、园艺专业（师范类）
3	1995	园艺专业（师范类）
4	1997	园艺专业（师范类）
5	1999	园艺专业（师范类）
6	2002	园艺专业（师范类5年制、4年制）
7	2005	园艺专业（师范类5年制、4年制）
8	2000	园林专业（4年制）
9	2002	园林专业（师范类5年制、4年制）
10	2005	园林专业（师范类5年制、4年制）
11	2004	城市规划专业（4年制）
12	2005	城市规划专业（4年制）

（五）本科教学实验室与平台建设

1. 实验室建设

1989—2006年，本科实验室设置经历了3个发展阶段。在1989年，实验室仅有4个，具体见表2-9。

表2-9　1989年园艺系实验室设置

序号	实验室名称	负责人
1	果树实验室（1975年成立）	刘慧英、袁俊水
2	育种实验室（1975年成立）	殷桂琴、康群威
3	测量实验室（1975年成立）	陈立文、朱桂香
4	气象实验室（1988年转入）	赵兰枝

1993年，随着仪器设备的增多，为了加强对各实验室和仪器设备的管理，根据学校要求，各院系均设置了中心实验室，学校任命殷桂琴为园艺系中心实验室主任，杨立峰为中心实验室副主任。中心实验室为系直属单位，对各专业实验室进行行政管理。同时增设了蔬菜栽培实验室和测量学实验室。1993年园艺系实验室设置情况见表2-10。

表2-10　1993年园艺系实验室设置情况

序号	实验室名称	负责人
1	中心实验室	殷桂琴、杨立峰
2	果树实验室	刘慧英
3	育种实验室	殷桂琴
4	蔬菜栽培实验室	张建伟
5	气象学实验室	赵兰枝
6	测量学实验室	王少平

为了促进实验室的建设和发展，提高实验室的综合实力，更好地服务于教学和科研，园艺系于1999年出台了《园艺系实验室“十五”建设规划》，根据当时教学和科研发展的需要，对实验室进行了较为详细的规划。2003年，为了增加实验室的功能，提高仪器设备利用率，迎接河南省实验室评估，园艺系对实验室又进行了合并和调整具体情况见表2-11。

表2-11　2003年实验室设置情况

序号	实验室名称	负责人
1	中心实验室	赵兰枝
2	园艺栽培育种实验室（果树、蔬菜、花卉、育种）	张传来
3	园林规划设计实验室	姚连芳
4	气象测量实验室（气象、测量）	王少平

为进一步加快实验室建设的步伐，适应新时期专业教学和学科发展的需要，园艺系于2004年制定了《河南科技学院园艺系实验室发展规划》。实验室由中心实验室集中管理，将果树实验室、蔬菜实验室、花卉实验室合并成园艺栽培实验室，实验室调整为6

个。2006年园林学院又出台了《河南科技学院园林学院实验室“十一五”建设规划》。具体情况见表2-12。

表2-12 2004—2006年园林学院实验室设置情况

序号	实验室名称	负责人
1	中心实验室	赵兰枝
2	园艺栽培实验室	苗卫东
	果树实验室	苗卫东
	蔬菜实验室	张建伟
	花卉实验室（1998）	林紫玉
3	育种实验室	李桂荣
4	气象实验室	赵兰枝
5	测量实验室	刘 弘
6	园林树木实验室（1998）	周秀梅
7	园林设计创作室	郑树景

2.教学实习平台

1989—2006年间，为了满足实验实习的需要，园林学院在校内充分挖掘资源，先后建立了4个校内小型实验、实习基地，具体见表2-13。同时，充分利用校外资源，建立了校外实习基地22处，具体见表2-14。

表2-13 校内教学实习基地情况（1989—2006年）

序号	名称	位置	时间	负责人
1	花卉盆景园	校内	2004.12	杨立峰
2	园艺苗圃基地	校内东南角	1992.3—1995.5	王少平
3	蔬菜实习基地	百泉校区东试验场	2003.12	李新峥
4	嫁接园	百泉校区内	1998.3	刘用生

表2-14 校外专业教学实习、实践基地（1989—2006年）

序号	基地名称	性质	基地位置	规模	建立时间（年）
1	新乡市牧野乡无公害蔬菜生产基地	集体	新乡市牧野区牧野乡	16 000亩*	1998
2	新乡县古固寨林场	国营	新乡县古固寨镇	400亩	1999
3	郑州市花木城	集体	郑州市北郊陈寨村	300亩	1999
4	沁阳市园艺场	国营	焦作沁阳市	260亩	2000
5	沁阳市九峰山生态园	私营	焦作沁阳市	5 000亩	2000

* 亩为非法定计量单位，1亩≈667平方米。——编者著

（续）

序号	基地名称	性质	基地位置	规模	建立时间（年）
6	新乡市花卉市场	集体	新乡市华兰大道	100亩	2000
7	南乐县国有林场	国营	濮阳南乐县	800亩	2001
8	郑州樱桃沟樱田农业有限公司	私营	郑州市	120亩	2002
9	锡崖沟度假山庄	集体	辉县市上八里镇回龙村		2002
10	濮阳市世锦公司	国营	濮阳市西郊	200亩	2002
11	获嘉县陈庄花卉市场	集体	获嘉县陈庄乡	300亩	2002
12	郑州梨梁寨生态农业发展有限公司	私营	郑州市	200亩	2003
13	濮阳市龙城花果苑	私营	濮阳市	200亩	2003
14	新乡龙泉村高新园区	国营	新乡县七里营镇龙泉村	1 500亩	2003
15	延津县塔铺乡大柳树村果树生产基地	私营	延津县塔铺乡大柳树村	20亩	2003
16	封丘县科技研究推广与示范基地	国营	封丘县应举镇	120亩	2003
17	济源市轵城花卉基地	集体	济源市轵城乡	150亩	2003
18	新乡市规划设计院	事业	新乡市中原路239号		2004
19	国营延津县新兴农场	集体	新乡延津县	5 000亩	2005
20	新乡市农业科学院	事业	新乡市	1 200亩	2005
21	浚县新镇长屯韭菜种植园区	集体	浚县新镇镇长屯村	480亩	2006
22	辉县市冬枣基地	集体	辉县市西平罗乡	1 500亩	2006

（六）教学研究与教学改革成果

1989—2006年间，学院教师主编或参编教材30余部，获教学成果奖12项，主持教改项目15项，撰写教改论文12篇。4门课程获得省级优秀课程、精品课程和网络课程建设项目。2005年，园艺专业获批省级首批特色专业建设点。

1. 主编、参编教材

学院教师编写教材情况见表2-15。

表2-15　教师编写教材情况（1989—2006年）

年份	教材名称	编者	出版社	主、参编	备注
1989	林果遗传育种	王志明	河南教育出版社	主　编	河南省职业高中教材
1990	果树栽培学	张跃武	河南教育出版社	主　编	河南省职业高中教材
1991	农科教材教法	韩德全	北京农业大学出版社	副主编	
1993	农业气象	齐文虎	高等教育出版社	主　编	
1994	农业气象	齐文虎	河南科学技术出版社	主　编	
	生物统计	杨立峰	中国农业出版社	副主编	

（续）

年份	教材名称	编者	出版社	主、参编	备注
1994	应用统计方法	杨立峰	中国农民出版社	副主编	
1995	高等农业技术师范教育专业技能教程	韩德全	中国农业出版社	副主编	
1996	种植基础	齐文虎	高等教育出版社	主　编	
1997	农业气象学	齐文虎	中国农业科学技术出版社	副主编	
1998	农科教材教法（二版）	宋建伟	气象出版社	参　编	
1999	园艺植物试验设计与分析	扈惠灵	中国科学技术出版社	副主编	
2002	园林史	郑树景	中国农业科技出版社	参　编	全国高等职业技术师范教育统编教材
	园林花卉学	李保印	中国农业科技出版社	副主编	全国高等职业技术师范教育统编教材
2003	园艺商品学	张传来	中国农业科技出版社	主　编	
	名优林果栽培新技术	张传来	中原农民出版社	主　编	初中教材
	花卉栽培与营销	姚连芳	中原农民出版社	主　编	初中教材
	无公害蔬菜生产技术	王广印	中原农民出版社	主　编	初中教材
2004	名优林果栽培新技术（第二版）	张传来	中原农民出版社	主　编	初中教材
	花卉栽培与营销（第二版）	姚连芳	中原农民出版社	主　编	初中教材
	无公害蔬菜生产技术（第二版）	张百俊	中原农民出版社	主　编	初中教材
2005	名优林果栽培新技术（第三版）	张传来	中原农民出版社	主　编	初中教材
	花卉栽培与营销（第三版）	姚连芳	中原农民出版社	主　编	初中教材
	无公害蔬菜生产技术（第三版）	张百俊	中原农民出版社	主　编	初中教材
2006	蔬菜栽培学	李新峥	中国农业出版社	主　编	
	园艺植物育种技术	周俊国	中国农业出版社	主　编	
	花卉学	刘会超	中国农业出版社	主　编	
	工程测量	刘　弘	郑州大学出版社	参　编	
	劳动与技术	刘振威	海燕出版社	参　编	初中教材
	劳动与技术（第二版）	刘振威	海燕出版社	参　编	初中教材

2. 获奖教学成果

学院教师教学成果所获奖项见表2-16。

表2-16　教师获得的教学成果奖（1989—2006年）

序号	成果名称	奖励等级	年份	获奖人
1	教学改革及实习基地建设	河南职业技术师范学院优秀教学成果二等奖	1992	张百俊

（续）

序号	成果名称	奖励等级	年份	获奖人
2	蔬菜栽培学	校教案展评三等奖	1993	王广印
3	校级讲课大赛	校级二等奖	1994	张传来
4	首届“耕耘杯”青年教师学术报告	校级二等奖	1995	张传来
5	职技高师园艺教育“三、三制”实践教学法	河南职业技术师范学院优秀教学成果一等奖	1998	韩德全、宋建伟、姚连芳、李新峥、张传来
6	果树栽培修剪教学实习的改革与实践	河南职业技术师范学院优秀教学成果三等奖	1998	宋建伟、张传来、苗卫东、扈惠灵、郭雪峰
7	教学技能大奖赛	教育厅教学技能大奖赛优秀奖	1999	宋建伟
8	中高等职业教育衔接问题研究	中国职业技术教育学会职业高中教育学会二等奖	2000	宋建伟、张传来
9	蔬菜栽培原理	校第二届教案展评优秀教案奖	2000	王广印
10	教师津贴分配方法的探讨	全国优秀职教论文三等奖	2001	张传来
11	职技高师园艺教育专业课程体系及教学内容的研究	河南省高等教育省级教学成果二等奖	2001	宋建伟、王广印等
12	高职教育园林专业人才培养规格和课程体系研究	河南省高等教育省级教学成果二等奖	2005	姚连芳等
13	《园林艺术》课件	河南省教科优秀成果一等奖	2006	姚连芳等
14	《园林艺术》网络课程建设	河南省信息技术教育优秀成果一等奖	2006	姚连芳等

3. 教改项目

学院教师主持的教改项目表2-17。

表2-17　教师主持的教改项目（1989—2006年）

序号	项目名称	年份	主持人	项目类型
1	面向21世纪园艺教育专业实践技能体系的研究	1997	宋建伟	省级
2	职技高师园艺教育专业课程体系及教学内容的研究	1998	宋建伟	省级
3	职技高师园艺专业教学内容、教学方法、教学手段的研究	1998	张传来	省级
4	园艺专业课程体系的完善与建立学分制管理模式的研究	2002	姚连芳	校级重点
5	园林、园艺专业毕业实习教学改革方案的构建与实施	2003	周俊国	校级
6	《观赏园艺学》双语教学研究与实践	2003	李保印	校级
7	双语教学互动互助效应探讨	2004	赵一鹏	校级重点
8	高等教育教学督导研究	2004	宋建伟	校级重点
9	《园艺植物遗传育种学》精品课程建设	2004	周俊国	校级
10	《城市园林绿地规划》课程双语教学研究	2005	乔丽芳	校级

（续）

序号	项目名称	年份	主持人	项目类型
11	园艺专业《果树栽培学》课程教学实习改革的研究	2005	苗卫东	校级
12	植物生物技术课程双语教学方法研究	2006	赵一鹏	校级
13	园艺植物育种学课程实验教学改革的研究与实践	2006	李桂荣	校级
14	大众教育环境下的综合性本科院校教学评价体系研究与实践	2006	宋建伟	省级
15	园林专业双语课程教学模式的创新与实践	2006	赵一鹏	省级

4. 教改论文

学院教师发表的部分教改论文见表2-18。

表2-18　教师发表的部分教改论文（1989—2006年）

序号	论文名称	期刊	时间（年.月）	作者
1	园艺专业实践课三阶段教学模式	中原职业技术教育	1994.5	宋建伟、刘慧英
2	农职中学《果树栽培》课的教学实践与探索	中原职业技术教育	1994.11	宋建伟、苗卫东、陈俊勇、王富军、郭小录
3	《花卉学》教学实习的时间与体会	河南职业技术师范学院学报	1999.10	姚连芳、赵兰枝、郑树景
4	果树栽培修剪教学实习的改革与实践	河南职业技术师范学院学报	2000.10	宋建伟、苗卫东、张传来、扈惠灵、郭雪峰
5	插花艺术实践教学的改革与思考	河南职业技术师范学院学报	2001.10	林紫玉、王少平
6	《农业气象》实验教学改革的探讨	河南职技师学院学报	2002.4	赵兰枝
7	论高等学校的教学督导工作	河南职业技术师范学院学报	2003.12	宋建伟、李保丽、杨天明
8	高职《园林制图》改革初探	河南高等机电专科学校学报	2004.3	郑树景
9	高等职业院校园林专业教学内容体系探讨	河南职业技术师范学院学报	2004.4	姚连芳、刘慧英、张立磊
10	“观赏园艺学”双语教学探讨	中国林业教育	2005.9	李保印、刘用生、周秀梅
11	“城市园林绿地规划”课程双语教学研究	安徽农业科学	2006.8	乔丽芳、赵一鹏、张毅川、周岩、蔡祖国
12	风景园林专业《设计初步》课程教学初探	中国风景园林教育大会论文集	2006.9	王珊珊、姚连芳

5. 课程建设

学院课程建设情况见表2-19。

表2-19　课程建设情况（1989—2006年）

序号	课程名称	负责人	荣誉级别	时间（年）
1	果树栽培学	韩德全	校级优秀课程	1993

（续）

序号	课程名称	负责人	荣誉级别	时间（年）
2	果树栽培学	韩德全	省级优秀课程	1995
3	蔬菜栽培学	张百俊	校级优秀课程	1995
4	蔬菜栽培学	王广印	省级优秀课程	2001
5	园林艺术	姚连芳	校级精品课程	2006
6	园林艺术	姚连芳	省级网络课程	2006
7	城市园林绿地规划	张毅川	省级网络课程	2006

五、学科建设与科技工作

（一）学科建设情况

长期以来，园林学院坚持以学科建设为龙头，培养和引进学术骨干和技术、学术带头人，凝练学科研究方向，购置先进的仪器设备充实实验室，大力加强学科建设。果树学科为第一批校级重点学科。为了加强学科建设，促进各学科的快速发展，2006年，学院出台了《园林学院学科建设规划》。同年，经国务院学位办批准，蔬菜学被确定为学校首批硕士学位授权学科。

（二）学科团队

1.2002年，学校把果树学科作为申请新增硕士学位授予单位主要支撑学科之一。为了申硕需要，将果树学科整合成3个研究方向。

（1）果树生理与应用技术体系。学术带头人：宋建伟；学术骨干：李秀菊　赵一鹏　扈惠灵。

（2）果树资源改良与育种技术。学术带头人：刘用生；学术骨干：姚连芳　李保印　李桂荣。

（3）果实发育机理与调控。学术带头人：刘会超；学术骨干：张传来　房玉林。

2.2003年，学校申硕未果。2004年，学校更名为河南科技学院。为了第二次申请硕士学位授予单位，学校把蔬菜学科作为申硕支撑学科之一。整合了3个研究方向。

（1）蔬菜栽培生理与生态。学术带头人：王广印；学术骨干：郜庆炉　沈　军　陈碧华。

（2）保健型蔬菜资源研究与利用。学术带头人：赵一鹏；学术骨干：孟丽　李新峥　张玉进。

（3）蔬菜安全生产与质量控制。学术带头人：刘鸣涛；学术骨干：张百俊　刘会超　李贞霞。

（三）学科实验室建设

（1）2004年：赵一鹏完成英国博士学业回校工作，学校投资50万元建设园艺植物细胞生物学实验室，这是学院首个学科实验室。

（2）2005年：刘会超博士后出站回校工作，建设观赏植物资源与生物技术实验室。

（3）2006年：扈惠灵博士毕业回校工作，建设果树资源与利用实验室，成立柿资源创新利用研究团队。

（4）2006年：孙涌栋博士毕业到校工作，建设蔬菜学科实验室。

（四）科研项目情况

进入20世纪90年代以后，随着国家对科研工作的进一步重视，国家、省、市（地区）下达和立项一大批科研项目，学院教师积极申报科研项目，争取项目经费，主动开展科学研究，获得了一批科研项目和成果，发表了一批学术论文，出版了一批著作。2001年后，学校为了提高科研实力和办学实力，出台了科技奖励办法，调动了教师申报科研项目、争取项目经费、进行科学研究的积极性，科研项目、经费、论文、成果、著作的数量较前一个时期明显增多。2004年，学校为了进一步提高科研能力和办学综合实力以及办学层次，增强学校的社会影响力和知名度，加大了科技支持和奖励力度，随着科研项目级别的提升，经费配套比例也逐渐提高，同时，拉开了不同成果级别和等级、出版著作和发表论文的档次的奖励额度，进一步调动和激发了教师进行科学研究的积极性。学院教师承担的部分厅级以上科研项目见表2-20。

表2-20　教师承担的部分厅级以上科研项目（1989—2006年）

序号	项目名称	主持人	项目类别	批准单位	时间（年）
1	园艺植物嫁接杂交研究	刘用生	河南省教育厅自然科学研究项目	河南省教育厅	1998
2	园艺植物远缘嫁接杂交	刘用生	河南省教育厅自然科学项目	河南省教育厅	1999
3	河南省太行山区野生花卉资源引种栽培及产业化生产技术研究	姚连芳	河南省科技发展计划科技攻关项目	河南省科学技术厅	1999
4	河南太行山区野生植物资源的园林应用	王少平	河南省教育厅自然科学项目	河南省教育厅	1999
5	山区野生花卉品种选育及工厂化育苗技术研究	姚连芳	河南省教育厅自然科学项目	河南省教育厅	1999
6	植物嫁接杂交机理研究	刘用生	河南省科技发展计划自然科学基金	河南省科学技术厅	2000
7	园艺植物远缘嫁接与嫁接杂交研究	刘用生	河南省教育厅自然科学项目	河南省教育厅	2000
8	河南太行山野生植物资源的园林应用	王少平	河南省教育厅自然科学项目	河南省教育厅	2000
9	山区野生花卉引种驯化及品种选育试验研究	姚连芳	河南省教育厅自然科学项目	河南省教育厅	2000

（续）

序号	项目名称	主持人	项目类别	批准单位	时间（年）
10	园艺植物嫁接杂交研究	刘用生	河南省科技发展计划自然科学基金项目	河南省科学技术厅	2001
11	河南省日光温室名贵花卉高效生产模式与温室环境调控技术研究	姚连芳	河南省教育厅自然科学项目	河南省教育厅	2001
12	设施生态互动规律及对果树生理、生育规律影响的研究	张传来	河南省教育厅自然科学项目	河南省教育厅	2001
13	节能日光温室创新增效研究与示范	王广印	河南省科技发展计划科技攻关项目	河南省科学技术部	2002
14	农业科技示范园区高效运营机制及模式研究	焦　涛	河南省科技发展计划软科学项目	河南省科学技术厅	2002
15	太行山区珍稀观赏植物迁地保存及园林应用价值研究	李保印	河南省教育厅自然科学项目	河南省教育厅	2002
16	南瓜新品种选育与产业化技术研究	李新峥	河南省科技发展计划科技攻关项目	河南省科学技术厅	2003
17	木本切花切枝催花技术研究	王少平	河南省教育厅自然科学项目	河南省教育厅	2003
18	新乡市世利农业观光园建设及绿色节水节能技术应用	焦　涛	新乡市科技发展计划项目	新乡市科学技术局	2003
19	新乡市主要蔬菜硝酸盐污染及控制研究	李贞霞	新乡市科技发展计划项目	新乡市科学技术局	2003
20	新型彩叶园林植物新品种引进、试验与示范	李保印	新乡市科技发展计划项目	新乡市科学技术局	2003
21	园林彩叶植物资源收集与品种选育研究	李保印	中青年骨干教师项目	河南省教育厅	2003
22	香石竹抗衰老转基因新品种培育	刘会超	国家科技部转基因专项（合作）	国家科学技术部	2003
23	蔷薇属花卉种苗生产技术规程与质量标准	刘会超	国家林业局标准化项目（合作）	国家林业局	2003
24	无公害蔬菜标准体系研究与示范	王广印	河南省科技发展计划科技攻关项目	河南省科学技术厅	2004
25	南瓜新品种选育与产业化技术研究	李新峥	河南省科技发展计划科技攻关项目	河南省科学技术厅	2004
26	彩叶植物新品种选育及苗木产业化研究	李保印	河南省科技发展计划科技攻关项目	河南省科学技术厅	2004
27	新西兰红梨引进、繁育及示范合作研究（子课题）	张传来	河南省科技发展计划重大攻关项目	河南省科学技术厅	2004
28	观光农业园区景观设计与产业经营研究	姚连芳	河南省科技发展计划科技攻关项目	河南省科学技术厅	2004
29	河南高等院校文化素质教育研究	焦　涛	河南省科技发展计划软科学项目	河南省科学技术厅	2004
30	木本切花花期控制技术研究	王少平	河南省教育厅自然科学项目	河南省教育厅	2004
31	山区野生观赏植物引种驯化及品种选育试验研究	姚连芳	河南省教育厅自然科学项目	河南省教育厅	2004

（续）

序号	项目名称	主持人	项目类别	批准单位	时间（年）
32	南瓜加工专用品种的选育与产业化生产	李新峥	新乡市科技发展计划项目	新乡市科学技术局	2004
33	西瓜复式同源四倍体的克隆及工厂化育苗技术研究	王广印	河南省科技发展计划科技攻关项目	河南省科学技术厅	2005
34	杏梅新品种选育及其绿色果品生产技术研究与示范	张传来	新乡市科技发展计划项目	新乡市科学技术局	2005
35	菜用大黄引种及种质创新研究	赵一鹏	国家留学基金项目	国家留学基金管理委员会	2005
36	河南山区农家蔬菜品种资源的收集与研究	李新峥	河南省科技发展计划科技攻关	河南省科学技术厅	2005
37	太行山区濒危植物“矮牡丹”体细胞繁殖技术研究	赵一鹏	河南省科技发展计划科技攻关	河南省科学技术厅	2005
38	河南蔬菜生产标准化问题与对策的研究	李新峥	河南省科技发展计划软科学项目	河南省科学技术厅	2005
39	太行山区野生珍稀观赏植物资源保护与繁育	姚连芳	河南省教育厅自然科学项目	河南省教育厅	2005
40	高附加值蔬菜生产体系的研究与示范	李新峥	新乡市科技发展计划	新乡市科学技术局	2005
41	雾肥器于设施蔬菜栽培中心的试验与推广	刘振威	新乡市科技发展计划	新乡市科学技术局	2005
42	大学生思想道德状况调查分析	胡付广	河南省社科联项目	河南省社会科学界联合会	2005
43	大学生职业生涯规划与设计研究	焦　涛	河南省社科联项目	河南省社会科学界联合会	2005
44	新形势下高校档案资料的开发和利用	宋荷英	河南省社科联项目	河南省社会科学界联合会	2005
45	双万亩蔬菜产业化生产示范基地建设	姚连芳	河南省农业结构调整项目	河南省农业厅	2005
46	杏梅对盐胁迫的生理生化反应及其矫治、抗盐新品种选育研究	张传来	新乡市科技发展计划项目	新乡市科学技术局	2006
47	河南省无公害蔬菜产业可持续发展对策研究	李贞霞	河南省软科学项目	河南省科学技术厅	2006
48	新乡市蔬菜硝酸盐污染及控制过程研究	李贞霞	新乡市科技发展计划项目	新乡市科学技术局	2006
49	太行猕猴自然保护区重点野生观赏植物种质资源研究	李保印	河南省教育厅科技攻关项目	河南省教育厅	2006
50	温室大棚主要蔬菜耐盐性研究	王广印	河南省科技攻关项目	河南省教育厅	2006
51	设施主要蔬菜耐盐性研究	王广印	河南省自然基金项目	河南省科学技术厅	2006
52	矮牡丹种质资源创新与产业化研究	姚连芳	河南省教育厅科技攻关	河南省教育厅	2006
53	不同类型及品种南瓜多糖含量测定与分析	李新峥	河南省科技攻关项目	河南省科学技术厅	2006
54	观赏南瓜品种资源收集、引种与开发利用研究	李新峥	新乡市科技发展计划	新乡市科学技术局	2006

（续）

序号	项目名称	主持人	项目类别	批准单位	时间（年）
55	牡丹芍药远缘杂交及其亲本选择	周秀梅	2006年国家教育部林木遗传育种重点实验室开放基金项目（横向合作）	国家教育部	2006
56	植物新品种（南瓜）DUS测试技术与标准的引进	周俊国	农业部948项目子课题（横向合作）	国家农业部	2006

（五）科技获奖情况

学院教师获得的部分厅级以上科技成果见表2-21。

表2-21　教师获得的部分厅级以上科技成果（1989—2006年）

序号	获奖成果名称	获奖人	奖励名称及等级	成果形式	授奖单位	授奖时间（年）
1	太行山（辉县试验区）资源综合开发治理研究	韩德全	科技进步三等奖	成果	河南省人民政府	1989
2	河南省山区资源综合开发治理研究	韩德全	科技进步二等奖	成果	河南省人民政府	1989
3	河南省杏、李品种资源调查研究与开发利用	王志明	科技进步一等奖	成果	河南省农牧厅	1989
4	河南省蔬菜综合增产技术	张百俊（7）、王广印（8）	1990年河南省农牧渔业丰收奖三等奖	成果	河南省农牧厅	1990
5	河南省杏、李品种资源调查研究与开发	王志明	科技进步三等奖	成果	河南省人民政府	1990
6	河南省山区资源综合开发治理研究	韩德全	科技进步三等奖	成果	国家科学技术部	1990
7	河南省大白菜优质高产模式栽培技术推广	王广印（5）	1992年全国农牧渔业丰收奖三等奖	成果	国家农业部	1992
8	菜花结球的生理障碍及其防止措施	王广印	河南省教委优秀论文奖优秀奖	论文	河南省教育委员会	1992
9	春甘蓝抽薹的原因及防止措施	王广印	中国农学会首届优秀农业科普作品三等奖	论文	中国农学会	1992
10	日光温室蔬菜高产高效生产系统研究	张百俊	科技进步三等奖	成果	河南省人民政府	1995
11	河南省黄河故道地区苹果优质丰产关键技术及配套措施研究	张百俊	星火二等奖	成果	河南省人民政府	1995
12	无病毒苹果栽培与节水技术研究应用	张百俊	科技进步三等奖	成果	河南省人民政府	1996

（续）

序号	获奖成果名称	获奖人	奖励名称及等级	成果形式	授奖单位	授奖时间（年）
13	大葱洋葱高效栽培技术	张百俊、王广印	河南省优秀图书二等奖	著作	河南省新闻出版局	1997
14	河南省太行山区野菜资源状况及名优野菜筛选的研究	刘会超	科技进步三等奖	成果	新乡市科学技术局	1998
15	河南省苹果烂果病综合治理模型研究及推广应用	张传来（2）	科技进步奖二等奖	成果	新乡市科学技术局	1998
16	河南省苹果烂果病发生规律及综合治理研究	张传来（2）	河南省教育厅科技进步奖二等奖	成果	河南省教育委员会	1998
17	鲜食番茄的品质问题及对策	王广印	河南省第三届青年自然科学优秀学术论文三等奖	论文	河南省人事厅、河南省科学技术委员会、河南省科学技术协会	1998
18	香椿种子发芽特性研究	王广印	新乡市第八届自然科学优秀学术论文一等奖	论文	新乡市科学技术协会、新乡市人事局、新乡市科学技术委员会	1998
19	河南省日光温室蔬菜生产持续稳定发展的战略选择	王广印	新的农业科技革命与河南农业持续快速发展论坛三等奖	论文	河南省科学技术委员会	1998
20	桃树优质丰产关键技术	姚连芳	科技著作二等奖	著作	河南省教育委员会	1998
21	园艺植物组织培养研究	姚连芳	科技进步奖二等奖	成果	河南省教育厅	1999
22	北方菇菜周年工厂化生态模式研究与推广	王广印	科技进步二等奖	成果	河南省教育厅	1999
23	面向21世纪的我国野菜资源开发与利用	王广印	自然科学优秀论文二等奖	论文	河南省科学技术协会	1999
24	落葵种子发芽特性研究	王广印	河南省第六届自然科学优秀论文二等奖	论文	河南省人事厅、河南省科学技术委员会、河南省科学技术协会	1999
25	蔬菜种子发芽特性及种子活力应用的研究	王广印	河南省科技进步奖三等奖	成果	河南省人民政府	2001
26	新时期河南农业科技进步与创新研究	王广印	河南省人民政府实用社会科学优秀成果奖二等奖	成果	河南省人民政府	2001
27	蔬菜种子技术研究	王广印	新乡市科技进步奖二等奖	成果	新乡市人民政府	2001
28	蔬菜种子发芽特性及种子活力应用的研究	王广印	河南省教育厅科研成果奖二等奖	成果	河南省教育厅	2001
29	新时期河南农业科技进步与创新研究	王广印	社科优秀成果二等奖	成果	中国共产党河南省委员会宣传部	2001
30	新时期河南农业科技进步与创新研究	王广印	实用社会科学二等奖	成果	河南省政府	2001

（续）

序号	获奖成果名称	获奖人	奖励名称及等级	成果形式	授奖单位	授奖时间（年）
31	“金光杏梅”主要性状调查研究报告	苗卫东	自然科学优秀论文一等奖	论文	新乡市科学技术协会	2002
32	蔬菜种子发芽特性及种子活力应用研究	王广印	科技进步三等奖	成果	河南省人民政府	2002
33	新乡太行山彩叶植物评价	李保印	新乡市学术年会优秀论文优秀奖	论文	新乡市科学技术协会	2003
34	花卉苗木组培快繁生产技术研究	姚连芳	河南省科技进步奖二等奖	成果	河南省人民政府	2003
35	河南省野菜资源及开发利用研究	王广印	河南省科技进步奖二等奖	成果	河南省人民政府	2003
36	面向21世纪的我国野菜资源开发与利用	王广印	河南省第八届自然科学优秀学术论文二等奖	论文	河南省人事厅、河南省科学技术委员会、河南省科学技术协会	2003
37	小杂果优质高产栽培技术研究与应用	张传来（2）	科技进步奖一等奖	成果	新乡市人民政府	2005
38	小杂果优质高产栽培技术研究与应用	张传来（2）	科技进步奖一等奖	成果	周口市人民政府	2005
39	大葱、洋葱高效栽培技术	张百俊、王广印	科研成果奖二等奖	著作	河南省教育厅	2005
40	河南农业产业化经营与发展研究	王广印	科研成果二等奖		河南省农业科学院	2005
41	南瓜种质资源研究与开发利用	李新峥	科技进步二等奖		河南省教育厅	2006
42	新形势下高校档案资源的开发和利用	宋荷英	优秀调研成果二等奖		河南省社会科学界联合会	2006

（六）学术论文发表

学院教师发表的部分学术论文见表2-22。

表2-22　教师发表的部分学术论文（1989—2006年）

序号	论文题目	第一作者或通讯作者	刊物名称	年份（期）	期刊类别
1	当今蔬菜保护地栽培能源问题	张百俊	河南职技师院学报	1989（1）	CN
2	固始县大别山区野生果树资源及合理开发	张传来	河南职技师院学报	1989（2）	CN
3	蔬菜塑料大棚周年多茬利用的途径与技术	王广印	河南农业科学	1989（5）	核心
4	河南省太行山区山楂资源开发利用研究	韩德全	河南职技师院学报	1990（1）	CN

（续）

序号	论文题目	第一作者或通讯作者	刊物名称	年份（期）	期刊类别
5	菜花结球的生理障碍及其防止措施	王广印	河南农业科学	1990（11）	核心
6	河南省大白菜早熟栽培技术规程	王广印	河南农业科学	1991（7）	核心
7	几种果树生理病害的防治	苗卫东	科普田园	1992（2）	CN
8	桃幼树早丰产栽培技术要点	宋建伟	山西果树	1992（3）	核心
9	蕹菜及其栽培技术	王广印	河南农业科学	1992（6）	核心
10	日光温室冬季黄瓜生产的温光问题与对策	王广印	河南农业科学	1992（10）	核心
11	提高嫁接黄瓜成苗率的途径与措施	王广印	河南农业科学	1992（11）	核心
12	作物种子渗透调节处理研究进展	王广印	河南职业技术师范学院学报	1993（1）	学报级
13	香石竹茎尖培养优质壮苗试验研究	姚连芳	河南农业科学	1993（7）	CSCD
14	快速培育苹果优质苗木的关键技术	宋建伟	河南农业科学	1993（11）	CSCD
15	主导生态因子对山楂幼树春季生长的影响	韩德全	河南职技师院学报	1994（1）	CN
16	河南太行山干旱丘陵区林业生态结构问题探讨	赵一鹏	河南职技师院学报	1994（1）	CN
17	药剂处理延长月季鲜花瓶插寿命的试验研究	姚连芳	河南职技师院学报	1994（3）	CN
18	植物组织培养中活性炭的使用	刘用生	植物生理学通讯	1994（3）	核心
19	双氧水浸种对无籽西瓜种子活力的影响	王广印	中国西瓜甜瓜	1994（4）	核心
20	果树建园全苗壮苗关键技术要点	宋建伟	落叶果树	1994（4）	核心
21	黄河故道地区苹果的适宜树形及前期整形修剪原则	韩德全	河南农业科学	1994（5）	CSCD
22	西瓜病毒病及其综合防治技术	王广印	中国果树	1995（1）	核心
23	节能日光温室内香椿矮化密植栽培技术	王广印	林业科技通讯	1995（7）	核心
24	河南花椒种质资源及其开发利用	赵一鹏	河南职技师院学报	1996（1）	CN
25	世界园艺作物保护栽培的历史、类型及发展趋势	赵一鹏	河南职技师院学报	1996（3）	CN
26	嫁接对小拱棚西葫芦生长和产量的影响	张百俊	河南职技师院学报	1996（4）	CN
27	高美施在日光温室黄瓜上的应用试验	张百俊	北方园艺	1996（5）	核心
28	山楂光合作用的研究	扈惠灵	河南职技师院学报	1997（2）	CN
29	离体培养条件下打破中国樱桃胚休眠的方法	刘用生	园艺学报	1997（3）	核心
30	落葵种子的发芽特性	王广印	中国蔬菜	1997（5）	核心
31	采前喷钙采后贮藏对芍药月季瓶插寿命影响	姚连芳	北方园艺	1998（1）	核心
32	蔬菜嫁接杂交及其应用研究进展	李新峥	北方园艺	1998（2）	核心
33	太行山区柿树低效原因分析及对策	宋建伟	河南职技师院学报	1998（3）	CN
34	葡萄萌芽生根与有效积温关系探讨	宋建伟	北方园艺	1998（5）	核心
35	新植石榴区存在的主要问题及解决办法	宋建伟	山西果树	1999（2）	核心

（续）

序号	论文题目	第一作者或通讯作者	刊物名称	年份（期）	期刊类别
36	面向21世纪的我国野菜资源开发与利用	王广印	农业系统科学与综合研究	1999（3）	CSCD
37	花期喷施B、Mo、GA_3对提高苹果坐果率的研究	宋建伟	河南职技师院学报	1999（3）	CN
38	抗逆增产剂在黄瓜幼苗上的应用研究	张百俊	河南职技师院学报	1999（3）	CN
39	核桃低产原因的现状分析和对策	苗卫东	河南职技师院学报	1999（4）	CN
40	桃树三种修剪方式的正确应用	宋建伟	山西果树	1999（4）	核心
41	黄河故道地区苹果树体冻害的调查研究	宋建伟	河南职技师院学报	1999（4）	CN
42	世界主要水果生产现状与发展趋势	赵一鹏	北方园艺	1999（4）	核心
43	唐菖蒲组织培养试验	姚连芳	北方园艺	1999（5）	核心
44	《花卉学》教学实习的实践与体会	姚连芳	河南职技师院学报（职业教育版）	1999（5）	CN
45	苦瓜种子的发芽特性研究	王广印	中国农学通报	2000（1）	核心
46	葡萄高产栽培先进经验总结	宋建伟	北方园艺	2000（3）	核心
47	茄果类蔬菜属间嫁接研究初报	李新峥	河南农业科学	2000（5）	CSCD
48	葡萄高产栽培技术	宋建伟	河南农业科学	2000（8）	CSCD
49	蜡梅根尖染色体观察制片方法	周俊国	河南农业大学学报	2001（2）	核心
50	乙烯利不同催熟方式对番茄品质影响	李新峥	北方园艺	2001（2）	核心
51	赤霉素丙酮溶液处理对无籽西瓜种子活力的影响	王广印	中国西瓜甜瓜	2001（4）	核心
52	不同洋水仙品种的生长特性及花粉萌发试验	王少平	广东农业科学	2001（17）	核心
53	郑州市二七农业科技示范园区经营管理现状与分析	王广印	中国农学通报	2002（2）	核心
54	外源钙对苹果果实乙烯生成的影响	刘会超	园艺学报	2002（3）	核心
55	彩色马蹄莲组培快繁生产技术	姚连芳	农业科技通讯	2002（3）	核心
56	仰韶和贵妃杏花粉直感研究	杨立峰	果树学报	2002（4）	核心
57	河南省野菜资源开发利用探析	王广印	中国生态农业学报	2002（4）	CSCD
58	“金光杏梅”优质早丰产试验总结	苗卫东	山西果树	2002（4）	核心
59	杏梅品种金光主要性状调查	苗卫东	中国果树	2002（5）	核心
60	十三个梨品种花粉量及花粉发芽率的研究	扈惠灵	中国南方果树	2002（6）	核心
61	“金光杏梅”快速育苗技术总结	苗卫东	山西果树	2003（1）	核心
62	柿树绿枝嫁接试验	苗卫东	中国果树	2003（2）	核心
63	泽兰（*Lycopus lucidus*）的组织培养研究	周俊国	河南农业大学学报	2003（3）	核心
64	树干注肥在山楂上的应用研究	扈惠灵	北方园艺	2003（3）	核心
65	美化园林的红叶树种	周秀梅	河南林业科技	2003（4）	核心

（续）

序号	论文题目	第一作者或通讯作者	刊物名称	年份（期）	期刊类别
66	郑州市农业科技园区建设与发展的问题与对策	王广印	农业系统科学与综合研究	2003（4）	CSCD
67	李树整形修剪中应注意的问题	宋建伟	北方园艺	2003（5）	核心
68	芽苗菜及其在我省的生产现状和发展前景	张建伟	河南农业科学	2003（5）	CSCD
69	叶霸在结球甘蓝上的应用效果初报	张百俊	河南农业科学	2003（12）	CSCD
70	南瓜的开发利用途径及育种目标	周俊国	北方园艺	2004（1）	核心
71	云大-120在日光温室番茄上的应用效果	张百俊	中国蔬菜	2004（2）	核心
72	光照强度、通气量等因素对腊梅继代培养的影响	周俊国	经济林研究	2004（3）	核心
73	樱花组培快繁生产技术	姚连芳	林业实用技术	2004（3）	核心
74	不同彩叶植物叶片中叶绿体色素含量研究	李保印	河南农业大学学报	2004（3）	CSCD
75	世界南瓜生产现状及其种群多样性特征	赵一鹏	内蒙古农业大学学报（自然科学版）	2004（3）	CSCD
76	多效唑在冷季型草坪上的应用效果	周秀梅	河南农业科学	2004（4）	核心
77	套袋对苹果果实品质的影响	苗卫东	北方园艺	2004（4）	核心
78	枯萎灵等几种杀菌剂对黄瓜枯萎病的防效试验	李新峥	北方园艺	2004（4）	核心
79	钙对苹果果实发育及果肉细胞超微结构的影响	刘会超	植物营养与肥料学报	2004（4）	CSCD
80	胚挽救无核葡萄新品种取样时期的研究	李桂荣	河北农业大学学报	2004（5）	CSCD
81	不同黄瓜品种种子萌发期的耐盐性研究	王广印	植物遗传资源学报	2004（3）	CSCD
82	嫁接杂交与果树遗传的特殊性	刘用生	遗传	2004（5）	CSCD
83	基因枪法介导的魔芋遗传转化研究	李贞霞	华中农业大学学报	2004（6）	CSCD
84	重金属铬对西葫芦种子发芽及出苗的影响	杨和连	种子	2004（6）	核心
85	NaCl胁迫对黄瓜种子发芽的影响	王广印	吉林农业大学学报	2004（6）	CSCD
86	河南省野菜资源多样性及开发利用研究	王广印	中国农学通报	2004（6）	核心
87	钙对盐胁迫下黄瓜和南瓜种子发芽的影响	王广印	浙江农业科学	2004（6）	核心
88	NaCl胁迫对五叶地锦生长及某些生理特性的影响	刘会超	林业科学	2004（6）	CSCD
89	南瓜属22个品种资源引种栽培初报	李新峥	河南农业科学	2004（7）	CSCD
90	不同化学药剂和植物激素浸种对叶甜菜种子发芽的影响	王广印	河南农业科学	2004（10）	核心
91	柳属与杨属植物远缘嫁接研究	李保印	生物学通报	2004（10）	CSCD
92	Lysenko's contributions to biology and his tragedies	刘用生	Rivista di biologia-biology forum	2004	SCI收录

（续）

序号	论文题目	第一作者或通讯作者	刊物名称	年份（期）	期刊类别
93	Further evidence for Darwin's pangenesis	刘用生	Rivista di biologia-biology forum	2004	SCI收录
94	NaCl胁迫对不同品种黄瓜种子发芽的影响	王广印	干旱地区农业研究	2005（1）	CSCD
95	NaCl胁迫及Ca^{2+}和GA_3对南瓜属3种蔬菜种子发芽的影响	王广印	植物资源与环境学报	2005（1）	CSCD
96	大蒜浸提液对西葫芦种子活力及幼苗生长的影响	张百俊	河南农业大学学报	2005（1）	CSCD
97	观赏南瓜品种资源自交后代性状的观察与筛选	李新峥	种子	2005（1）	核心
98	景观设计中教育功能的类型及体现	张毅川	浙江林学院学报	2005（1）	CSCD
99	废弃地的景观与生态恢复研究	张毅川	环境科学研究	2005（1）	CSCD
100	秋水仙素处理对野生百合形态影响的研究	姚连芳	西南农业学报	2005（2）	CSCD
101	In vitro plant regeneration of ornamental cabbage（*Brassica oleracea* var. lonagata）.	赵一鹏	Propagation of Ornamental Plants	2005（2）	
102	Darwin and Mendel: Who was the pioneer of genetics?	刘用生	Rivista di Biology/ BiologyForum	2005（2）	SCI收录
103	南瓜组织培养体系建立研究	李贞霞	北方园艺	2005（3）	核心
104	金叶女贞和小叶女贞叶绿体色素的研究	李保印	林业科技	2005（3）	核心
105	日本樱花全光照弥雾扦插试验	周秀梅	山东林业科技	2005（3）	核心
106	红梗叶甜菜种子发芽特性的研究	王广印	广西农业生物科学	2005（3）	CSCD
107	葡萄产期调节的研究进展	房玉林	西北农业学报	2005（3）	CSCD
108	基因枪法介导的南瓜遗传转化研究	李贞霞	西北农业学报	2005（4）	CSCD
109	热激处理对甘蓝种子活力的影响研究	陈碧华	西南农业大学学报	2005（4）	CSCD
110	叶甜菜种子发芽特性研究	王广印	干旱地区农业研究	2005（4）	CSCD收录
111	金光杏梅果实生长发育期间几种矿质元素含量的变化	高启明	果树学报	2005（4）	CSCD
112	《观赏园艺学》双语教学法的探索	李保印	中国林业教育	2005（5）	核心
113	濒危植物连香树及其人工繁育	姚连芳	林业实用技术	2005（5）	核心
114	香石竹ACC氧化酶基因克隆及其反义表达载体构建	刘会超	核农学报	2005（6）	核心
115	磨盘柿的合子胚挽救培养	扈惠灵	园艺学报	2005（6）	CSCD
116	采后南瓜果实中几种营养成分的变化	李新峥	植物生理学通讯	2005（6）	核心
117	金光杏梅果实发育过程中微量元素含量的光谱测定	张传来	光谱学与光谱分析	2005（7）	CSCD

（续）

序号	论文题目	第一作者或通讯作者	刊物名称	年份（期）	期刊类别
118	Pavlov s view on organism and environment:true or false?	刘用生	Australian and New Zealand Journal of Psychiatry	2005（8）	SCI收录
119	Reversion: going back to Darwin's works	刘用生	Trends in Food Science & Technology	2005（10）	SCI
120	金光杏梅果实生长动态观察初报	张传来	中国农学通报	2005（11）	核心
121	铝对西葫芦种子发芽及幼苗生长的影响	杨和连	中国种业	2005（11）	核心
122	豫北地区果园土壤硼营养状况调查	扈惠灵	河南农业科学	2005（11）	CSCD
123	NaCl胁迫对黑籽南瓜和西葫芦种子萌发影响的对比研究	王广印	农业工程学报	2005（21）	EI
124	Revealing the mystery of heredity in grafted in grafted fruit tree	刘用生	HortScience	2005（50）	SCI收录
125	Unexpectedly high susceptibility of micropropagated rhubarb (*Rheum rhaponticum* L.) to spot disease cause by Rhamulaira rhei.	赵一鹏	Comm. Appl. Biol. Sci.	2005（70）	SCI收录
126	Variation in morphology and high disease susceptibility of micropropagated rhubarb (*Rheum rhaponticum*) PC49 compared with conventional plants.	赵一鹏	Plant Cell Tissue and Organ Culture	2005（82）	SCI收录
127	Abnormal chromosomes and DNA content in micropropagated rhubarb (*Rheum rhaponticum* L.) PC49.	赵一鹏	Plant Cell Tissue and Organ Culture	2005（83）	SCI收录
128	Variation in leaf structures of micoropagated rhubarb (*Rheum rhaponticum* L.) PC49	赵一鹏	Plant Cell Tissue and Organ Culture	2005（85）	SCI
129	“天人合一”哲学思想在中国园林中的体现	李保印	北京林大学报（社科版）	2006（1）	核心
130	磨盘柿杂种败育特性的研究	扈惠灵	果树学报	2006（1）	CSCD
131	几种植物生长调节剂对满天红梨采前落果的影响	张传来	中国农学通报	2006（2）	核心
132	魔芋的遗传转化研究	李贞霞	园艺学报	2006（2）	CSCD
133	南瓜矿质元素与其他品质性状的相关分析	杨鹏鸣	西南农业大学学报	2006（2）	CSCD
134	金花梨变异单系对梨黑星病的抗性研究	刘遵春	西北林学院学报	2006（2）	CSCD
135	金花梨变异单系对梨黑星病的抗性及其RAPD分析	刘遵春	江苏农业科学	2006（2）	CSCD
136	南瓜储藏期营养成分的变化与分析	李新峥	河北农业大学学报	2006（2）	CSCD
137	Expanding the cell theofy by Yongsheng Liu	刘用生	Rivista di Biology/ BiologyForum	2006（2）	SCI收录
138	关于10个南方砂梨品种抗病性的比较研究	周　建	西北林学院学报	2006（2）	CSCD

（续）

序号	论文题目	第一作者或通讯作者	刊物名称	年份（期）	期刊类别
139	南瓜果实生长发育过程中主要营养成分的变化	李新峥	华北农学报	2006（3）	CSCD
140	10种切花泥性状和不同切花保鲜效果的研究	王少平	扬州大学学报	2006（3）	CSCD
141	矮型猕猴桃（Actinidia chinensis）“赣猕5号”的离体培养研究	蔡祖国	江西农业大学学报	2006（3）	CSCD
142	黄河滩地旅游景观规划设计探讨	乔丽芳	水土保持研究	2006（3）	CSCD
143	干热处理对西葫芦种子发芽及幼苗生长的影响	张百俊	甘肃农业大学学报	2006（3）	CSCD
144	梨基因组DNA提取方法比较研究	刘遵春	华北农学报	2006（4）	CSCD
145	南瓜自交系数量性状分析与聚类分析	周俊国	河北农业大学学报	2006（4）	核心
146	不同激素处理对红酥脆梨采前落果的影响	张传来	江苏农业科学	2006（4）	核心
147	城市绿地景观的节约设计探讨	张毅川	西北林学院学报	2006（4）	CSCD
148	郑州黄河滩地旅游景观建设研究	张毅川	干旱区研究	2006（4）	CSCD
149	南瓜对镉的吸收积累特性研究	李贞霞	生态科学	2006（5）	CSCD
150	金太阳杏果实生长发育规律的研究	刘遵春	湖北农业科学	2006（5）	CSCD
151	化学药剂处理对蕹菜种子发芽的影响	王广印	西北农业学报	2006（5）	CSCD
152	金光杏梅果实发育期间主要营养成分动态变化研究	张传来	西北林学院学报	2006（5）	CSCD
153	热激处理对甘蓝幼苗叶片保护酶活性和膜透性的影响	陈碧华	华北农学报	2006（5）	CSCD
154	南瓜资源果实性状描述和管理研究	周俊国	中国瓜菜	2006（6）	核心
155	吸湿回干和人工老化处理对蕹菜种子发芽的影响	王广印	河南农业科学	2006（6）	核心
156	无公害蔬菜、有机蔬菜和绿色蔬菜的比较研究	王广印	吉林农业科学	2006（6）	CSCD
157	4种彩叶植物生长期色素含量研究	郝峰鸽	西北林学院学报	2006（6）	CSCD
158	城郊废弃地潜在价值及其利用探讨	张毅川	水土保持研究	2006（6）	CSCD
159	城市湿地公园景观建设探讨	张毅川	重庆建筑大学学报	2006（6）	EI收录
160	黄河滩地景观发展研究	张毅川	西南农业学报	2006（6）	CSCD
161	黄河滩地景观建设的生态途径	张毅川	水资源与水工程学报	2006（6）	CSCD
162	栾树离体幼胚成苗技术研究	李桂荣	西北林学院学报	2006（6）	CSCD
163	蜜本南瓜生长过程中营养成分的动态变化	李新峥	上海交通大学学报	2006（6）	CSCD
164	南瓜果实发育过程中主要营养成分的变化	李新峥	西北农林科技大学学报（自然科学版）	2006（7）	CSCD
165	层次分析法在金花梨果实品质评价上的应用	刘遵春	西北农林科技大学学报	2006（8）	CSCD

（续）

序号	论文题目	第一作者或通讯作者	刊物名称	年份（期）	期刊类别
166	猕猴桃茎尖超低温保存过程中超微结构观察	蔡祖国	西北植物学报	2006（8）	CSCD
167	原子吸收广谱法测定南瓜吸收镉的研究	李贞霞	光谱学与光谱分析	2006（8）	SCI收录
168	PEG渗调西葫芦种子效应研究	张百俊	种子	2006（9）	核心
169	Resonse to Till-Bottfaud and Gaggiotti：Going back to Darwin's works	刘用生	TRENDS in Plant Science	2006（10）	SCI收录
170	有益菌对有机质的分解作用及对蔬菜的增产效应	王广印	广东农业科学	2006（10）	CSCD
171	蔬菜与健康	张百俊	长江蔬菜	2006（11）	核心
172	柿生殖生物学研究评述	扈惠灵	中国农业科学	2006（12）	CSCD
173	日光温室内膜下滴灌水肥耦合对番茄产量的影响研究	陈碧华	灌溉排水学报	2006（18）	CSCD
174	南瓜矿质元素与其他品质性状的相关分析	杨鹏鸣	西南农业大学学报	2006（28）	CSCD
175	Effects of temperature on germination and hyphal growth from conidia of Ramilaria rhei and Assochyta rhei, causing spot disease of rhubarb（*Rheum rhaponticum*）	赵一鹏	Plant Pathology	2006（55）	SCI收录
176	Historical and modern genetics of plant graft hybridization	刘用生	Advances in Genetics	2006（56）	SCI收录
177	Variation in leaf structures of micropropagated rhubarb（*Rheum rhaponticum* L.）PC49	赵一鹏	Plant Cell, Tissue and Organ Culture	2006（85）	SCI收录

（七）其他科研成果

1. 著作

学院教师主编或参编的科技著作见表2-23。

表2-23　教师主编或参编的科技著作（1989—2006年）

序号	书名	作者	出版社	主编或参编	出版时间（年）
1	山楂	韩德全	河南科学技术出版社	主　编	1991
2	杏	王志明	中国农业科学技术出版社	主　编	1991
3	李	王志明	河南科学技术出版社	主　编	1991
4	实用果树整形修剪系列图解	韩德全	陕西科学技术出版社	部分主编	1994
5	芹菜四季栽培	张百俊	中原农民出版社	独　著	1996

（续）

序号	书名	作者	出版社	主编或参编	出版时间（年）
6	大葱、洋葱高效栽培技术	张百俊、王广印	中原农民出版社	合　编	1996
7	农业微机实用程序及其应用	张传来	河南科学技术出版社	参　编	1996
8	桃树优质丰产关键技术	姚连芳	中国农业出版社	主　编	1997
9	山区果树栽培技术	韩德全	中原农民出版社	主　编	1998
10	蔬菜栽培技术	张百俊	中国农业科学技术出版社	主　编	1998
11	山区蔬菜栽培技术	王广印	中原农民出版社	主　编	1998
12	特种葱蒜及根菜类蔬菜优质高效栽培	王广印	中原农民出版社	参　编	2000
13	新编农家生活顾问	韩德全	河南科学技术出版社	参　编	2001
14	野生植物加工	姚连芳	中国轻工业出版社	参　编	2001
15	无公害蔬菜栽培技术	王广印	中原农民出版社	参　编	2002
16	农业产业化与产业结构调整	韩德全	中国农业出版社	主　编	2002
17	现代农业生产新技术	张传来	中国农业出版社	参编	2002
18	百花盆栽图说丛书—石榴	李保印	中国林业出版社	主　编	2004
19	樱桃番茄优质高产栽培技术	王广印	金盾出版社	参　编	2004
20	优质高产栽培技术—彩色辣椒	王广印	金盾出版社	参　编	2004
21	优质高产栽培技术—无刺黄瓜	王广印	金盾出版社	参　编	2004
22	四季养花丛书—秋季养花	周俊国	中原农民出版社	主　编	2004
23	四季养花丛书—春季养花	姚连芳	中原农民出版社	主　编	2004
24	四季养花丛书—夏季养花	王少平	中原农民出版社	主　编	2004
25	高等学校工作管理	宋荷英	吉林科学技术出版社	副主编	2004
26	盐碱土绿化技术	刘会超	中国林业出版社	编　委	2004
27	温室豆类蔬菜无公害栽培	王广印	科学技术文献出版社	主　编	2005
28	无公害辣椒生态平衡管理技术图解	王广印	中国农业出版社	主　编	2005
29	蔬菜嫁接百问百答	赵一鹏	中国农业出版社	主　编	2005
30	蔬菜栽培学	李新峥	中国农业出版社	主　编	2006
31	二十一世纪大学生全面素质教育	胡付广	吉林科学技术出版社	参　编	2006
32	番茄周年栽培技术	李新峥	中原农民出版社	主　编	2006
33	黄瓜周年栽培技术	李新峥	中原农民出版社	主　编	2006
34	结球甘蓝栽培技术	李贞霞	中原农民出版社	主　编	2006
35	辣椒生产技术百问百答	王广印	中国农业出版社	参　编	2006
36	两膜一苫拱棚种菜新技术	王广印	金盾出版社	参　编	2006
37	土木工程材料	王建伟	郑州大学出版社	参　编	2006
38	温室种菜难题解答	王广印	金盾出版社	参　编	2006
39	鲜食杏 仁用杏栽培技术	杨立峰	中原农民出版社	主　编	2006

2. 鉴定成果

学院教师主持的部分省级鉴定项目成果见表2-24。

表2-24　部分省级鉴定项目成果

序号	鉴定成果名称	主持人	鉴定级别	鉴定时间（年）
1	职技高师园艺教育专业“三三制”实践教学法	韩德全	省级	1998
2	河南太行山区野生观赏植物资源调查与应用研究	姚连芳	省级	2000
3	蔬菜种子发芽特性及种子活力应用研究	王广印	省级	2001
4	无公害蔬菜生产综合配套技术研究与示范	王广印	省级	2001
5	花卉苗木组培快繁生产技术研究	姚连芳	省级	2001
6	河南省野菜资源及开发利用研究	王广印	省级	2002
7	南瓜种质资源研究与开发利用	李新峥	省级	2005
8	南瓜营养成分分析及功能特性研究	李新峥	省级	2006
9	蔬菜污染及栽培障害的相关研究	李贞霞	省级	2006
10	香石竹抗衰老转基因的关键技术研究	刘会超	省级	2006
11	农业科技示范园区高效经营业机制及模式研究	焦　涛	省级	2006

3. 农业技术标准

2006年，宋建伟、张传来、苗卫东、扈惠灵等老师受新乡市绿色食品办公室的委托，制定新乡市农业技术标准——《无公害食品 苹果生产技术规程》《无公害食品 桃生产技术规程》《无公害食品 石榴生产技术规程》；张传来和王广印参加了新乡市农业技术标准的审定工作。

（八）科技服务

1989—2006年，学院始终如一地坚持利用专业优势，采用不同的形式，为新乡市、河南省乃至全国的园艺生产进行服务，取得了一定的经济效益和社会效益。

1. 利用科研项目及成果服务社会

（1）举办全国性的山楂生产技术培训班：自20世纪80年代起，以韩德全老师为主的山区开发项目的山楂科研组在开展山楂研究工作的同时，在全国山楂主要产区，商业部果品局组织了8个省、市、区的山楂果农，在学院连续4年举办山楂生产技术培训班，先后有600余人在学院参加培训（图2-1）。山楂生产技术培训班为全国的山楂生产培养了一批技术人才，推动了全国的山楂生产。

（2）2005年：学院主持的“双万亩蔬菜产业化生产示范基地建设”河南省农业结构调整项目，填补了学校在该项目领域上的空白。

2. 承担科普项目进行科技服务

科普传播工程项目是河南省科学技术厅的一项针对经济欠发达地区进行技术服务的

图2-1　河南职业技术师范学院全国山楂培训班（1989.10）

科普项目。自1989至2006年以来，学院教师积极申请该项目，共计主持科普项目56项，服务地区涉及河南省多个地市，有数万人次受惠，为河南省的贫困地区的经济发展做出很大的贡献。学院教师承担的科普项目见表2-25。

表2-25　教师承担的部分科普项目（1989—2006年）

序号	项目名称	主持人	时间（年）
1	蔬菜先进栽培技术传播工程	王广印	1998
2	蔬菜高产高效栽培技术	李新峥	1999
3	蔬菜先进栽培技术传播工程	王广印	1999
4	拱棚韭菜高产高效技术开发	扈惠灵	1999
5	林果	韩德全	1999
6	新乡市牧野区无公害蔬菜基地建设	李新峥	2000
7	辣椒高产栽培技术及加工产业化开发	王广印	2000
8	辣椒高产栽培技术及加工产业化开发	刘用生	2000
9	花卉生产基地及市场	王少平	2000
10	大叶金丝垂柳基地	李保印	2001
11	新乡牧野科普示范点建设	李新峥	2001
12	林果综合技术普及与推广	韩德全	2001
13	日光温室蔬菜高效生产技术	李新峥	2002
14	系列洋香瓜超高产种植技术	王广印	2002
15	六塔生态农业示范园区技术普及与推广	张传来	2002
16	园林苗木繁育与管理新技术的推广	扈惠灵	2002
17	高效农业园区绿色蔬菜生产栽培模式及技术推广	焦　涛	2002
18	金叶含笑的育苗与栽培技术	李保印	2002
19	农业科技示范园区建设及技术示范推广	姚连芳	2002

（续）

序号	项目名称	主持人	时间（年）
20	大棚蔬菜西瓜栽培技术	苗卫东	2002
21	优质红杏破丰产技术研究推广	杨立峰	2002
22	甘蓝超高产种植技术	李新峥	2003
23	无公害蔬菜生产技术	王广印	2003
24	丘陵地区小麦杂果无公害优质生产技术	焦　涛	2003
25	新乡县合河乡高效花卉生产及配套技术	刘　弘	2003
26	园林花卉木生产及技术推广	姚连芳	2003
27	优质红杏无公害栽培技术与推广	杨立峰	2003
28	贾庄蔬菜园区	李新峥	2004
29	冬枣优质生产技术	焦　涛	2004
30	无公害蔬菜生产及冷藏保鲜技术应用	沈　军	2004
31	大来店镇观光农业项目示范区	张毅川	2004
32	蔬菜工厂化育苗试验研究	赵一鹏	2004
33	无公害蔬菜	周俊国	2004
34	稀特蔬菜生产技术的推广及应用	李新峥	2005
35	河南省科普示范点建设（重点科普）	王广印	2005
36	7000亩无公害蔬菜基地标准体系建设	王广印	2005
37	露地菜生产技术病虫害防治	张建伟	2005
38	稀特蔬菜无公害生产技术	刘用生	2005
39	牧野蔬菜无公害生产体系的建立与示范	房玉林	2005
40	枣棉麦立体种植技术	焦　涛	2005
41	彩叶植物生产栽培技术	姚连芳	2005
42	特种蔬菜生产及采后处理	王　建	2005
43	杨村乡万亩尖椒种植园区	张传来	2005
44	火龙岗大枣基地建设	郭雪峰	2005
45	军王庄无公害蔬菜基地科普传播工程	李新峥	2006
46	杨村乡万亩尖椒种植园区	张传来	2006
47	西洋南瓜和樱桃番茄新品种引进及“春菜秋瓜”高产模式推广	王广印	2006
48	无公害大葱生产技术	张建伟	2006
49	无公害蔬菜生产基地	周秀梅	2006
50	花卉苗木繁育技术	郭雪峰	2006
51	景观植物快速繁育技术	张毅川	2006
52	陆地香椿深加工及有效成分提取技术	苗卫东	2006
53	鹿楼乡牟山高科技示范区	姚连芳	2006

（续）

序号	项目名称	主持人	时间（年）
54	农业科技园区绿色产业生产	焦　涛	2006
55	无公害蔬菜生产基地	周秀梅	2006
56	无公害温棚黄瓜	李贞霞	2006

3.结合地方举办各种形式的培训班，培养技术人才

1993—1995年间，学院先后在校内为孟州市赵和乡和洛宁县上戈乡等地区举办了2年制的苹果实用技术培训班（图2-2、图2-3）。2001—2003年期间，学院为正阳县举办园艺作物栽培技术培训班，为新乡市残疾人联合会的残疾人进行种植技术培训。另外，在1989—2006年间，学院教师不定期的为一些果树生产的县、乡，举办时间长短不一、规模大小不等的各类培训班，据不完全统计有1 000余期。

图2-2　孟县赵和乡果树班学员（1995.6）

4.利用教学科研实习基地，带动周边经济发展

学院一直很重视实践教学，与许多国有农场、生产集体、个体生产者进行了合作，建立教学实验实习基地。这一方面锻炼了学生的动手能力，另一方面也为基地的生产提供了技术支持。如在1989—2006年间，学院与国营黄泛区农场、民权国有农场、仪封农场、博爱农场合作建立了实习基地，与辉县吴村团乡300多亩的苹果园、辉县峪合渔村果园、辉县百泉下吕村苹果园、固村果园等进行了长期的合作。

5.服务基层职业教育

学院在河南省的职业教育培养种植专业上拥有雄厚的师资，为了更方便学生了解和掌握教学方法和技能，学院与辉县第一职业中等专业学校、安阳县第一职业高级中学、

博爱县第一职业高中等多个职业中学进行了合作，在这些学校建立了学院的教学实习基地，同时学院的多位教师被这些学校聘为顾问和兼职教师。

图2-3　洛宁县上戈乡的代培大专班（1995.6）

图2-4　聘用证书

六、学术交流

（一）学术交流活动

1. 教师外出的学术交流活动

1989—2006年期间，据不完全统计，全院约有25人次外出参加了各项学术交流活动，见表2-26。

表2-26　教师外出的主要学术交流活动（1989—2006年）

时间（年）	参会人	会议名称	主办单位	地点
2002	焦　涛、姚连芳、周俊国、李新峥	郑州南瓜节	郑州市蔬菜所	新郑
2002	宋建伟、张传来	梨产业技术交流会	郑州果树研究所	虞城红梨基地
2004	王广印	2004中国设施园艺学术年会	中国园艺学会、中国农业工程学会	武汉
2005	张文杰、毛　达	北京大学第四届景观设计“专业与教育”国际研讨会	北京大学景观设计学研究院	北京
2005	王广印	中国设施园艺产业可持续发展研讨会	中国园艺学会，华南热带农业大学	三亚
2005	赵一鹏、刘会超	第27届国际园艺学大会	国际园艺学会	韩国首尔
2006	姚连芳、郑树景	河南省风景园林学会年会	河南省风景园林学会，河南农业大学	郑州
2006	扈惠灵、苗卫东、周俊国	河南省细胞遗传学会年会	河南省细胞遗传学会	郑州
2006	扈惠灵、苗卫东、宋建伟	全国首届柿树生产和科研进展研讨会	中国园艺学会柿分会	北京
2006	张传来、刘会超、王广印	第6届全国高校园艺学科建设与发展	沈阳农业大学园艺学院	沈阳
2006	姚连芳	国际风景园林师大会	中国风景园林学会	澳大利亚

2. 邀请专家来校的学术交流活动

1989—2006年间，曾邀请9位国内外知名专家来校进行学术交流等活动，见表2-27。

表2-27　邀请专家的学术交流活动（1989—2006年）

时间（年）	专家	职务	所属单位	交流内容
2005	孙振元	研究员	中国林业科学研究院	通过胚状体发生途径建立多年生黑麦草遗传转化受体系统的方法

（续）

时间（年）	专家	职务	所属单位	交流内容
2005	崔崇士	教授、博士生导师	东北农业大学	我国南瓜产业发展现状
2005	郭德平	教授、博士生导师	浙江大学	植物激素与利用
2005	王四清	教授、博士生导师	北京林业大学	花卉及园林植物产业化栽培
2005	金新富	河南省园艺学会副理事长	商丘市农业局	专业是成功的基础
2006	Lee,Han Cheol、 Kwon,Joon Kook、 张成浩	研究官 研究员 研究员	韩国农业振兴厅 园艺研究所	韩国园艺产业现状
2006	李树华	教授、博士生导师	中国农业大学	从日本园林绿化发展现状探讨我国园林绿化事业的发展方向

（二）主办或参与的重要学术会议

1989—2006年间，学院教师参加重要学术会议1次。1999年，姚连芳教授参与组织了昆明世界园艺博览会，参与了河南展区送展作品的选拔与组织。

（三）学术兼职

1999—2006年，姚连芳教授担任河南省插花艺术协会副会长、花卉协会理事、河南省牡丹花卉协会常务理事、河南省菊花协会常务理事等社会兼职。

1997—2006年，姚连芳教授担任河南省园艺学会常务理事。

（四）合作项目

1989—2006年间，学院教师主持了3项横向科技合作项目，见表2-28。

表2-28 教师对外合作项目（1989—2006年）

时间（年）	主持人	项目名称	合作单位	项目经费
1998	姚连芳	名贵苗木的快速繁殖技术	鄢陵县林业局	20万
2004	张传来	新西兰红梨引种、繁育及示范合作研究	中国农科院郑州果树研究所	2万
2006	周俊国	植物新品种（南瓜）DUS测试技术与标准的引进	北京市蔬菜中心	6万

七、学生工作

（一）历届学生名册

1.1989级学生名单

（1）果树89-1班（1989.9—1993.7）

贺来柱　贾喜玲　靳亚伟　经成伟　李保山　李福旺　李玉红
梁玖华　刘勤友　潘　涛　乔明中　秦　涛　万贵凡　万四新
王相璟　王景新　杨国庆　杨拥军　詹　翔　赵佳波　周　凯
马红旗　陈俊勇

（2）果树89-2班（1989.9—1993.7）

李保中　李　民　李新喜　刘　军　刘志方　孟玉霞　宋元志
孙丙离　汪　涛　王　剑　王玉中　王　展　杨小飒　于俊强
张浩帆　张占稳　朱芳荣　朱运钦　庄　宇　郝　杰　贾明琛
贾奇汉　陈忠慧　崔学仁　高红艳　高向东

2.1990级学生名单

（1）果树90-1班（1990.9—1994.7）

常献忠　陈晓峰　楚爱香　方应朝　付保军　高丰收　何　璞
景朝阳　琚晓飞　康占国　李红伟　刘　辉　李金峰　刘训彦
路名科　任红亮　汪培莉　王瑞霞　吴爱玲　夏霜梅　胥哲明
闫少辉　于军立　张春晖　张德权　张屹东　赵银川　赵云玲

（2）果树90-2班（1990.9—1994.7）

邓　明　董云峰　方培绍　贠雯红　郭海江　金向阳　靳秀梅
李　杰　李　劲　李润中　李维新　李秀珍　李　炎　刘　刚
刘正华　鲁学涛　王朝霞　王海峰　王军锋　王秀琴　徐国前
闫向阳　曾兆云　张红梅　张建波　张耀华　张义忠　张贞军
朱箐云

3.1991级学生名单

（1）果树91-1班（1991.9—1995.7）

丁　杰　段胜利　房付林　高春英　郭泰林　胡建生　李锦辉
李秋灵　李香菊　李玉红　刘　伟　刘忠华　吕淑敏　苗松虎
牛保国　牛玉海　祁彦凯　王玉侠　卫战永　席建伟　谢长春
熊文真　闫海娥　张天虎　张旭东　张艳玲　张耀武　周　琳
周建佩　朱电旗

（2）果树91-2班（1991.9—1995.7）

陈书霞　段大仓　房玉林　郭金英　候水利　周祖伦　祖泽学
李树轩　刘德福　刘彦珍　梅　巍　秦献军　史成瑜　苏河印
孙合森　仝其庆　王　青　王海莲　王红伟　魏志华　徐　炎
徐红军　徐继富　张　伟　张改要　张建设　张向前　张小春
张晓趁

4.1992级学生名单

（1）果树92-1班（1992.9—1996.7）

曹维忠　陈　娟　杜世军　郭彩鸽　郭辽朴　郭小六　郭振峰
胡布忠　李良东　林紫玉　刘晓文　刘学成　刘　征　彭义新
石俊梨　司晓红　宋爱勤　宋秋菊　宋战伟　孙运玲　王智慧
吴建设　徐汝敏　薛　萍　杨梦悦　杨水红　杨文通　尤　琳
张海勤　赵国锋　朱胜利

（2）果树92-1班（1992.9—1996.7）

蔡友军　常玉荣　陈玉焕　丁向英　张忠迪　赵红兵　赵　强
董红恩　窦秋平　郜爱玲　郭海清　韩　洁　何翠玲　李竞芸
李　凯　李贞霞　刘建设　刘晓林　邱元阳　师爱香　王立军
王利贞　王　森　王永勋　薛永乐　曾光明　张光辉　张红军
张红霞　张万良

5.1993级学生名单

园艺93-1班（1993.9—1997.7）

钞占辉　晁岳恩　陈碧华　陈培育　陈　赟　崔英奇　丁鹏举
高启明　郭留生　韩国强　何明星　李好永　李学强　李艳芳
刘　静　马福艳　马焕忠　马玉冰　牛国政　任胜利　任玉华
申力强　施才兵　王云峰　夏福玲　夏祖粉　闫献国　翟公平
张松涛　张月华　章恩铭　赵云芳

6.1993级学生名单

绿化93-1班（1993.9—1995.7）

高正祥　郭广朋　郭忠磊　何海勤　胡国理　贾　颖　李　刚
李永超　刘　辉　吕长宝　孙国清　孙建华　王淑娇　王天鹏
王同科　王新枝　卫晓锁　熊久文　杨怀涛　杨书群　张宇振

7.1994级学生名单

（1）园艺94-1班（1994.9—1998.7）

陈刚普　杜　华　符保丽　郭伟侠　贺亿孝　李　程　李锋刚
李　洋　李永胜　少栓林　孙改平　孙永杰　王凤霞　王景丽
王纽红　杨智锋　于恩厂　于梅荣　袁志秀　张红军　章　进

赵凤芹 郅明辉 周晋 周树广 周燕 朱允玺

（2）园艺94-2班（1994.9—1998.7）

陈秋云 陈书哲 崔静 逯昀 耿玉华 郭良杰 郝梅
何培军 李金现 李学锋 刘德兵 刘彦林 穆世遗 潘永升
石旭辉 孙洪根 王国峰 王海民 王丽红 王尚堃 王涛
薛伟 姚晓莹 张丽萍 赵淑婷 周始杰 周喜争 常金艳

8.1994级学生名单

绿化94-1班（1994.9—1996.7）

车前程 范道青 丰伟广 郭爱国 郝强 何朝霞 和艳利
贾爱云 鞠伟琴 李付丽 李平 李吾洲 刘勤英 马秋霞
毛绍波 宋永才 孙营军 田克龙 王峰 王小敏 王自民
魏志讯 谢华伟 徐建波 徐素玲 阎海云 杨建国 杨守亮
张春伍 张俊红 张俊霞 张绍强 赵小姗 周军停 胡耀根
朱建宏

9.1995级学生名单

（1）园艺95-1班（1995.9—1999.7）

常明喜 陈励 邓光霞 杜耀哲 符书玲 耿硕 何莉
胡付广 胡开鸿 黄世云 靳爱花 李念东 李文杰 李玉川
李智勇 刘弘 刘萍 刘爽 罗香萍 牛军青 史青芝
王士启 王芝玲 王新海 卫银灵 吴娟 尤扬 赵莉
周峰 周海霞 朱爱民 朱二刚

（2）园艺95-2班（1995.9—1999.7）

韩国强 黄明宏 姜爱萍 解红凡 冷天波 李淑香 李伟
梁一 孟建玲 潘爱荣 祁玉玲 尚红霞 宋帆 宋世刚
王肖东 王云锋 吴慧敏 吴宽成 夏维杰 杨成田 杨俊显
尹延军 岳峰 张悦 赵喜凤 郑芝娟 支玉珍 周子发
代艳玲 丁立军 董天成

10.1996级学生名单

（1）园艺96-1班（1996.9—2000.7）

王彬 王向雨 张俊收 周建华 杨有才 王跃强 赵振锋
朱亚强 曾庆德 孙奎 龚守福 孙程旭 周少波 吕永胜
曾献林 李德华 郝胜勇 金建猛 李广磊 郑军伟 毛辉平
周艳芳 潘艳淑 张俊芬 贾敏 郝猛飞 魏焕丽 刘晓玉
张赟 马远 柴福云 王峰

（2）园艺96-2班（1996.9—2000.7）

杜建朋 刘建锋 姚石伟 刘文志 牛军 范书朋 胡赟

王道富　陈志鹏　赵永升　赵保国　刘斌　丁杰　韩义
李恒立　陈大勇　沈元凯　王炜熙　赵永琴　王淑红　贾继芬
韩鹏飞　徐利芬　周红玲　曹红星　李祎　李庆美　朱迎春
代艳玲　武文兵　齐军勇　孙超峰

(3) 园艺96-3班（1996.9—2000.7）

郝秀占　杨晓杰　李运合　金典生　王五星　马玉坤　李军锋
杨增奎　樊红芬　朱玉玲　郭丽娜　吴英利　宋丽娟　贾永芳
茹晨锋　何静　李研琴　张晓云　孟亚楠　常玉娟　丁锦平
董文丽　张蕊　胡群霞　马杰　孙小霞　李慧芬

11.1997级学生名单

(1) 园艺97-1班（1997.9—2002.7）

任建波　皇甫超河　贾文庆　付高峰　陈捷　张明华　孙金晓
李兵团　周国祥　王路军　梁书恩　周志国　马玉林　王永胜
朱庆松　潘光乐　张磊　艾建东　孟俊霞　张军格　代希婷
马慧丽　程红梅　赵海英　宋孝霞　乔亚辉　焦书莹　李建恒
徐丽　刘爱萍　梁中凤

(2) 园艺97-2班（1997.9—2002.7）

王兆海　王莹　李伟东　张钊远　秦朝宾　李二斌　方战民
滑松伟　邢锋奇　王同福　高德海　杨泽勇　汪家哲　刘保群
杨森　苗震丽　乔金霞　王晓伟　韩瑞娜　刘小红　孙学荣
张景华　赛东红　张静粉　黄艳丽　王琳　陈淑雅　范卫丽
王家哲　刘松虎　刘晓东　刘中富

(3) 园艺97-3班（1997.9—2002.7）

殷新峰　任子建　张伟　丁自立　韩富亮　胡书海　程川金
司志国　马卫华　付志昂　兰运奇　徐伟峰　薛中华　燕志翔
李凤周　张智慧　麻国炯　刘宏伟　郭永青　李霞霞　王慧丽
刘晓红　张直前　徐荣　曹红　梁凤改　宋小芬　郭丽
雷艳云　张瑞　刘艳红

(4) 园艺97-4班（1997.9—2002.7）

李群如　曹海河　郑磊　王存纲　李文健　张慧敏　孙俊逢
杨卫刚　魏江涛　杨继华　程召权　姚金利　卢红林　李尚鸿
王东利　王文学　井胜甲　朱曾一　穆军　杨筱伟　朱发庆
王晓伟　程湘云　赵馥岚　曹杰　郝丽萍　宋珊　权晓燕
李靓　张晓燕　冯文娟

12.1998级学生名单

（1）园艺98-1班（1998.9—2003.7）

张亚强　赵帅谱　赵庆端　乔　永　梁玉陈　卢二乔　喻春建
刘本纯　史红卫　聂少安　王宏民　屈振峰　李世林　周华伟
张小鹏　赵延鹏　张新饶　焦春燕　潘　静　张会娜　孟　芮
郑慧敏　徐军霞　贾朝亮　陈瑞霞　李献华　崔　璨　张晓飞
马翠霞　徐　雨

（2）园艺98-2班（1998.9—2003.7）

焦书升　陈心胜　方永涛　马玉周　范太昌　李　玲　邓海娜
张高永　宋永刚　王孬仁　张志恒　朱宏涛　范军华　安海周
刘延成　李会军　高俊峰　王一晓　任玉巧　王明玲　车灵艳
王艳红　郭瑞芝　雷晓婷　徐利霞　王富荣　丁凌华

（3）园艺98-3班（1998.9—2003.7）

詹昌保　李元应　张卫国　刘　威　周　威　刘　刚　邵珠霞
王俊法　郭海波　张钦森　鲁　辉　申涛锋　齐金标　阮先乐
王长兴　孙军峰　范亚丽　张艳丽　孙喜云　师　辉　赵晓然
李银凤　付海燕　段东霞　王朝霞　马利平　韩春叶　张丽英
张　艳

（4）园艺98-4班（1998.9—2003.7）

王红强　贺松峰　程慧卿　陈启鹏　陈　群　杨继林　张东敏
李艳良　张中海　马江伟　任买官　郑　坤　张红旗　杨步亮
周　飞　郭玉霞　张秋菊　王启端　王艳平　郭彩霞　金梦阳
李　洁　张占艳　陈永红　郭　燕　左红英　谷金丽　郑瑞华

13.1999级学生名单

（1）园艺99-1班（1999.9—2004.7）

刘四刚　张玉锋　王占成　赵胜利　夏晓坤　张　峰　吴乾坤
仝奇峰　李江威　赵　冰　吴四化　冯普志　何喜松　王冬云
杨宏玉　胡艳丽　武瑞芳　刘志华　和红晓　李慧霞　邓　玲
李运成　李艳红　宋志娟　马雪银　亓春苗　杜云青　吴美婷
苏艳丽

（2）园艺99-2班（1999.9—2004.7）

张晓波　刘伟明　田俊涛　周永强　侯希成　梁光华　万利敏
付海天　黄辉银　陈书方　冯春太　王俊涛　刘小军　王保峰
罗　勇　宋志强　荆惠芳　石　娜　李　莉　赵晓艳　孙景梅
程素华　王树丽　赵　英　李红丽　桑瑞娟　任社玲　陈理想
郭利杰　丁香异

（3）园艺99-3班（1999.9—2004.7）

李艳昭　卢　磊　毛玉收　蔡鹏云　高春芬　黄　琳　郑小满
高俊国　张成涛　张志锋　王建新　杨厚堃　庞　勇　王华磊
于恩思　朱明山　杨书涛　任利鹏　李燕燕　余　平　王　娜
王利英　魏　珂　杨艳敏　许广敏　巴爱利　张艳艳　朱晓巧
曹　琴　李香平

（4）园艺99-4班（1999.9—2004.7）

李　晗　李应坡　李缤飞　刘　霞　刘俊霞　杨　丽　卜黎勤
陈江涛　付　凯　刘建国　刘国胜　李振锋　张平伟　江培学
杨明山　张　森　张会领　张华敏　杜海红　王春荣　苏长青
刘　樾　张燕燕　桑玉芳　桑爱云　陈志恒　王俊霞　梁艳杰
张　岚　李　云

（5）园艺99-5班（1999.9—2004.7）

陈连喜　董美华　郭巧玲　韩万聪　黄　晨　黄树苹　孔慧芳
雷海华　冷怀勇　李宝玲　李春梅　李海党　李建芳　李建军
李　伟　刘俊美　母洪娜　裴广辉　桑志伟　仝召莹　王永丰
杨　杰　张进静　张维灵　张　义　赵军锋　郑文宁　周秀梅
左　亮

（6）园艺99-6班（1999.9—2004.7）

张保华　滕建设　焦旭亮　周新明　张东河　李家泉　吴耐玲
贾友福　李宏瀛　陆新春　郭　留　陶好利　宁在春　张春贵
袁祖娟　张姣娟　李喜灵　张银歌　朱雪艳　张　丹　代晓璐
李慧平　苗玉敏　程利华　董瑞芳　龚春霞　刘粉弟　王　燕

（7）园艺99-7班（1999.9—2004.7）

朱永强　李东东　田振锋　邵　波　赵腾防　朱　冰　刘丽娜
陈功胜　张江武　刘小攀　韩　磊　司生阳　王少周　卢　佩
樊献利　焦慧娟　王会霞　郭红霞　张　芸　史艳红　栗海燕
薄　晶　李红利　张　静　苏艳晴　翟晓亚　黄艳丽　姜　超
曲俊贤　樊亚苏

14.1999级学生名单

（1）经济花卉与园林设计99-1班（1999.9—2002.7）

丁新泉　郝文凯　胥　丰　王军令　张校辉　翟进晓　王　渊
李留振　张　华　张　莹　张岩岩　刘宇飞　马　勤　任艳荣
郑　雪　刘　冰　李　沛　白艳蕾　胡亚丽　聂少华　李小娜
王慧娟　李　伟

（2）经济花卉与园林设计99-2班（1999.9—2002.7）

孙红伟　李买福　岳文辉　于全彪　段少华　张　娟　张冠花
尚英豪　潘卫广　鲁建勇　路广顺　张爱香　暴慧云　王瑞萍

15.1999级园艺实用人才大专班（1999.9—2001.7）

张彦军　范海波　毕学勤　王志涛　刘炳君　闫松立　马　甜
王　梅　张进卫　高建峰　张永堂　王红卫　苗智瑞　杨聚彬
杜　磊　郜艳芳　张小召　苗根生　杨淑娜　张地丁　刘　帅
梁　华　赵雪玲　杨艳芳　左永丽　孙新瑞　李玉胜　张家敏
樊高瞻　张玲玲　刘翠萍　闫　斌　何红旗　杨　帆　任建峰

注：其中有24名同学在2000年成人高考中考取河南职业技术师范学院高职大专

16.2000级学生名单

（1）园艺00-1班（2000.9—2005.7）

何利超　王俊伟　闫书顺　杨永胜　刘忠祥　杜正顺　杨德权
白章栓　申永强　任彦伟　牧明印　刘雪涛　贾红刚　曾兆龙
赵慧杰　李　英　李　慧　吴志红　宁　华　胡书燕　王文丽
王明丽　邵瑞鑫　曹晨书　周小花　寇艳玲　黄亚玲　王军玲
李怡斐　冯金全　李玉红

（2）园艺00-2班（2000.9—2005.7）

曹　铁　黄书胜　李浩南　刘敬北　陈永丽　刘亚品　郭亚琼
郭　彬　康志琳　姚　渊　李光辉　刘俊涛　吉鸿博　黄　镶
王治理　胡国长　王志玲　邹静静　程克亚　高艾峰　何翠霞
李苗苗　许刘平　符真珠　冉彩华　卢　华　丁书真　孙少华
唐　娜

（3）园艺00-3班（2000.9—2005.7）

倪天威　赵光伟　曲真宝　黄　浅　朱　晓　张　镘　魏艳霞
王硕昌　吕光辉　任永涛　彭跃非　刘伟伟　程玉江　孙少蕾
李　亮　雷　明　崔广伟　叶开玉　张高翔　马玉霞　王艳真
蔡　鲜　李会云　周国芳　朱云霞　周　楠　孙丽娜　朱飞雪
李　玲　秦芳芳

（4）园艺00-4班（2000.9—2005.7）

陈会芳　杜达伟　杜宗涛　耿建国　郭建伟　郭　帅　韩会展
何建红　靳振伟　李俊香　李秀丽　李玉保　吕慧芳　苗建民
任军辉　邵　婷　仝　霞　王付娟　王冠超　王建超　吴　丹
吴玲玲　徐　晴　杨红应　湛开宏　张　丽　张万茂　张喜鲜
张营丽　张晓东　陈本学

（5）园艺00-5班（2000.9—2005.7）

余中伟　熊　涛　尚新建　徐东升　郑　崇　王梦楠　郑书娟
聂传耀　赵延歌　程　祥　张从仁　王新军　朱　辉　张学炬
朱安成　翟玫瑰　卢瑞霞　韩素娟　李紫芳　孙瑞民　朱玉凤
马爱霞　丁锦秀　徐艳芳　曹丽颖　倪　慧　赵金娟　王福敏
周志凤

17.2000级学生名单

园林00-1班（2000.9—2004.7）

白延波　丁植磊　段晓科　范建力　方晓玉　郭二洲　靳雪红
李鸿雁　李　丽　路林丽　毛　达　齐　杰　彤　燕　寿圆圆
孙陶泽　王永志　杨　琴　杨　伟　岳华锋　翟振国　张广波
张海涛　张　杰　周亚丽　朱吉南　朱岭杰

18.2000级学生名单

经济花卉与园林设计00-1班（2000.9—2003.7）

冯国杰　王成涛　王晓东　冯亚楠　王振华　李志涛　王朝阳
李志超　李　宏　何志远　李世勋　王文峰　王绍磊　张　勇
陈洪涛　王留海　李俊杰　许水波　王栓峰　李元鹏　毛新芳
王　晋　李文博　王红雨　周　飞　沈克宪　张之勇　杨　明
刘君红　白国彬　耿延举　郭红川　张　博　王　锦　丛培菡
张会丽　王潇瑜　宋海予　郭艳艳　司利霞　陶红果　焦玉慧
侯晓宝　吴文琪　吴向格　阎佳伟　朱峻峰　郭丹丹　杨　瑛
张　敏　万秀娟　张晓云　王　芳　王　茜　徐文娟　李　静
秦志娇　刘渊渊　王　颖　樊　靖　夏文辉　陈金慧　任红珍
杨丹丹　王振芳　赵平丽　杨　丽　张　井　赵朝普

19.2000级园艺实用人才大专班（2000.9—2002.7）

李海琴　耿利朋　赵朝普　王朝阳　耿延举　李志涛　张　博
任宏珍　白国彬　冯亚楠　苗长溪　张　井　杨明明

注：其中10名同学在2001年成人高考中考取河南职业技术师范学院高职大专

20.2001级学生名单

（1）园艺01-1班（2001.9—2006.7）

程习梅　盖无双　高国磊　贺桂兰　胡淑红　姬晓宁　李　宁
李晓丹　穆帅伟　牛东云　彭小雁　孙娜丽　孙文艺　陶红川
田　亚　王　健　王瑞丽　文志彪　谢翠萍　徐　辉　徐俊歌
薛攀亚　闫家锋　阎会琴　张爱芬　张立强　张钰帅　周亚辉
朱春茂　卓祖闯

（2）园艺01-2班（2001.9—2006.7）

曹彦杰	陈　群	杜红定	高爱侠	谷晓伟	张心霞	周　伟
韩　伟	孔丽丽	雷志新	李小艳	梁建勇	廖金合	刘广霞
刘建国	刘　宁	刘清华	马美红	牛　静	孙海燕	王换杰
王俊青	王玫瑰	王文坛	许英豪	杨玖玲	杨　丽	张凤凤
张继伟						

（3）园艺01-3班（2001.9—2006.7）

陈继卫	陈　丽	顾桂兰	郭晓华	赵运菊	赵　泽	周海波
李　静	李香妞	李新羽	李永兵	刘国军	刘应保	莫一帆
裴　静	任冬冬	田丰丽	王　伟	王文娟	吴　昂	徐建丽
闫焕磊	杨　理	张凌云	张亚丽	张跃强	张志敏	赵书光

（4）园艺01-4班（2001.9—2006.7）

左亚鹤	陈信华	崔凤娟	邓小利	张秀英	郑高伟	朱长青
董永慧	冯彩娜	郭春杰	郭建辉	胡冬玲	黄　兴	豁泽春
贾燕飞	李淑慧	李素云	李心得	刘元慧	裴艳萍	宋丽娟
宋淑娟	孙华梅	谭志刚	汤　娟	吴学闯	熊　帅	张芬芬
张瑞霞	张素香	张卫臣				

21.2001级学生名单

（1）园林01-1班（2001.9—2005.7）

曹　娓	曹　燕	陈东东	陈小彩	丁　园	杜冬艳	冯晓艺
韩亮亮	韩艳婷	贺玉锋	李会娟	李楠楠	李姗姗	李文君
李新华	李　颖	刘生亮	宋俊晓	孙红升	唐卫东	王大海
王海英	位新娟	杨　朋	姚金叶	尹力祥	赵　洁	赵　军
支继辉						

（2）园林01-2班（2001.9—2005.7）

薄楠林	陈　瑶	崔小桥	董　颖	冯　磊	郭　璟	赵中用
姜丙玉	孔伟伟	李会卿	李俊生	李青松	李　伟	李艳霞
刘　鑫	刘燕敏	马　静	马中举	时秀菊	宋志芳	王波伟
王　贵	吴艳艳	吴　颖	徐　翊	杨金美	远红伟	张翔锋
张中华						

（3）园林01-3班（2001.9—2006.7）

陈　冰	崔文龙	杜亚雷	方艳丽	郭林永	郑琳琳	朱梦娜
李　娜	李贯永	李雁冰	刘改芬	刘花妮	刘彦玲	马书云
庞铄权	齐　兰	宋　昉	宋世忠	王海洋	王元元	杨利霞
詹文智	张　勇	张丹丹	张丽娜	张丽燕	张　锐	张小猜
赵化勇	赵　娜	赵新红				

(4) 园林01-4班（2001.9—2006.7）

暴艳坡　程娜丽　徐　攀　薛晓阳　闫裴裴　于志华　张晓玲
郭亚辉　何宗山　豁长盛　郑　俊　贾晓娇　贾跃岭　靳秀平
雷亚丽　李　莉　李　乾　刘　鹤　刘国锋　刘利英　刘志远
潘　超　王海艳　王慧敏　王素莉　魏树峰　魏秀银　温　娜
武香梅　夏清燕　张艳如

(5) 园林01-5班（2001.9—2006.7）

陈兵先　陈　俊　陈太勇　邓方方　董俊燕　韩　帅　周会娟
焦保安　李凤菊　李凤英　李　民　卢换青　苗　丽　宋双霞
苏永勋　万俊丽　王　丹　王珊珊　王训磊　徐代友　许　涛
杨金英　殷松昌　翟艳玲　张长叶　张　洁　张美玲　张少伟
赵凤玲　郑淑真

(6) 园林01-6班（2001.9—2006.7）

曹红蕾　陈素娟　陈向阳　杜永昌　赵建华　赵丽红　周　铜
胡　娟　胡书会　胡秀琴　江林祥　井利丹　李莉莉　李　娜
李现阳　刘桂玉　刘玉艳　罗中伟　牛静明　孙文标　王秋晓
王文涛　武利明　肖成明　许申平　杨春丽　杨素芳　杨　忠
张彩显　张朝霞　张腾飞　张晓准

22.2001级学生名单

(1) 经济花卉与园林设计01-1班（2001.9—2004.7）

边会娜　董金阳　高新华　郭　红　黄元元　吉盈丽　李俊杰
刘昊英　刘　蕾　潘　瑞　田大伟　王　涛　王文堂　王真真
阎　嘉　翟海娟　张京都　张俊芝　张　蓉

(2) 经济花卉与园林设计01-2班（2001.9—2004.7）

陈　祺　陈胜利　张　艳　张　瑜　朱全领　朱新勇　王栓锋
付　萍　郭娜子　侯东恒　李　娜　李　鑫　孙红丽　孙　崴
王宇罡　邢　堃　徐会玲　尹英英　袁永涛　翟换霞　张建华
张莉莉　张薇杰　李荣华　郭　红

23.2001级园艺实用人才大专班（2001.9—2003.7）

秦志姣　李　洁　赵　洋　董晓宁　左素娟　魏艳敏　张广伟
刘春涛　秦秋丽　宋普明　田慧慧　周盼盼　王风珍　邵素银
李荣华　周晶晶　段仁学

注：其中6名同学在2002年成人高考中考取河南职业技术师范学院高职大专

24.2002级学生名单

(1) 园艺02-1班（2002.9—2006.7）

王秋实　周利军　郭艳瑞　刘　磊　牛山岭　梁倩倩　李红彦

朱淑清　卫聪聪　赵玉玲　李　冰　秦于玲　曹兰平　王小姣
呼　彧　李　艳　刘　芳　沈晓燕　刘玉博　张　吉　明彩红

（2）园艺02-2班（2002.9—2007.7）

陈鹏程　陈　银　黄存志　解松峰　刘　峰　刘　杰　欧阳兵
乔利明　王鹏飞　魏绪伟　吴永权　曹艳丽　郭采霞　郭彩霞
郭春雨　郭俊霞　韩艳娟　侯　青　蒋艳艳　李素霞　梁秋慧
卢翠丽　马凤珠　武　爽　张春云　张艳颜　朱新凤

（3）园艺02-3班（2002.9—2007.7）

常铁兵　耿建伟　何建伟　李　飞　李　恒　李恒伟　申东方
王　慧　王　志　熊言术　熊焰君　张艳强　陈　静　陈亚茹
杜昌池　高菊花　郭利阳　胡海燕　李　彩　刘凤丽　孙俊英
王俊雅　魏莹莹　谢景欢　杨丽娜　余玉珠　张伟娟　张中勤
周　雪　艾战华

（4）园艺02-4班（2002.9—2007.7）

艾永威　高　云　谷广鹏　韩旺明　黄　成　李　乾　张晓丽
娄焕业　孙爱民　仝允俭　吴金祥　赵红星　周　锋　陈丹丹
窦　灿　韩　颖　李　丹　李莹莹　刘　莉　刘庆利　宋　飒
王冬兰　魏鹏绢　邬永娟　张明莉　张小凤

（5）园艺02-5班（2002.9—2007.7）

冯文杰　苗明军　聂宪振　史文涛　孙金利　孙昭峰　王振宇
余义和　张立志　张如意　张书勤　周　明　陈玲娟　陈书举
陈圆圆　程小娟　何秀荣　荆书芳　李　娟　李瑞芬　刘秀青
刘　影　孙晓娜　王　璐　王新娟　王玉彦　徐良丽　宣　慢
杨晓晓　袁艳芬　张瑞玲　张玉娟　陈广涛

25.2002级学生名单

（1）园林02-1班（2002.9—2006.7）

李　南　王　丹　吴　钊　孙立锋　蒋胜杰　王文东　张亚辉
薛　巍　丁占磊　康俊华　王　蕊　李　双　杨鲜菲　王培培
贾晓敏　陈伟峰　李　晶　闵　会　张新英　王爱波　王林云
侯潇杰　姚文雅　周君丽

（2）园林02-2班（2002.9—2007.7）

王世军　朱银朝　刘建强　邢来胜　邓　爽　牛秀艳　张改丽
薛水波　田政操　胡成龙　李勇伟　沈厚福　程国庆　刘志伟
郝胜涛　郭　科　管永亮　刘慧霞　李　翠　边丽洋　吴　冰
胡美娟　杨中会　王杏辉　马　琴　吴书丽　赵姣明　刘小庆
李海霞

（3）园林02-3班（2002.9—2007.7）

柴念平　徐军庆　谢银璞　王玉勤　李　锐　孙丽娜　李宝霞
马永恒　刘振兴　李军辉　焦明明　王豪杰　呼社锋　朱秀清
张开一　侯永福　雷振涛　曾庆涛　武华铎　王亚敏　徐会彬
闫乃燕　王红丽　李翠云　李慧慧　兰　彬　王桂勤　陈可可
王　莹　陈　萌

（4）园林02-4班（2002.9—2007.7）

张　鹏　徐志敏　张利娜　李娟娟　赵玲玲　王玉芬　高　艳
朱敬德　焦红光　王俊平　胡魁广　庞红举　刘大兵　常　奎
任　伟　李海洋　刘二东　赵旭东　王宗令　曹书霞　申红果
魏　波　宋丹丹　牛艳利　雷俊玲　孙俊丽　马一鸣　曾荷花

（5）园林02-5班（2002.9—2007.7）

王　权　张玉恒　孟胜军　孙中伟　王文宁　崔建国　张兰涛
刘川西　张高伟　陈英杰　张中亮　程普亮　宋海鹏　许　超
魏珍珍　苏永青　于丽娜　李金花　常宝丽　马　敏　陈伟乐
魏会丽　杨林娜　李金敏　姚晓培　景晓慧　梁春华　王雪梅
巩艳敏　马增胜

26.2002级学生名单

经济花卉与园林设计02-1班（2002.9—2005.7）

刘　宁　郭宏雷　宋化龙　黄志勇　葛晓东　潘厚君　蔚　南
赵　雷　常宗义　王　欣　王瑞贞　程　杰　王　丹　郭佩佩
郑金梅　刘志霄　施晓庆　王艳萍　张天巧　刘　冰

27.2002级园艺实用人才大专班（2002.9—2004.7）

李　娜　陈　伟　刘　芳　李伟强

注：该4名同学插班在02级成人高职班中学习

28.2003级学生名单

（1）园艺03-1班（2003.9—2007.7）

柴长庚　段旭堂　韩国辉　纪庆亮　彭功波　王　勇　王　勇
魏　毅　张中山　郭景银　贾　凯　蒋素华　李　勉　刘　颖
蒙林华　秦仪利　曲丰影　陶士芳　王慧钦　王晓丹　魏晓莉
谢玉会　杨　娟　祝素娜

（2）园艺03-2班（2003.9—2008.7）

陈进洁　金　锋　李　勇　李占明　张　蕊　张艳艳　郑瑞琴
刘　宇　马利勇　毛海亮　张允伟　张政伟　郅健美　毕云霞
陈　柳　陈向新　费卫娜　韩亚平　贺　静　蒋建蕾　刘素丽

刘亚娟　吕艳利　尚好好　汪梅梅　杨　苗　杨　湘　张翠环
张芦燕

（2）园艺03-3班（2003.9—2008.7）

张磊磊　侯子文　王清玉　王　芳　田小红　唐米米　赵琳函
王国亮　杨军强　秦晨光　靳方杰　郭晋保　郑金亮　张乐云
陈香丽　胡香红　赵晓春　李　霞　郝明贤　冯军燕　余海芳
刘俊玲　宋孝芳　申爱娟　李闪闪

（3）园艺03-4班（2003.9—2008.7）

郭　强　王志伟　刘保锁　崔永刚　王高伟　吕庭动　唐伟雪
程振国　郑　鹏　张永峰　党　伟　陈会娜　陈建彩　王美乐
彭瑞娟　司丹丹　范小玉　刘馈丽　武织织　王　娟　刘秋霞
曹金丽　张贺影　邵红霞　孙川川　高　颖　张金霞　李　黎
王雪丽　李玉琴

（4）园艺03-5班（2003.9—2008.7）

张海涛　张作伟　朱林波　刘　斌　牛英杰　韩　敏　杜艳清
付　俊　杜赛鹏　董　攀　李培清　贾小阳　李国申　成　坤
王荣花　高春梅　周林娜　张华珍　李培凤　崔亭亭　李　娟
林玉霞　王芳华　吴新枝　彭　红　熊　鑫　温书娟　刘金霞
冯香琴

29.2003级学生名单

（1）园林03-1班（2003.9—2007.7）

胡红振　陈璐涛　贾庆辉　张延召　张　华　郭朝锋　韩文涛
郭志刚　路宏彦　张京伟　卢都谦　庞明杰　李　振　韩　乾
殷留杰　易俊峰　计　彬　腰政懋　鲁峰彬　李　森　武志红
刘亚丽　安文静　孟祥晶　申丽丽　赵　珂　高　菊　牛银霞
胡学丽

（2）园林03-2班（2003.9—2008.7）

闫发松　翟绍强　王加征　常中杰　孟令见　娄松超　韩宽宽
刘亚宝　张四锋　陈新歌　程　翔　孙小杰　张朋伟　冯鹏举
聂　飞　杨铁磊　李召辉　张云梅　张宝燕　靳亚丽　张彦芳
李艳敏　时净净　魏依丹　高　丹　崔玉娥　崔瑞蕊　张玮玮
杨大清　张海华

（3）园林03-3班（2003.9—2008.7）

张子龙　安兴伟　张文江　张振海　崔高锋　秦　靓　蔡振国
张利鹏　吕会杰　张贺涛　谷明星　韩尚坤　辛永生　王海朋
杨风杰　李学伟　梁　凌　王　俊　张　朋　许丽丽　成艳芳

崔青艳　崔利杰　邓英英　赵少玲　郑利杰　孙　燕
孙何荣　金　艳

（4）园林03-4班（2003.9—2008.7）

黄瑞杰　毕忠松　沈国栋　曹新建　李二威　闫长春　刘秀伟
王东伟　杨　健　何新明　胡志刚　余德磊　陈建国　周　健
张丽红　程瑞真　陈利敏　胡利姣　史香利　化香平　李　娜
蔡丽丽　赵　静　丁媛媛　李斐斐　徐广娜　胡元丽

（5）园林03-5班（2003.9—2008.7）

冯振营　扶德志　高小军　王彦荔　胡远银　黎庆峰　张　浩
孙先锋　范满福　蒋壮力　詹青海　李清欢　张利颖　乔安娜
李金花　闫茹玉　赵玉双　程灵芝　李　福　曾宪旻　张丽娜
黄　静　王　婷

30.2004级学生名单

（1）园艺041班（2004.9—2008.7）

王红阳　石春长　李运丽　白德彦　张云芳　李艳艳　张付英
陈　曦　王永存　聂民强　孙　立

（2）园艺042班（2004.9—2009.7）

赵　梅　王翠玲　于烟花　张玉金　李兰平　秦巧娟　刘磊明
闫华芳　张娟娟　梁小枫　赵　杰　翟耀军　安瑞娜　胡　艳
卢河方　李新安　李节余　郭刚军　万茜茜　蒋里飞　崔俊丽
杨惠平　张百顺　王军伟　姚春霞　刘　伟　王　贺　徐　雷
郭栓艳　樊守静

（3）园艺043班（2004.9—2009.7）

吴延刚　孙红伟　刘军锋　张富强　李雅平　董光才　李艳娜
王增田　宁庆丽　张静静　李跃霞　郜翠翠　董德玉　赵天房
王晓培　田宇航　胡　强　李　静　魏晓瑞　吴小桂　郭艳丽
栗丽君　侯泽林　王亚民　郭清芳　吴　航

（4）园艺044班（2004.9—2009.7）

王园园　刘巧花　宋锁玲　王鸿闯　魏　涛　王　娟　齐娟红
赵雪峰　周翠双　秦晓停　朱婷婷　吴振增　徐　涛　赵亮亮
孙红玉　龚婧丽　李　伟　方建中　李晓慧　闫卫华　吕德芳
吴俊娜　罗翠翠　徐凤丽　王现会　常亚菲　韩　伟　周玉玲
杨晓敏

（5）园艺045班（2004.9—2009.7）

袁首印　马芳芳　刘红昌　刘建明　孟红飞　王石磊　王萍萍
李爱英　刘小科　齐亚敏　吕道山　王晓君　刘兰兰　常万顺

胡俊美　郭　丽　田巧玲　李冬云　田　波　张　猛　李昭北
李二娟　宋玲丽　李　青　谢振伟　孔晓萍　栗黎明　李晓飞
陈培恒

31.2004级学生名单

（1）园林041班（2004.9—2008.7）

吕世振　苏红波　赵小飞　邵龙贵　刘晓静　吴彦凯　王永华
高中强　王贵安　朱江锋　宋振伟　脱　颖　杨　林　孙清华
罗纪伟　徐刘振　王春艳　黄文宾　任聪妍　王　雷　马　豫
李　芹　徐留生　杨中宁

（2）园林042班（2004.9—2009.7）

曹五河　金　勇　李　鹏　游利兵　李纪伟　张代风　耿培培
陈　放　阮祥金　方德涛　任　静　李玉娇　李喜印　王文豪
贺小沙　李晓莉　张明军　陈丽静　王　亮　李慧敏　冯花玲
聂晓宁　刘永梅　郭新艳　任颖颖　杨　洁　付会亮　何建涛
魏兆兆　马瑞军　张　辉　赵宁宁

（3）园林043班（2004.9—2009.7）

刘　宁　杨玲玲　贾太士　魏景沙　鲁永现　崔　雷　夏　恒
龚丽丽　王利先　贾海丽　李　荣　王　鹤　许　坤　管　雨
杨二本　王　博　范如涛　赵培宏　路利平　王章玉　李　洁
张彩丽　翟　帅　张　莉　路虎军　张小娟　闫周强　秦茂吉
韩保燕　李苗苗　黄晓辉　李　珍　李振鹏　章成平

32.2004级学生名单

规划041（2004.9—2008.7）

李　锋　张承宗　耿红生　王蕊蕊　侯　森　王晓明　任　娟
胡诗魁　李昌龙　马　磊　李欣博　郑世英　任艳辉　靳　金
夏　晶　王藏庆　陈　普　杜　锦　翟　耀　刘　林　罗　乐
刘进闯　孙　忠　杨　锐　李卓坤　秦明科

33.2005级学生名单

（1）园艺05-1班（2005.9—2009.7）

常亚丽　赵树青　任倩倩　李珊珊　徐　玲　张娟娟　徐小博
田永振　王熙廷　王　林　王　坤　杜庆根　黄晓兵　吉永伟
李鹏飞　王　堤　晁朝峰　马亚辉　刘晓丽　刘　草

（2）园艺05-2班（2005.9—2009.7）

靳泽千　党亚红　古岱峰　张学习　王慧丽　王　俊　张　磊
吴亚蓓　韩瑞娟　盛忠雷　刘晓莉　周艳霞　赵晓美　牛义松
董　雷　何高磊　李绍华

（3）园艺05-3班（2005.9—2010.7）

张　鹤	穆运奕	张占营	李传奇	宁晓明	史贝贝	田建杰
曹　帆	耿朝阳	许　军	刘　军	张敏杰	康敬花	杜晶晶
穆金艳	张俊垒	康瑞华	巍　丛	李建慧	宋　倩	郭艳艳
田　贞	温丽飞	于利利	段青青	路景慧	刘海霞	孟凤丽
胡　平	韩丽娜					

（4）园艺05-4班（2005.9—2010.7）

李宝栓	孙太松	张国付	李保亮	张　慧	蔚新强	金迎亮
毛官杰	杨小振	王　婧	徐亚岚	陈　娅	潘闪闪	王晓花
申小雨	任小瑞	杨　丽	魏惠兰	郭林艳	苏兰海	雷　璇
李瑞芳	陈　倩	任文娟	陈卫莉	张雁雁	李凤梅	邓丽娟
魏艳玲						

（5）园林051班（2005.9—2010.7）

马超慧	王乔建	牛　辉	郭小冬	连战魁	张献礼	陆金宝
牛好平	李冬冬	王智慧	惠文贤	郑志勇	赵　柱	琚茜茜
王雪菊	常林燕	郑书慧	周　芳	方玲丽	王正菊	谷艳霞
周丽娟	汪春梅	王明慧	刘丹丹	靖红琴	李倩倩	

（6）园林052班（2005.9—2010.7）

孔令起	王占林	冯长卫	师利杰	刘　真	杨黄成	吴超放
王晓伟	杨　浩	王志超	李聪慧	成传意	袁少寒	杜长梅
赵利亚	王伟燕	曹桂霞	马青青	陈　冕	许书珍	郭玉凤
王　垒	贺莉莎	郑肖贞	杨彦玲	朱　花	刘田田	任红贤
栗俊红	刘学敏	时秀霞				

34.2005级学生名单

城市规划05-1班（2005.9—2009.7）

景自景	兰旭光	李　峰	刘社静	王　铮	李　嘉	孙　毅
余似予	李秋丽	郭秋生	段明鑫	侯　雷	陶　澈	宋云鹏
刘国磊	孙瑞彪	苏记伟	王子魁	李肖敏	张建波	张晓乐

35.2006级学生名单

（1）园艺06-1班（2006.9—2011.7）

崔朋亮	冯然文	郭小菲	韩成立	郝俊富	李　贝	马　娇
邱　静	石晓茹	万国叶	宋秀丽	万里波	万晓芳	王敏敏
魏玲玲	徐小梅	闫菲菲	杨　茹	杨　蕊	元晓房	张风娟
张琨琨	张丽婷	张霈霈	张庆利	张雪茹	张亚利	郑翠翠
周　君	朱方方					

（2）园艺06-2班（2006.9—2011.7）

李政海　刘　源　路振聪　曲荣富　王慧伟　杨旭东　张学全
鲁金玉　冯玉红　郭瑞珍　郭晓平　韩小静　郝瑜香　胡　娟
黄飞飞　黄金花　康莉莉　雷彩华　李青风　李清滟　李　冉
李书君　李　玮　栗金凤　刘露颖　刘美玲　刘苏云　刘文慧
刘　彦　李雅涛

36.2006级学生名单

（1）园林06-1班（2006.9—2010.7）

曹晓强　杜伟光　黄云杰　焦要领　李振鹤　刘东涛　刘　飞
刘红彪　刘卫凯　卢光景　潘小帅　秦林辉　孙少梦　孙苏南
仝　桃　赵梦蕾

（2）园林06-2班（2006.9—2010.7）

王俊峰　王雅文　闫耿耿　岳晓雷　张海东　张沁松　张世昌
张新峰　赵恒亮　周晓龙　竹永奎　綦国巍　王振宇　崔海娇
郭东阁　韩　夏　刘俊敏　刘月红　孙静静　孙露露

37.2006级学生名单

（1）城市规划06-1班（2006.9—2010.7）

陈崇茂　程　鹏　杜松茂　郭　帅　黄俊华　贾贝龙　解春浩
金会来　李文旭　刘涛贝　卢　超　王星辉　王秀晨　杨卉卉
姚帅萍　张　慈　张　丹　张桂芝

（2）城市规划06-2班（2006.9—2010.7）

卢松山　潘永健　孙　攀　王江涛　王思丰　韦进权　徐　浩
岳嘉俊　张　涛　张文卯　朱炎炎　冯可可　李晓方　宁引喜
石　薇　宋清华

（二）毕业生考研情况

学院应届毕业生考取硕士研究生的情况见表2-29。

表2-29　应届考取硕士研究生的部分学生名单（2002—2006年）

年份	专业	姓名	录取学校
2002届	园艺	贾文庆	福建农林大学
	园艺	程红梅	南京林业大学
	园艺	皇甫超河	南京农业大学
	园艺	刘松虎	华中农业大学
	园艺	孙学荣	南京林业大学
	园艺	丁自立	华中农业大学
	园艺	韩富亮	西北农林科技大学

（续）

年份	专业	姓名	录取学校
2002届	园艺	李文建	厦门大学
2003届	园艺	张中海	西北农林科技大学
	园艺	孟　芮	西北农林科技大学
	园艺	张卫国	西北农林科技大学
	园艺	郭　燕	华中农业大学
	园艺	王富荣	南京农业大学
	园艺	李　玲	许昌职业技术学院
	园艺	郭瑞芝	西南农业大学
	园艺	金梦阳	西南农业大学
	园艺	徐　雨	北京林业大学
	园艺	任玉巧	西北农林科技大学
2004届	园艺	苏艳丽	中南林学院
	园艺	付海天	华南热带农业大学
	园艺	桑玉芳	西北农林科技大学
	园艺	桑爱云	华南热带农业大学
	园艺	王俊霞	南京林业大学
	园艺	刘　霞	华中农业大学
	园艺	黄树苹	华中农业大学
	园艺	焦旭亮	西北农业科技大学
	园艺	周新明	西北农业科技大学
	园艺	和红晓	中南林学院
	园艺	王利英	广西大学
	园艺	杨艳敏	广西大学
	园艺	江培学	扬州大学
	园艺	张　森	石河子大学
	园艺	母洪娜	江西农业大学
	园艺	樊亚苏	南京林业大学
	园林	丁植磊	中南林学院
	园林	李　丽	沈阳农业大学
	园林	方晓玉	北京林业大学
2005届	园艺	刘忠祥	华中农业大学
	园艺	杜正顺	南京农业大学
	园艺	胡书艳	南京林业大学
	园艺	邵瑞鑫	西北农林科技大学

（续）

年份	专业	姓名	录取学校
2005届	园艺	王军玲	西南农业大学
	园艺	李怡斐	河南农业大学
	园艺	郭　彬	华南热带农业大学
	园艺	胡国长	南京林业大学
	园艺	符真珠	广西大学
	园艺	叶开玉	广西大学
	园艺	李会云	沈阳农业大学
	园艺	朱飞雪	甘肃农业大学
	园艺	黄　浅	福建农林大学
	园艺	魏艳霞	西北农林科技大学
	园艺	陈本学	福建农林大学
	园艺	仝　霞	福建农林大学
	园艺	徐　晴	西北农林科技大学
	园艺	王付娟	河南农业大学
	园艺	吕慧芳	华中农业大学
	园艺	余中伟	华中农业大学
	园艺	翟玫瑰	南京农业大学
	园艺	李紫芳	浙江大学
	园林	韩亮亮	中国农业大学
	园林	赵　军	南京农业大学
	园林	韩艳婷	湖南农业大学
	园林	曹　娓	南京农业大学
	园林	李文君	南京林业大学
	园林	支继辉	河南农业大学
	园林	远红伟	贵州大学
	园林	王波伟	宁波大学
	园林	孔伟伟	吉林农业大学
	园林	吴艳艳	华南农业大学
	园林	薄楠林	中南林学院
	园林	董　颖	中南林学院
	园林	徐　翊	中南林学院
	园林	吴　颖	华中农业大学
	园林	马中举	四川大学
	园艺	王俊青	华中农业大学

（续）

年份	专业	姓名	录取学校
2005届	园艺	赵书光	福建农林大学
	园艺	郭晓华	中南林业科技大学
2006届	园艺	张爱芬	南京农业大学
	园艺	卓祖闯	西北农林科技大学
	园艺	周亚辉	四川农业大学
	园艺	宋丽娟	浙江大学
	园艺	朱长青	浙江大学
	园艺	朱春茂	中国农业大学
	园艺	张亚丽	西北农林科技大学
	园艺	李香妞	河南农业大学
	园艺	刘广霞	河南农业大学
	园艺	刘清华	新疆农业大学
	园艺	郭春杰	华中农业大学
	园艺	顾桂兰	西北农林科技大学
	园艺	张凌云	华中农业大学
	园艺	闫家锋	南京林业大学
	园艺	张志敏	西北农林科技大学
	园艺	崔凤娟	石河子大学
	园艺	张秀荣	沈阳农业大学
	园艺	韩　伟	华南农业大学
	园艺	刘元慧	浙江林学院
	园艺	牛　静	华中农业大学
	园艺	徐　辉	西北农林科技大学
	园艺	熊　帅	西北农林科技大学
	园艺	孙文艺	西北农林科技大学
	园艺	沈晓燕	福建农林大学
	园艺	李红彦	安徽农业大学
	园艺	梁倩倩	西北农林科技大学
	园艺	卫聪聪	华南农业大学
	园艺	呼　彧	西北农林科技大学
	园艺	刘　磊	西南大学
	园艺	秦于玲	华南农业大学
	园艺	刘玉博	河南农业大学
	园艺	孙海燕	贵州大学

（续）

年份	专业	姓名	录取学校
2006届	园林	张小猜	西北农林科技大学
	园林	张腾飞	江西农业大学
	园林	万俊丽	浙江林学院
	园林	许　涛	广西大学
	园林	陈兵先	广西大学
	园林	胡秀琴	福建农业大学
	园林	王秋晓	西北农林科技大学
	园林	江林祥	湖南农业大学
	园林	李雁冰	福建农林大学
	园林	庞铄权	浙江林学院
	园林	薛　巍	西南林学院
	园林	王林云	中南林业科技大学
	园林	陈伟峰	河南农业大学
	园林	张新英	福建农林大学
	园林	闵　会	浙江林学院

（三）学生会及学生社团工作

1.学生社团组织

（1）基本情况

1990年，浪花文学社创建，为学生进行文学创作提供了平台。随着参加文学社活动的学生人数的增多和范围的扩大，1995年，园艺系的浪花文学社并入校文学社，由校学生会直接管理，1998年改名为黄河浪文学社。

1998年，随着《中共中央关于加快教育改革和全面推进素质教育的决定》的发出，园艺系围绕素质教育，做了大量卓有成效的工作，成为学校唯一一个文化素质教育试点系。园艺系成立了以社团为载体的文化素质教育中心，下设绿苑文学社、七彩书画社、雕刻时光摄影社、方洲演讲社、蓝月艺术社、园林网络工作社等学生社团，在全体学生中深入开展“54221”工程，要求每个学生每年背诵5首古诗词，读4本中外名著，看2部有教育意义的影视片，写2篇心得体会，掌握1门专业外技能，举办丰富多彩的人文知识专题讲座，并尝试在全系开设文化素质教育课程。

2001年，MMD研究会创建，2006年更名为MMDS（马列主义、毛泽东思想、邓小平理论、“三个代表”重要思想）研究会。2008年，园林学院团委获得了新乡市“五四红旗团委”、校“五四红旗团委”、校“学生工作先进单位”等荣誉称号，园林051-2班获河南省“先进班集体”荣誉称号。

（2）学生社团简介

蓝月艺术社：包括合唱队、舞蹈队和曲艺队等，选拔有艺术基础或对艺术活动有兴趣的同学，组织大型歌唱比赛、晚会等活动，丰富同学们的课余生活，提高全体社员的艺术水平。

方洲演讲社：以提高大学生的素质为中心，以提高社团成员的口才为重点，举行各种活动、比赛，提高大学生在演讲、辩论等方面的能力。

七彩书画社：发现并培养书画人才，通过邀请知名书画家为同学们讲授书画知识以及观看书画相关光碟等方式调动学生的积极性，陶冶学生的情操，提高学生的修养。

雕刻时光摄影社：致力于为摄影爱好者提供学习、欣赏和实践的机会和便利条件，使全体会员扎实系统地提高摄影技术和艺术水平。

绿苑文学社：负责《绿苑报》及《绿苑丛刊》的编发工作。全体社员充分利用编发报刊的机会完善自我，狠抓报刊质量，完善社团内部章程与制度，强调各社员的作品数量与质量，努力使全体社员的综合素质得到较高的提高。

网络工作室：着力培养广大同学的创新能力和实践素质，活跃学术文化氛围，激发广大同学对园林专业的兴趣，指导广大同学进行科研实践活动，培养富有创新意识和能力的综合人才。

MMDS研究会：通过对马克思列宁主义、毛泽东思想、邓小平理论及“三个代表”重要思想等理论体系的研究，直接或间接地指导和影响着社团成员形成正确的人生观、价值观和世界观。

（3）学生社团的主要干部任职情况

1999年　文化素质教育中心主任：李元应；绿苑文学社社长：王慧娟；方舟演讲社社长：宋永刚、郭　艳；雕刻时光摄影社社长：喻春建；七彩书画社社长：王兆海；蓝月艺术社社长：杨卫刚；1999年9月28日，绿苑文学社创办《绿苑报》。

2000年　文化素质教育中心主任：李元应；绿苑文学社社长：丁植磊；方舟演讲社社长：李光辉；雕刻时光摄影社社长：许水波；七彩书画社社长：丁新泉；蓝月艺术社社长：孙军峰。

2001年　文化素质教育中心主任：李元应；文化素质教育中心副主任：魏艳霞、肖军涛；绿苑文学社社长：丁植磊、刘雪涛；方舟演讲社社长：徐　晴、李光辉；雕刻时光摄影社社长：许东升；七彩书画社社长：王　颖、尚新建；蓝月艺术社社长：张喜鲜、王文丽；成立MMD（马列主义、毛泽东思想、邓小平理论）研究会，会长：赵延鹏。

2002年　文化素质教育中心主任：魏艳霞；文化素质教育中心副主任：肖军涛、李新华；绿苑文学社社长：丁植磊、刘雪涛；方舟演讲社社长：徐　晴、李光辉；雕刻时光摄影社社长：许东升；七彩书画社社长：尚新建、王　颖；蓝月艺术社社长：张喜鲜、王文丽；MMD研究会会长：刘延成。

2003年　文化素质教育中心主任：魏艳霞；文化素质教育中心副主任：肖军涛、李新华；绿苑文学社社长：郭晓华；方舟演讲社社长：崔小桥；雕刻时光摄影社社长：万俊丽；七彩书画社社长：唐卫东；蓝月艺术社社长：董　颖。

2004年　文化素质教育中心主任：万俊丽；文化素质教育中心副主任：祝素娜、李二威；绿苑文学社社长：王新娟；方舟演讲社社长：于丽娜、李　丹；雕刻时光摄影社社长：苏永青；七彩书画社社长：高　燕、熊言术；蓝月艺术社社长：牛秀艳。

2005年　文化素质教育中心更名为素质教育中心。文化素质教育中心主任：祝素娜；副主任：牛秀艳、李二威；绿苑文学社社长：张　华；方舟演讲社社长：张　朋；雕刻时光摄影社社长：李　振；七彩书画社社长：田晓红；蓝月艺术社社长：牛秀艳。

2006年　素质教育中心主任：李二威；素质教育中心副主任：吴彦凯、姚春霞、张代凤；绿苑文学社社长：龚婧丽；方舟演讲社社长：张晓乐；雕刻时光摄影社社长：蒋里飞；七彩书画社社长：张　莉；蓝月艺术社社长：姚春霞；成立MMDS（马列主义、毛泽东思想、邓小平理论、“三个代表”重要思想）研究会会长：张占营。

2.学生会及主要干部任职情况

1989年　学生会主席：王全新

1990年　学生会主席：李　民

1991年　学生会主席：方培绍

1992年　学生会主席：张耀武

1993年　学生会主席：蔡友军

1994年　学生会主席：丁鹏举

1995年　学生会主席：郅明辉；学习部部长：周　晋；文体部部长：张红军；生活部部长：王　涛；卫生部部长：王　涛；女生部部长：袁志秀。

1996年　学生会主席：董天成；办公室主任：周　峰；学习部部长：牛军青；文体部部长：尤　扬；卫生部部长：李玉川；生活部部长：丁立军；女生部部长：周海霞。

1997年　学生会主席：郑军伟；学习部部长：张俊芬；文体部部长：王跃强；生活部部长：曾庆德；卫生部部长：赵永生；女生部部长：柴福云，副部长：韩鹏飞；自律部部长：刘文志，副部长：张晓云。

1998年　学生会主席：王存刚，副主席：高德海；办公室主任：曹海河；学习部部长：杨继华，副部长刘爱萍；卫生部部长：丁自立；生活部部长：邢峰奇；文体部部长：高德海，副部长李兵团；女生部部长：张　瑞；自律部部长：张　磊。

1999年　学生会主席：方永涛；办公室主任：庞　勇；学习部部长：赵延鹏；卫生部部长：杨步亮；生活部部长：朱宏涛；文体部部长：鲁　辉；女生部部长：孟　芮；自律部部长：任买官。

2000—2001年　学生会主席：李运成，副主席：于恩思、王俊涛；办公室主任：庞　勇；学习部部长：郑　雪；实践部部长：韩　磊；文体部部长：王俊涛；生活部部长：李留振；卫生部部长：焦旭亮；女生部部长：赵　英；自律部部长：冯春太。

2002年　学生会主席：李运成，副主席：于恩思、王俊涛；办公室主任：庞　勇；学习部部长：卢　磊；实践部部长：韩　磊；体育部部长：王俊涛；生活部部长：黄　镶；卫生部部长：焦旭亮；女生部部长：赵　英；自律部部长：冯春太。

2003年　学生会主席：李　亮，副主席：张腾飞、贾燕飞；办公室副主任：王训磊、湛开宏；学习部部长：吴　颖；实践部部长：黄书胜；体育部部长：张少伟；生活部部长：黄　镶；卫生部部长：陈本学；女生部部长：张钰帅；自律部部长：陈太勇。

2004年　学生会主席：贾燕飞，副主席：张少伟、申东方；办公室主任：王训磊；学习部部长：穆帅伟；实践部部长：刘国军；体育部部长：张少伟（兼）；生活部部长：豁泽春；卫生部部长：牛　静；女生部部长：张钰帅；自律部部长：李　飞。

2005年　学生会主席：申东方，副主席：刘大兵、杨铁磊；办公室主任：刘振兴；学习部部长：杨林娜；实践部部长：苗明军；体育部部长：朱银朝；生活部部长：周　雪；卫生部部长：曾庆涛；女生部部长：马一鸣；自律部部长：李　飞。

2006年　学生会主席：孙先锋，副主席：贾海丽、黎庆锋、王加征；办公室主任：张子龙；学习部部长：聂　飞；实践部部长：党　伟；体育部部长：郑　鹏；生活部部长：闫长春；卫生部部长：贾小阳；女生部部长：张利颖；自律部部长：张政伟；网络部部长：张磊磊。

（四）社会实践活动

本科教学时期，园林学院秉承了强动手能力的培养宗旨和严谨朴实的优良作风，结合专业优势，不仅继续帮助果农进行果树生产，科学经营果园，而且随着专业的不断拓宽和发展，河南省的蔬菜生产基地、花卉生产基地都留下了园林学院师生的足迹，城市小区林园设计与管理也有学院学生的辛苦付出。素质教育的开展，使学生把思想宣传、文艺演出、特困关爱等作为社会实践的主要内容，促进了社会实践活动方式的多样化。

2004年，学院利用文化素质教育试点系的成果，以“科技、文化”下乡服务为载体，以集中性营队和分散返乡相结合的模式开展社会实践活动，进行科普知识宣传、文化艺术宣传，目的在于帮助农民提高卫生意识和审美情趣。学生编排了一套反映群众生活的具有教育意义的文艺节目，在多个城镇、乡村、企业进行演出，充分展示了园艺系文化素质教育的成果。针对2003年发生的“非典”，为了使农民们认清其实质，提高防范意识，学院组织学生收集了相关的资料进行科普知识宣传，使文化素质教育工作向更广阔的领域发展。

2005年，大学生社会实践活动以“青春奉献小康社会，服务建设和谐中原”为主题，以社会调查、科技服务为主要形式，成立了“三农”情况调查和淇县农场葡萄管理两个营队，开展了大别山区“三农”情况调查和淇县农场葡萄管理科技服务活动。

2006年以后，为了深入贯彻“建设社会主义新农村，构建和谐新农村”的精神，学院以“园林学院学子闯神州，五湖四海实践情交流”为主题，组织社会实践团队，对河南省的花木、果蔬生产状况和农民进城务工人员进行问卷调查。

从1998年起，学院已连续11年被学校评为社会实践活动先进单位，先后有4名教师和30余名学生被评为河南省社会实践先进工作者或个人，参与社会实践的师生的足迹遍布河南省各地市。

（五）大学生科技创新活动

园艺系自1998年成为学校素质教育试点系后，便非常注重培养学生的实践能力、创新意识和创新精神，把创新型人才的培养情况作为人才培养的一个重要质量指标。2003年，学校出台了《大学生课外科技活动创新基金使用和管理办法》，学院党政领导对此非常重视，积极动员教师和学生组织申报，开展相关科研活动。2006年，为了进一步提高学生参加科技创新活动的积极性，学院专门成立大学生科技创新项目工作领导小组，制定了《园林学院大学生科技创新基金使用办法》，拨出专项资金，设立院级科技创新项目，对参加申报但未被学校资助的项目进行院内审核并通过后，按每项500元进行资助。园林学院大学生科技创新基金资助情况见表2-30。

表2-30　2004—2006年园林学院大学生科技创新基金资助情况

年份	项目名称	申请人	班级	指导教师	级别
2004	濒危植物矮牡丹资源胚挽救研究	湛开宏	园艺004	姚连芳	校级
	南瓜受低温胁迫后的生理效应研究	余中伟	园艺001	周俊国	校级
	野生资源地肤的开发与新品种选育研究	卓祖闯	园艺013	张建伟	校级
	园林树木种子生物学特性研究	王　勇	园艺031	赵兰枝	校级
	杏梅绿色果品生产技术规程研究	白章栓	园艺001	张传来	校级
2005	枣棉粮高效立体间作模式研究	朱春茂	园艺01设施	宋建伟	校级
	营养液浸泡对切花插制寿命的影响研究	贾小阳	园艺035	王少平	校级
	设施主要蔬菜耐盐性研究	苗明军	园艺02蔬菜	王广印	校级
	野生地肤多倍体诱导的研究	王振宇	园艺025	张建伟	校级
	新西兰红梨四季快速繁殖技术研究	陈圆圆	园艺02果树	张传来	校级
2006	新乡太行山区野生果树资源调查	张磊磊	园艺03设施	徐桂芳	校级
	南瓜花粉组织培养研究	胡　强	园艺043	李贞霞	校级
	菜用大黄离体快繁体系的初步研究	唐米米	园艺03设施	赵一鹏	校级
	水培君子兰组织结构及生理特性的研究	陈进洁	园艺03果树	赵兰枝	校级
	月季的自毒作用初探	杨　湘	园艺03果树	齐安国	校级
	核桃低产原因分析及提高坐果率技术措施	陈香丽	园艺03果树	宋建伟	校级
	栾树胚挽救技术的研究	余义和	园艺02果树	李桂荣	院级
	月季资源耐盐性研究	杨　林	园林041	刘会超	院级
	果树盆景的快速创作研究	徐　涛	园艺044	郝峰鸽	院级
2006	中州盆景创作及商品化研究	张贺涛	园林033	杨立峰	院级
	鲜花的彩色和商品化处理及感官评价	李喜印	园林042	王少平	院级
	不同杏李品种品质研究	闫华芳	园艺042	张传来	院级
	优良品种金银花资源选育	刘　宇	园艺03果树	刘会超	院级

（续）

年份	项目名称	申请人	班级	指导教师	级别
2006	紫花地丁生殖过程研究	李纪伟	园林042	刘会超	院级
	腊梅种子生物学特性研究	张允伟	园艺03果树	刘振威	院级
	南瓜大孢子培养体系研究	艾永威	园艺02蔬菜	李贞霞	院级

（六）学生获奖情况

据不完全统计，2003—2006年，园林学院学生有100余人次获校级以上荣誉称号和奖励87项，具体见表2-31。

表2-31　2003—2006年学生所获校级以上荣誉

姓名	班级	荣誉称号	年份	授奖单位
邹静静	园艺00蔬菜	河南省大学生健美操大赛三等奖	2003	
魏艳霞	园艺00设施	新乡市学习《纲要》，“三讲三遵”知识竞赛三等奖	2003	中国共产党新乡市委员会宣传部、河南省精神文明建设指导委员会办会室
王　志	园艺023	新乡市“学习《纲要》、三讲三遵”自题知识竞赛一等奖	2003	中国共产党新乡市委员会宣传部、河南省精神文明建设指导委员会办会室
曹新建	园林034-5	新乡市“学习纲要”三讲三遵百道知识竞赛一等奖	2003	中国共产党新乡市委员会宣传部、河南省精神文明建设指导委员会办会室
成　坤	园艺03设施	新乡市“学习纲要”三讲三遵百道知识竞赛一等奖	2003	中国共产党新乡市委员会宣传部、河南省精神文明建设指导委员会办会室
邵瑞鑫	园艺00果树	全国英语写作大赛河南赛区优秀奖	2003	全国英语写作大赛河南赛区组委会
魏艳霞	园艺00设施	河南省大中专学生“三下乡”社会实践先进个人	2003	中国共产党河南省委员会宣传部、河南省精神文明建设指导委员会办会室、河南省教育厅、共青团河南省委员会、学生联合会
张腾飞	园林016	新乡市优秀大学生	2004	中国共产党新乡市委员会宣传部、河南省教育局、河南省精神文明建设指导委员会办会室
张少伟	园林015	新乡市优秀大学生	2004	中国共产党新乡市委员会宣传部、河南省教育局、河南省精神文明建设指导委员会办会室
李运成	园艺99	河南省优秀大学毕业生	2004	河南省教育厅
赵　英	园艺99	河南省优秀大学毕业生	2004	河南省教育厅
张成涛	园艺99	河南省优秀大学毕业生	2004	河南省教育厅
方晓玉	园艺00级	河南省优秀大学毕业生	2004	河南省教育厅
李　鑫	园艺00级	河南省优秀大学毕业生	2004	河南省教育厅
张华敏	园艺00级	河南省优秀大学毕业生	2004	河南省教育厅
张喜鲜	园艺00蔬菜	河南省大学生艺术歌曲大赛 优秀奖	2004	
韩亮亮	园林012	河南省优秀大学毕业生	2004	河南省教育厅
张喜鲜	园艺00蔬菜	河南省优秀大学毕业生	2004	河南省教育厅

（续）

姓名	班级	荣誉称号	年份	授奖单位
王俊涛	园艺99	河南省优秀大学毕业生	2004	河南省教育厅
张喜鲜	园艺00蔬菜	河南省大学生科技文化艺术节三等奖	2004	中国共产党河南省委员会宣传部、河南教育厅、共青团河南省委员会、文化厅、河南省学生联合会
曹兰平	园艺021	全国英语知识竞赛 三等奖	2004	全国大学生英语竞赛组委会
张腾飞	园林016	河南省三好学生	2004	河南省教育厅、共青团河南省委
曹彦杰	园艺012	河南省社会实践先进个人	2004	中国共产党河南省委员会宣传部、河南省精神文明建设指导委员会办会室、河南省教育厅、共青团河南省委员会、河南省学生联合会
曹彦杰	园艺012	河南省优秀学生干部	2004	共青团河南省委员会、河南省教育厅
贾燕飞	园艺01果树	河南省社会实践先进个人	2004	中国共产党河南省委员会宣传部、河南省精神文明建设指导委员会办会室、河南省教育厅、共青团河南省委员会、河南省学生联合会
穆帅伟	园艺011	“雅典奥运”火炬手及历史见证人选拔赛二等奖	2004	河南省教育厅
陈太勇	园林015	新乡市社会实践先进个人	2004	新乡市宣传部、共青团新乡市委员会、教育局
孙晓娜	02蔬菜	河南省政府奖学金	2005	河南省人民政府
孙小杰	园林032	河南省政府奖学金	2005	河南省人民政府
武志红	园林031	河南省政府奖学金	2005	河南省人民政府
路虎军	园林043	河南省政府奖学金	2005	河南省人民政府
龚丽丽	园林042	河南省政府奖学金	2005	河南省人民政府
常万顺	园艺045	河南省政府奖学金	2005	河南省人民政府
杨小振	园艺054	河南省政府奖学金	2005	河南省人民政府
雷俊玲	园林024	国家奖学金	2005	教育部
闫长春	园林034	国家奖学金	2005	教育部
李　亮	园艺00果树	河南省优秀大学毕业生	2005	河南省教育厅
魏艳霞	园艺00设施	河南省优秀大学毕业生	2005	河南省教育厅
吴　丹	园艺00	河南省优秀大学毕业生	2005	河南省教育厅
赵光伟	园艺00	河南省优秀大学毕业生	2005	河南省教育厅
韩素娟	园艺00	河南省优秀大学毕业生	2005	河南省教育厅
董　颖	园林01	河南省优秀大学毕业生	2005	河南省教育厅
贾燕飞	园艺01果树	河南省优秀学生干部	2006	共青团河南省委员会、河南省教育厅
贾燕飞	园艺01果树	河南省三好学生	2006	河南省教育厅、共青团河南省委员会

（续）

姓名	班级	荣誉称号	年份	授奖单位
张少伟	园林015	河南省三好学生	2006	河南省教育厅、共青团河南省委员会
万俊丽	园林015	河南省三好学生	2006	河南省教育厅、共青团河南省委员会
申东方	园艺02设施	河南省三好学生	2006	河南省教育厅、共青团河南省委员会

（七）就业情况

1989年至2001年间，河南职业技术师范学院招收的学生毕业后，仍由国家统包统分，由于学校的办学定位是职业技术教育，毕业生除部分考取硕士研究生和分配到各级政府、机关工作外，大多被分配到各市、县的中等职业中学任教。2002年以后，毕业生不再受国家统一分配，实行用人单位和毕业生双向选择，此外，专业的增加和素质教育的开展为毕业生拓宽了就业领域，学生就业面涉及管理部门、科研部门、技术推广部门、学校、公司、工厂等。自1999年国家实行公务员选拔体制以来，部分学生参加了公务员招考并被录取，进入了公务员序列。

1. 学生就业率

长期以来，园林学院以“人才培养”为中心，先后通过学习经验交流会、考研经验交流会、学风建设主题班会、大学生科技创新、社会实践、对考研和考公务员的学生进行辅导等活动，大力加强学风建设，不断提高学生学习的主动性和积极性，增强学生的就业能力和竞争力，此外，还积极开展就业观念教育，转变学生的就业观。自2004年以来，园林学院各专业毕业生的就业率均在93%以上，对毕业生的质量跟踪调查表明，用人单位对毕业生的评价较高，满意率在95%以上。园林学院学生就业基本情况见表2-32。

表2-32　园林学院学生就业基本情况统计表（2004—2006年）

		2004年	2005年	2006年
园艺	毕业生数	205	151	138
	就业人数	200	150	129
	就业率	97.56%	99.34%	93.48%
园林	毕业生数	26	57	114
	就业人数	26	55	140
	就业率	100%	96.49%	97.22%

2. 学生计算机和英语四、六级通过情况

（1）计算机等级考试通过情况　据不完全统计，自2002年以来，学院有400余名学生通过了国家计算机二级、三级、四级考试，获得了相应的国家计算机二级、三级或四级证书。其中，175人通过国家计算机二级C语言、Foxbase、VF考试并获取相应证书；

232人通过国家计算机三级网络技术、三级数据库技术考试并获取相应证书；1人通过国家四级网络工程师考试并获取相应证书。

（2）英语四、六级通过情况：学院学生参加和通过全国大学英语四、六级考试的学生人数逐年增加，2003—2008年期间，共有491人通过了全国大学英语四、六级考试，并获取了相应的证书，其中，411人通过全国大学英语四级考试并获取相应证书，80人通过国家英语六级考试并获取相应证书。2003—2006年期间，学院学生英语四、六级考试通过情况见表2-33。

表2-33　学生英语四、六级考试统计表（2003—2006年）

年份	四级通过人数（人）	六级通过人数（人）	合计（人）
2003	9	1	10
2004	60	7	67
2005	38	11	49
2006	57	8	65

（八）学生工作研究

学生管理教师注重管理理论研究，发表了一批学生工作研究论文，见表2-34、表2-35。2006年，园林学院党总支书记焦涛出版著作《二十一世纪大学生全面素质教育》一书。学生管理教师主持参与省级课题30余项，获各级各类成果奖11项。

表2-34　学生工作研究成果（2004—2006年）

年份	序号	成果名称	主持人或我院第一参加人	奖励等级	颁奖单位
2004	1	河南高校大学生文化素质教育研究	焦　涛	结　项	河南省科学技术厅
2005	2	弹性学制与高校思想政治教育问题研究	吴玲玲	一等奖	河南省社会科学界联合会
	3	弘扬和培育民族精神问题研究	吴玲玲	一等奖	河南省社会科学界联合会
2006	4	大学生职业生涯规划与设计研究	焦　涛	一等奖	河南省社会科学界联合会
	5	大学生思想状况调查分析	胡付广	结　项	河南省社会科学界联合会
	6	信息网络化与高校思想政治工作创新问题研究	胡付广	特等奖	河南省社会科学界联合会
	7	新形势下高校档案资源的开发与利用	宋荷英	二等奖	河南省社会科学界联合会

表2-35　学生工作方面的研究论文（2001—2006年）

序号	题目	作者	期刊	年（期）	备注
1	职技高师学生文化素质教育浅探	胡付广	河南职业技术师范学院学报（职业教育版）	2001（1）	
2	信息时代高校学生教育管理工作的探索	焦　涛	新疆石油教育学院学报	2005（1）	

（续）

序号	题目	作者	期刊	年（期）	备注
3	大学生文化素质教育评价存在的问题及对策	宋荷英	河南科技学院学报	2005（3）	
4	职高生的创新教育	焦　涛	中国科技信息	2005（8）	
5	当代大学生学习动机、内容和方法浅析	吴玲玲	河南教育	2005（8—9下半月）	
6	以“以人为本”理念促进后进生转化	胡付广	河南科技学院学报	2006（1）	
7	大学生文化素质教育评价体系探讨	吴玲玲	河南科技学院学报	2006（2）	
8	“璞玉应细琢，良木须精雕”——《大学生思想道德修养课》教学感悟刍议	吴玲玲	科教文汇	2006（10）	

八、校友活动

（一）部分优秀毕业生代表

1993—2006届部分优秀毕业生见表2-36。

表2-36　部分优秀毕业生（1989—2002年入校学生）

姓名	性别	毕业时间（年·月）	专业	工作单位	职务与职称	备注
经成伟	男	1993.7	果树	商丘睢县宣传部	副部长	
李保山	男	1993.7	果树	上蔡县职业中专	校长	
马红旗	男	1993.7	果树	濮阳宾馆	纪委书记（副县级）	
李　民	男	1993.7	果树	易安财产保险股份有限公司	常务副总裁高级经济师（正高级职称）	
乔明仲	男	1993.7	果树	常州轻工业学院	副教授	
秦　涛	男	1993.7	果树	商丘职业技术学院园艺与食品工程系	书记	
王景新	男	1993.7	果树	济源市职业技术学院	高级教师（副高）	
万四新	男	1993.7	果树	周口职业技术学院	组织部部长	
詹　翔	男	1993.7	果树	新郑市中等专业学校	副校长	
周　凯	男	1993.7	果树	河南科技学院	博士、副教授	
郝　杰	男	1993.7	果树	宁陵县逻岗镇二中	校长	
贾奇汉	男	1993.7	果树	南阳信息工程学校	高级教师（副高）	
王　剑	男	1993.7	果树	新密市安全生产监督管理局	局长	
朱运钦	男	1993.7	果树	河南农业职业学院园艺园林学院	教授	
贾喜玲	女	1993.7	果树	河南科技学院国际交流与合作办公室	副处长	

（续）

姓名	性别	毕业时间（年·月）	专业	工作单位	职务与职称	备注
李福旺	男	1993.7	果树	新乡职业技术学院	高级教师（副高）	
陈俊勇	男	1993.7	果树	广东省中山市第一中学	高级教师（副高）	
牛红环	女	1993.7	进修	新乡市牧野区城乡建设局	党委书记	
张德权	男	1994.7	果树	中国农科院农产品加工研究所	副所长、研究员	国家“万人计划”科技创新领军人才
张春晖	男	1994.7	果树	中国农科院农产品加工研究所	研究员	国家“万人计划”科技创新领军人才
房玉林	男	1995.7	果树	西北农林科技大学葡萄酒学院	院长、教授	
李锦辉	男	1995.7	果树	河南省科学技术厅农村处	处长	
周　琳	女	1995.7	果树	河南农业大学植物保护学院	教授	
胡建生	男	1995.7	果树	南京审计学院经贸学院	副教授	
刘　伟	男	1995.7	果树	遂平县第一高级中学	中学高级教师	
丁　杰	男	1995.7	果树	淮滨县中等职业学校	高级讲师	
秦现军	男	1995.7	果树	内黄县第一中学	中学高级教师	
刘彦珍	男	1995.7	果树	安阳工学院生物与食品工程学院	副教授	
陈书霞	女	1995.7	果树	西北农林科技大学园艺学院	教授	
李玉红	女	1995.7	果树	西北农林科技大学园艺学院	教授	
卫战永	男	1995.7	果树	济源职业技术学校	中学高级教师	
刘德福	男	1995.7	果树	济源职业技术学校	中学高级教师	
段大仓	男	1995.7	果树	济源市第五中学	中学高级教师	
周建佩	男	1995.7	果树	南阳信息工程学校	高级讲师	
王玉侠	女	1995.7	果树	南昌航空大学体育学院	副院长、副教授	
郭金英	男	1995.7	果树	河南科技大学食品与生物工程学院食品营养与安全系	系主任、副教授	
孙合森	男	1995.7	果树	新安县职业高级中学	中学高级教师	
候水利	男	1995.7	果树	修武县第一中学	中学高级教师	
李秋灵	女	1995.7	果树	濮阳市华龙区第七中学	中学高级教师	
房付林	男	1995.7	果树	郑州市管城回族区民政局	高级农艺师	
张建设	男	1995.7	果树	河南科技学院信息工程学院	副书记	
周祖伦	男	1995.7	果树	桐柏县中等职业学校	校长	
张耀武	男	1995.7	果树	南阳市行政审批中心	首席高级工程师	河南省建设工会技术英杰
段胜利	男	1995.7	果树	济源职业技术学校	副校长、中学高级教师	

（续）

姓名	性别	毕业时间（年·月）	专业	工作单位	职务与职称	备注
吕淑敏	女	1995.7	果树	平顶山市农业干部学校	高级农艺师	参政议政先进个人
郭泰林	男	1995.7	果树	林州市原康镇第一中学	中学高级教师	
张改要	女	1995.7	果树	鲁山县教育局	中学高级教师	
祁彦凯	男	1995.7	果树	漯河市第一中等专业学校	中学高级教师	
苏河印	男	1995.7	果树	开封市农业农村局	副局长	
仝其庆	男	1995.7	果树	台前县第一高级中学	中学高级教师	
梅　巍	男	1995.7	果树	安阳县职业中专	中学高级教师	
史成瑜	女	1995.7	果树	安阳县职业中专	中学高级教师	
徐　炎	男	1995.7	果树	西北农林科技大学园艺学院	副院长、教授	
牛玉海	男	1995.7	果树	上海普陀区教育进修学校	理事长、校长	
张广辉	男	1996.7	果树	云南农业大学	教授	
徐汝敏	男	1996.7	果树	郸城县宁平镇	党委书记	
蔡友军	男	1996.7	果树	郸城县双楼乡	主任科员	
王　森	男	1996.7	果树	中南林业科技大学经济林系	系主任、教授	湖南省五一劳动奖章获得者、湖南省普通高校学科带头
张忠迪	男	1996.7	果树	河南科技学院新科学院	党委书记、副教授	
李贞霞	女	1996.7	果树	河南科技学院	副教授	
林紫玉	女	1996.7	果树	河南科技学院	高级实验师	
章恩铭	男	1997.7	园艺	瑞典隆德大学医学院糖尿病中心	博士、教授、博导	
任玉华	男	1997.7	园艺	山东盛葡菲酒业有限公司	常务副总、高级工程师	
李艳芳	女	1997.7	园艺	北京市营养源研究所	博士、副研究员	
陈碧华	女	1997.7	园艺	河南科技学院	博士、副教授	
张利萍	女	1998.7	园艺	修武县教育局	中小学一级教师	
张红军	男	1998.7	园艺	中国农业科学院果树研究所	副研究员	
宋建华	男	1998.7	园艺	周口职业技术学院	机电工程学院书记、副教授	
陈刚普	男	1998.7	园艺	濮阳市农业农村局	高级农艺师	
刘彦林	男	1998.7	园艺	渑池县仁村中学	校长、中学高级教师	
李锋刚	男	1998.7	园艺	登封市中等专业学校	副校长、中学高级教师	
孙洪根	男	1998.7	园艺	北京琳海植保科技股份有限公司	董事长、中国森林学会病理分会理事	
周树广	男	1998.7	园艺	北京琳海植保科技股份有限公司	总经理	

（续）

姓名	性别	毕业时间（年·月）	专业	工作单位	职务与职称	备注
王海民	男	1998.7	园艺	汤阴县职业技术教育中心	中小学高级教师	
刘德兵	男	1998.7	园艺	海南大学	儋州校区管理委员会主任、应用科技学院院长、教授	
袁志秀	女	1998.7	园艺	上海师范大学	副研究员	
贺亿孝	男	1998.7	园艺	博爱县职业中等专业学校	中小学高级教师	
何培军	女	1998.7	园艺	博爱县职业中等专业学校	中小学高级教师	
郝　梅	女	1998.7	园艺	河南质量工程职业学院	副教授	
逯　昀	女	1998.7	园艺	商丘职业技术学院	电大成教院教务科科长、教授	
王凤霞	女	1998.7	园艺	北京市昌平区流村中心小学	中小学一级教师	
陈书哲	男	1998.7	园艺	新县高级中学	中学高级教师	
杜　华	男	1998.7	园艺	信阳市第一职业高级中学	中小学高级教师	
王尚堃	男	1998.7	园艺	周口职业技术学院	教授	
李　程	男	1998.7	园艺	唐河县第一高级中学	高级教师	
孙改平	女	1998.7	园艺	新安县职业技术教育中心	中学高级教师	河南省名师
郅明辉	男	1998.7	园艺	新安县职业技术教育中心	保卫处主任、中小学高级教师	
薛　伟	女	1998.7	园艺	方城县中等职业学校	中学高级教师	
朱允玺	男	1998.7	园艺	柘城县职业技术教育中心	中小学高级教师	
周喜争	女	1998.7	园艺	尉氏县农业农村局	高级农艺师	
李学锋	男	1998.7	园艺	虞城县大侯中心学校	一级教师	河南省骨干教师
胡付广	男	1999.7	园艺	河南科技学院后勤服务中心	副主任	
刘　弘	男	1999.7	园艺	河南科技学院校长办会室	副主任、高级实验师	
周海霞	女	1999.7	园艺	郑州蔬菜研究所	副研究员	
宋　帆	男	1999.7	园艺	郑州市森林公园	高级工程师	
刘　爽	男	1999.7	园艺	冯唐高中	高级教师	
何　莉	女	1999.7	园艺	周口职业技术学院	副教授	
尤　扬	男	1999.7	园艺	河南科技学院	博士/副教授	
王跃强	男	2000.7	园艺	鹤壁职业技术学院食品工程学院	教学办主任、副教授	
龚守富	男	2000.7	园艺	信阳农林学院规划与设计学院	副院长、副教授	河南省优秀教师
孙程旭	男	2000.7	园艺	中国热带农业科学院椰子研究所	副研究员	海南省“领军人才”
曹红星	女	2000.7	园艺	中国热带农业科学院椰子研究所	研究室主任、研究员	“南海名家”人才
王　峰	男	2000.7	园艺	郑州市园艺站	副站长、高级农艺师	

（续）

姓名	性别	毕业时间（年·月）	专业	工作单位	职务与职称	备注
周建华	男	2000.7	园艺	郑州市蔬菜研究所	副研究员	河南省大宗蔬菜产业技术体系郑州综合试验站站长
丁锦平	女	2000.7	园艺	商丘师范学院	副教授	
贾永芳	女	2000.7	园艺	河南师范大学	副教授	
李运合	男	2000.7	园艺	中国热带农业科学院南亚热带作物研究所	副研究员	
杨晓杰	男	2000.7	园艺	河南省农业科学院经济作物科学研究所	正高级副研究员	
张晓云	女	2000.7	园艺	河南科技学院学生处	副处长	
马　杰	女	2000.07	园艺	河南科技学院	副教授、博士	
金典生	男	2000.7	园艺	河南工学院基建处	副处长、副教授	
孙小霞	女	2000.7	园艺	福建农林大学	副教授	
张　蕊	女	2000.7	园艺	周口职业技术学院	副教授	
张钊远	男	2002.7	园艺	河南省驻马店市汝南县南余店乡	党委书记	
张　磊	男	2002.7	园艺	河南省农业农村厅办公室	副调研员	2014年获政协河南省委员会提案办理先进个人称号
滑嵩伟	男	2002.7	园艺	河南省郑州市公安局警察训练部后勤	处副主任（二级警督）	
李二斌	男	2002.7	园艺	河南省新乡市原阳县委统战部	副主任科员	
贾文庆	男	2002.7	园艺	河南科技学院园艺园林学院	副教授	
朱庆松	男	2002.7	园艺	信阳农林学院人事处	副教授	
赵海英	男	2002.7	园艺	信阳市农科院人事科	副研究员	
孙学荣	男	2002.7	园艺	平顶山学院化学与环境工程学院	党总支副书记	
黄甫超河	男	2002.7	园艺	农业部环境保护科研监测所（天津）	副研究员	
李留振	男	2002.7	经济花卉与园林设计	许昌市林业技术推广站	高级工程师	
冯国杰	男	2003.7	经济花卉与园林设计	河南超杰园林设计工程有限公司	总经理	河南科技学院创业导师

（续）

姓名	性别	毕业时间（年·月）	专业	工作单位	职务与职称	备注
周　威	男	2003.7	园艺	平顶山市农业科学院	副主任、副研究员	2018年获“河南省学术技术带头人”
王艳平	女	2003.7	园艺	信阳农林学院	团总支书记、副教授	
刘　刚	男	2003.7	园艺	驻马店市委组织部	党员电教室主任	
李元应	男	2003.7	园艺	黄河交通学院	系党总支书记	
焦书升	男	2003.7	园艺	开封市蔬菜研究所	所长	
宋永刚	男	2003.7	园艺	佛山博施得农业科技有限公司 美国布兰特股份有限公司华南区总代理	总经理	
李运成	男	2004.7	园艺	河南省德道市政园林工程有限公司	高级工程师	河南省农村科普带头人
李会霞	女	2004.7	园艺	河南省植立方环保技术有限公司	高级工程师	
夏晓坤	男	2004.7	园艺	无锡市绿化建设有限公司	高级工程师	
赵胜利	男	2004.7	园艺	重庆市巴南区园林绿化建设管理所	高级工程师	
梁光华	男	2004.7	园艺	江苏锡州园林建设有限公司	高级工程师	
张晓波	男	2004.7	园艺	江苏东珠景观股份有限公司	高级工程师	
王俊涛	男	2004.7	园艺	新乡市农业局	高级农艺师	
冯春太	男	2004.7	园艺	南阳市纪委监察室	主任（副县级）	
张成涛	男	2004.7	园艺	郑州森林苑园林绿化工程有限公司	副高	
毛玉收	男	2004.7	园艺	郑州森林苑园林绿化工程有限公司	副高	
任利鹏	男	2004.7	园艺	郑州森林苑园林绿化工程有限公司	副高	
许广敏	女	2004.7	园艺	新乡县自然资源和规划局	高级工程师	
张　森	男	2004.7	园艺	河南昊霖园林工程设计有限公司	副高	
黄树苹	女	2004.7	园艺	武汉市农业科学院蔬菜研究所	高级农艺师	湖北省三八红旗手
张东河	男	2004.7	园艺	郑州森林苑园林绿化工程有限公司	副高	
刘小攀	男	2004.7	园艺	河南省政策研究室	副县级	
吴　丹	女	2005.7	园艺	河南科技学院食品学院	副处级党建组织员	河南省优秀共产党员
任军辉	男	2005.7	园艺	西藏职业技术学院	副教授	
叶开玉	男	2005.7	园艺	广西壮族自治区中国科学院广西植物研究所	副研究员	
黄　浅	女	2005.7	园艺	周口市农业科学院	副研究员	
魏艳霞	女	2005.7	园艺	平顶山市林业局种苗站	副站长、高级工程师	
徐　晴	女	2005.7	园艺	湖北省农业科学院	副研究员	

（续）

姓名	性别	毕业时间（年·月）	专业	工作单位	职务与职称	备注
仝　霞	女	2005.7	园艺	海口市环境信息和宣教管理中心	高级工程师	
郭　彬	男	2005.7	园艺	海南省农民科技教育培训中心	高级农艺师	
邵瑞鑫	女	2005.7	园艺	河南农业大学农学院	副教授	河南省高校创新人才
赵光伟	男	2005.7	园艺	中国农业科学院郑州果树研究所	副研究员	中国农科院青年育种人才
苗明军	男	2006.7	园艺	四川省农业科学院园艺研究所	博士、副研究员	
余义和	男	2006.7	园艺	河南科技大学林学院	博士、副教授	
朱春茂	男	2006.7	园艺	日本海洋研究开发机构	博士、研究员	
豁泽春	男	2006.7	园艺	商丘学院	党委副书记、副校长、副教授	
崔凤娟	女	2006.7	园艺	新疆农垦科学院	副高	
赵书光	男	2006.7	园艺	江苏省灌南县农业技术推广中心	外办主任、副高	
张亚丽	女	2006.7	园艺	江苏省灌南县农业技术推广中心	副高	
曹彦杰	男	2006.7	园艺	山东省供销资本投资集团	纪委书记、副总经理副处	

（二）校友主要活动

校友主要活动见图2-5～图2-17。

图2-5　果树1991级同学毕业10周年聚会合影

图2-6　果树1992级同学毕业20年聚会合影

图2-7　园艺1993级同学毕业16周年的聚会合影

图2-8 园艺1994级同学毕业10周年学校合影

图2-9 园艺1997级同学毕业10周年聚会合影

图2-10　1999级同学毕业10周年聚会合影

图2-11　2000级同学毕业10年聚会合影

图2-12　2001级同学毕业10年聚会合影

图2-13　2002级同学毕业10年聚会师生座谈会

图2-14　2003级同学毕业10周年聚会合影

图2-15　2004级同学毕业10年聚会合影

图2-16　河南科技学院校庆园艺园林学院部分校友合影（2009年）

图2-17　2019年园艺园林学院郑州校友举行"百泉汇"活动合影

第三篇 本科-研究生教育阶段（2007—2018）

HENAN KEJI XUEYUAN YUANYI YUANLIN XUEYUAN YUANZHI

一、概述

2007年，学院开始招收蔬菜学硕士研究生，标志着研究生教育的正式开始，学院的办学进入以本科教育为主，兼具研究生教育的阶段。为了突出园艺学科多年的科研积淀和学科优势，2011年5月，园林学院更名为园艺园林学院。党政班子分别于2010年11月、2013年4月、2015年4月、2018年7月进行了四次调整。

全院教师由2006年的55人到2018年底增加到78人，其中教授11人，副教授22人，高级实验师4人。为了提高青年教师的学历，学院于2012年启动了青年教师博士化工程，共有11位青年教师外出攻读博士，其中9人获得博士学位。具有博士学位的教师由2006年的4人增加到39人，占教师总人数的48.1%。新增河南省骨干教师3人，河南省教育厅学术带头人3人。

在本科教学和专业建设方面，学院分别在2009、2013、2017年修订本科人才培养方案，2014年新增风景园林专业，使本科专业达到4个。随着专业的增加和教学任务的变化，学院在2008年新增城市规划、建筑学2个教研室，2015年新增景观生态教研室。学院分别于2007和2018年接受了教育部本科教学水平评估和审核评估，为学校在评估中取得较好成绩奠定了基础。2009年王广印教授主讲的《蔬菜栽培学》课程荣获“省级精品课程”称号。2010年10月园艺专业被评为国家级特色专业建设点，同年12月“园艺学实验教学示范中心”被评为省级实验教学示范中心。2011年11月园林专业获批省级特色专业。2012年园艺专业被评为河南省专业综合改革试点，“园林学实验教学示范中心”被河南省教育厅评为第七批河南省高等学校实验教学示范中心。2014年园林专业被评为校级综合改革试点专业，园艺专业获国家第一批卓越农林人才教育培养计划改革试点项目。2015年“园艺栽培与育种教学”团队被省教育厅认定为省级教学团队。2016年园艺专业入选教育部“卓越中职教师培养计划”和“卓越农林人才培养计划”，从2016级新生中遴选了30名学生进入“卓越中职教师培养计划”试点班。2018年，园艺植物遗传育种教研室获批省级优秀教学基层组织。

在科研方面，学院除了保持在河南省科技攻关项目、河南省科普传播工程、三区人才项目上的优势外，国家自然基金、国家重大研发计划、国家成果转化项目也在不断增加。12年来，学院共承担国家级项目11项（国家自然科学基金项目7项，国家成果转化项目1项，国家重点研发计划子课题3项），河南省科技攻关、河南省大宗蔬菜产业技术体系等省部级项目90项。主持完成省部级科技成果二等奖7项、三等奖6项，授权发明专利11项，实用新型专利35项。发表SCI论文41篇，EI论文103篇，一级学报（含CSCD核心）95篇。2016年，“优异园艺植物种质创新与利用科技团队”被评为河南省创新团队。2017年，“园艺植物资源利用与种质创新”获批为河南省工程技术研究中心，实现学院省级科研平台零的突破。

在学科建设方面，2012年“园艺学”被评为河南省第八批重点一级学科，2017年园艺学通过省级专家评估，入选第八批省级重点一级学科。2018年1月，风景园林学科入选河南省第九批重点一级学科。

在研究生教育方面，2007年开始招收蔬菜学学科硕士研究生，首次招生3人，2010年7月，3名同学顺利毕业。2011年，果树、观赏园艺、景观园艺、茶学等四个园艺学一级学科下的二级学科，被确定为硕士学位授权点，至此，学院的硕士学位授权学科达到5个，2012年5个二级学科开始招生。2014年新增农业硕士园艺领域和农业硕士林业领域2个专业学位硕士授权点，2017年农业推广硕士更名为农业硕士。2017年，风景园林学学术型硕士和风景园林专业硕士学位获得批准，于2019年开始招生。12年间，学院共招收全日制硕士研究生65人，在职研究生46人；共毕业全日制硕士研究生38人，在职研究生26人，授予硕士学位64人，3篇硕士学位论文被评为省级优秀硕士论文，5人考上博士研究生。

二、党政管理机构与人员

（一）党政领导任职名录

2007—2018年间，共有5任党委书记和3任院长，具体名录见表3-1。

表3-1　领导干部任职名录（2007—2018年）

职务	姓名	性别	出生年月	任职时间
院党委书记	焦　涛	男	1965.1	2004.5—2010.11
	宋建伟	男	1957.9	2010.12—2013.5
	宋荷英	女	1968.3	2013.6—2015.5
	冀红举	男	1971.4	2015.5—2018.7
	郜庆炉	男	1963.3	2018.7—
院党委副书记（兼分工会主席）	宋荷英	女	1968.3	2004.7—2013.5
	熊仁杰	男	1976.10	2013.5—2015.5
	陈松玲	女	1971.11	2015.5—2018.7
	朱黎娅	女	1978.8	2018.10—
院　长	姚连芳	女	1955.7	2004.7—2010.11
	刘会超	男	1964.9	2010.12—2018.7
	周俊国	男	1967.10	2018.8—
副院长	张传来	男	1963.8	2004.4—2013.5
	刘会超	男	1964.9	2006.9—2010.11
	周俊国	男	1967.10	2010.12—2015.5
	郑树景	女	1975.3	2013.5—
	扈惠灵	女	1969.8	2015.6—2018.7
	齐安国	男	1978.8	2018.7—
	张毅川	男	1978.6	2018.10—

（续）

职务	姓名	性别	出生年月	任职时间
副处级党建组织员	李保丽	女	1964.11	2018.11—
正处级督导员	姚连芳	女	1955.7	2010.12—2013.5
正处级组织员	宋建伟	男	1957.9	2013.6—2017.6

（二）管理机构及人员

1. 工会分会主席和委员

2007—2011　工会主席：苗卫东；委员：赵兰枝　杨立峰　刘　弘

2011—2013　工会主席：宋荷英；工会副主席：刘　弘；委员：苗卫东　王建伟　陈碧华

2013—2015　工会主席：熊仁杰；工会副主席：刘　弘；委员：刘振威　陈碧华　王建伟

2015—2018　工会主席：陈松玲；工会副主席：王保全；委员：刘振威　姜立娜　王建伟

2018　工会主席：朱黎娅；工会副主席：王保全；委员：马　珂　姚正阳　姜立娜

2. 团委书记和辅导员

2007—2009　团委书记：胡付广；辅导员：吴玲玲　宰　波　陈　腾

2010　团委书记：胡付广；辅导员：陈　腾　刘润强

2011—2013　团委书记：陈　腾；辅导员：刘润强　王　莹　张万庆

2013—2015　团委书记：张雪霞；辅导员：刘润强　王　莹　李军庆

2016—2017　团委书记：张雪霞；辅导员：王　莹　胡泉灏　张　立

2018　团委书记：王　莹（主持工作）；辅导员：王　莹　张　立　原国庆　赵艳芳

3. 办公室主任

2005—2015　刘　弘

2015—2018　王保全

4. 教学秘书（教务员）

2006—2011　教务员：罗未蓉

2011—2015　教学秘书：周瑞金

2012—2018　教务员：王智芳

2015—2018　教学秘书：沈　军

5. 科研秘书

2007—2013　齐安国

2013—2018　贾文庆

6. 研究生秘书

2007—2013　齐安国（兼）

2013—2018　周　建

7.系（副）主任

2008—2010

园艺系主任：周俊国

园林系副主任：郑树景

2011—2012

园艺系主任：李贞霞

园林系副主任：郑树景

2012—2013

园艺系主任：李贞霞

园艺系副主任：杜晓华

园林系副主任：郑树景

2013—2018

园艺系主任：李贞霞

园艺系副主任：杜晓华

园林系主任：张毅川

8.教研室和实验室主任

2007—2011

蔬菜学教研室主任：李新峥

果树学教研室主任：扈惠灵

花卉教研室主任：王少平

园艺植物育种教研室主任：周俊国

园林树木学教研室主任：杨立峰

园林设计教研室副主任：张毅川（主持工作）

中心实验室主任：赵兰枝

景观生态实验室主任：赵兰枝（兼）

园艺栽培学实验室主任：苗卫东

园艺植物遗传育种实验室主任：李桂荣

城市规划设计室副主任：刘志红

园林设计创作室副主任：郑树景

2011—2015

蔬菜学教研室主任：李新峥

蔬菜学教研室副主任：陈碧华

果树学教研室主任：扈惠灵

花卉教研室主任：王少平

园艺植物育种教研室主任：李桂荣

园林树木学教研室主任：杨立峰

园林设计教研室副主任：张毅川（主持工作）、毛　达
城市规划学教研室副主任：雒海潮
建筑学教研室副主任：李　梅
中心实验室主任：赵兰枝
园艺栽培学实验室主任：苗卫东
城市规划设计室副主任：刘志红
园林设计创作室主任：张立磊
园艺植物育种实验室主任：杜晓华
景观生态学实验室主任：周　凯
2015—2018
蔬菜学教研室主任：李新峥
蔬菜学教研室副主任：陈碧华
果树学教研室主任：周瑞金
花卉教研室主任：王少平
园艺植物育种教研室主任：李桂荣
园林树木学教研室主任：杨立峰
园林设计教研室主任：毛　达
城市规划学教研室主任：雒海潮
建筑学教研室主任：李　梅
景观生态学教研室主任：刘振威
中心实验室主任：赵兰枝
园艺栽培学实验室主任：苗卫东
园林设计创作室主任：张立磊
城乡规划设计室主任：刘志红
园艺植物育种实验室主任：杜晓华
景观生态学实验室主任：周　凯

三、师资队伍

（一）教师队伍建设与发展

2007—2018年间，全院教师由55人增加到79人，其中教授从5人增至11人，副教授从5人增至24人，高级实验师从2人增至4人，具有博士学位的教师从4人增至39人。具体情况见表3-2。

表3-2　2007—2018年教师队伍变化表

年份	专业课教师变化		实验教师变化		辅导员变化		博士学位教师	新增教授	新增副教授	新增高级实验师	退休
	引进	调出	调入	调出	调入	调出					
2007	杜晓华　周　凯 周瑞金　彭兴芝 刘亚东		王智芳		陈　腾		杜晓华　周　凯 周瑞金　李保印	李新峥 张传来			
2008	曹　娓					孙震寰	周俊国　周秀梅		李贞霞		
2009	刘砚璞	王珊珊				宰　波					
2010	马　珂　马　杰				刘润强	胡付广	刘遵春　周　建		孙涌栋　李桂荣	林紫玉	
2011				赵润州	王　莹 张万庆				张毅川　陈碧华	刘　弘	
2012	王保全　姜立娜 朱自果　贺　栋	刘亚东					王保全　姜立娜 朱自果　陈碧华	刘会超	周瑞金　杜晓华 周　凯		
2013	郭卫丽　王艳丽 赵梦蕾	彭兴芝	穆金艳		张雪霞	陈　腾	郭卫丽　王艳丽　沈　军	周俊国	齐安国　乔丽芳 郑树景		
2014	陈学进　毛志远		李　佳			刘润强	陈学进　杨鹏鸣	扈惠灵	刘振威　周　建		
2015	姚正阳　张晓娜				李军庆	张万庆	姚正阳　张晓娜 郝峰鸽		贾文庆　马　杰		姚连芳
2016	朱小佩　韩　涛 张　立						朱小佩　韩　涛 贾文庆	王少平	刘遵春		
2017	李庆飞	雒海潮	郭东炜		胡泉灏	李军庆 张雪霞	李庆飞　蔡祖国　张毅川 毛　达　宋利利　曹　娓		张文杰	孙　丽	宋建伟
2018	潘飞飞　李国防 侯小进　卜瑞方 张　鹏　徐　钧	朱自果	徐　钧		赵艳芳 原国庆	胡泉灏	潘飞飞　李国防　侯小进 卜瑞芳　张　鹏　尤　扬	周秀梅	刘志红　尤　扬		
合计	30	5	6	1	7	8	35	8	20	3	2

（二）高级职称教师名录

全院高级职称教师36人，其中教授11人，副教授21人，高级实验师4人，详见表3-3。

表3-3 高级职称教师聘任情况表（2018年）

姓名	专业技术职务	聘任时间（年）	行政职务	所属教研室
王广印	教 授	2004		蔬菜学
何松林	教 授	2016	副校长	观赏园艺学
郜庆炉	教 授	2005	院党委书记	
李保印	教 授	2005		园林植物学
李新峥	教 授	2007	教研室主任	蔬菜学
张传来	教 授	2007	新科学院副院长	果树学
刘会超	教 授	2012		观赏园艺学
周俊国	教 授	2013	院长	园艺植物遗传育种学
扈惠灵	教 授	2014	研究生处副处长	果树学
王少平	教 授	2016	教研室主任	观赏园艺学
周秀梅	教 授	2018		观赏园艺学
杨立峰	副教授	2004		园林植物学
苗卫东	副教授	2005	实验室主任	果树学
赵兰枝	高级实验师	2005		景观生态工程
李贞霞	副教授	2008	园艺系主任	蔬菜学
孙涌栋	副教授	2010		蔬菜学
林紫玉	高级实验师	2010		观赏园艺学
李桂荣	副教授	2010	科研秘书	园艺植物遗传育种学
陈碧华	副教授	2011	教研室副主任	蔬菜学
张毅川	副教授	2011	副院长	风景园林学
刘 弘	高级实验师	2011		城乡规划学
周瑞金	副教授	2012	教研室主任	果树学
周 凯	副教授	2012	实验室主任	景观生态工程
杜晓华	副教授	2012	园艺系副主任	园艺植物遗传育种学
齐安国	副教授	2013	副院长	观赏园艺学
郑树景	副教授	2013	副院长	风景园林学
乔丽芳	副教授	2013		风景园林学
周 建	副教授	2014	研究生秘书	景观生态工程
刘振威	副教授	2014	教研室主任	景观生态工程

（续）

姓名	专业技术职务	聘任时间（年）	行政职务	所属教研室
马　杰	副教授	2014		城乡规划学
贾文庆	副教授	2015	科研秘书	观赏园艺学
刘遵春	副教授	2016		果树学
张文杰	副教授	2016		风景园林学
孙　丽	高级实验师	2017		蔬菜学
尤　扬	副教授	2018	教研室主任	园林植物学
刘志红	副教授	2018		城乡规划学

（三）教职工名录

截至2018年年底，学院有教师79人，具体情况见表3-4。

表3-4　全院教师在职情况统计表（截至2018年年底）

姓名	性别	出生年月	到院工作时间（年、月）	教研室
杨立峰	男	1962.04	1983.07	园林植物学
王广印	男	1962.03	1983.08	蔬菜学
王少平	女	1965.08	1984.07	观赏园艺学
张传来	男	1963.08	1985.07	果树学
李新峥	男	1965.02	1987.07	蔬菜学
赵兰枝	女	1964.12	1988.08	景观生态工程
苗卫东	男	1968.04	1989.07	果树学
周俊国	男	1967.10	1992.07	园艺植物遗传育种
扈惠灵	女	1969.08	1992.07	果树学
张文杰	女	1972.09	1996.01	风景园林学
林紫玉	女	1972.07	1996.06	观赏园艺学
郑树景	女	1975.03	1998.07	风景园林学
刘会超	男	1964.09	1998.09	观赏园艺学
李保印	男	1965.04	2000.05	园林植物学
杨和连	女	1976.08	2000.07	蔬菜学
张毅川	男	1978.06	2000.07	风景园林学
周秀梅	女	1966.03	2000.08	观赏园艺学
李桂荣	女	1974.01	2001.07	园艺植物遗传育种
刘振威	男	1976.09	2001.07	景观生态工程
刘志红	男	1976.11	2001.07	城乡规划学

（续）

姓名	性别	出生年月	到院工作时间（年、月）	教研室
齐安国	男	1978.08	2001.07	观赏园艺学
孙　丽	女	1977.02	2001.07	蔬菜学
李贞霞	女	1973.04	2002.07	蔬菜学
杨鹏鸣	男	1974.03	2003.09	园艺植物遗传育种
郝峰鸽	女	1975.11	2003.07	园林植物学
沈　军	男	1976.08	2003.08	蔬菜学
陈碧华	女	1972.08	2004.07	蔬菜学
刘遵春	男	1976.02	2004.07	果树学
乔丽芳	女	1978.01	2004.07	风景园林学
周　建	男	1977.08	2004.07	景观生态工程
毛　达	男	1982.09	2004.08	风景园林学
蔡祖国	男	1977.12	2005.07	园艺植物遗传育种
贾文庆	男	1979.03	2005.07	观赏园艺学
尤　扬	男	1973.11	2005.07	园林植物学
王建伟	男	1981.12	2005.07	建筑学
王　瑶	男	1982.01	2005.07	城乡规划学
李　梅	女	1980.01	2006.07	建筑学
罗未蓉	女	1981.08	2006.07	风景园林学
宋利利	女	1982.12	2006.07	城乡规划学
孙涌栋	男	1980.01	2006.07	蔬菜学
周　凯	男	1969.05	2007.07	景观生态工程
周瑞金	女	1977.08	2007.07	果树学
杜晓华	男	1972.01	2007.09	园艺植物遗传育种
王智芳	女	1974.08	2007.09	园林植物学
曹　娓	女	1982.09	2008.07	城乡规划学
李　佳	女	1986.12	2009.07	景观生态工程
刘砚璞	女	1982.10	2009.11	风景园林学
马　珂	男	1984.05	2010.07	建筑学
马　杰	女	1978.03	2010.09	城乡规划学
王　莹	女	1983.03	2011.08	党团
王保全	男	1983.04	2012.07	园林植物学
贺　栋	男	1984.11	2012.08	建筑学
姜立娜	女	1985.02	2012.09	园艺植物遗传育种

（续）

姓名	性别	出生年月	到院工作时间（年、月）	教研室
穆金艳	女	1986.11	2013.08	园艺植物遗传育种
王艳丽	女	1982.05	2013.08	观赏园艺学
赵梦蕾	女	1989.05	2013.08	风景园林学
郭卫丽	女	1985.12	2013.12	蔬菜学
陈学进	男	1979.02	2014.07	园艺植物遗传育种
毛志远	男	1987.11	2014.11	建筑学
姚正阳	男	1984.03	2015.07	风景园林学
张晓娜	女	1986.03	2015.07	果树学
张　立	男	1990.01	2016.01	建筑学
何松林	男	1965.01	2016.06	观赏园艺学
朱小佩	女	1986.01	2016.07	观赏园艺学
韩　涛	男	1988.02	2016.12	景观生态工程
李庆飞	女	1988.03	2017.06	蔬菜学
郭东炜	男	1983.12	2017.07	城乡规划学
原国庆	男	1989.01	2017.12	党团
赵艳芳	女	1991.01	2017.12	党团
潘飞飞	女	1988.04	2018.02	蔬菜学
米兆荣	男	1986.01	2018.03	观赏园艺学
郜庆炉	男	1963.03	2018.07	党团
卜瑞方	女	1987.01	2018.07	蔬菜学
侯小进	女	1988.08	2018.07	园艺植物遗传育种
李国防	男	1987.01	2018.07	果树学
刘苗苗	女	1988.05	2018.07	园艺植物遗传育种
朱黎娅	女	1978.08	2018.10	党团
李保丽	女	1964.11	2018.10	党团
张　鹏	男	1990.01	2018.11	果树学
徐　钧	男	1988.12	2018.11	园林植物学

（四）教师培训进修

2007—2018年间，全院共有14名教师外出攻读并获得博士学位，5名教师外出攻读并获得硕士学位，13名教师出国留学或考察，3名教师在国内知名高校进修，详见表3-5。

表3-5　2007—2018年教师进修培训情况统计表

时 间	姓 名	进修类型	获得学位	进修单位
2006.9—2008.6	孙　丽	攻读学位	硕士	河南农业大学
2006.9—2009.7	张文杰	攻读学位	硕士	南京林业大学
2007.9—2010.6	刘遵春	攻读学位	博士	山东农业大学
2007.9—2010.6	周　建	攻读学位	博士	南京大学
2008.3—2009.3	刘会超	出国访学		荷兰瓦赫宁根大学
2009.9—2012.6	刘志红	攻读学位	硕士	河南师范大学
2009.9—2012.7	陈碧华	攻读学位	博士	山西农业大学
2009.9—2012.7	王智芳	攻读学位	硕士	河南科技学院
2009.9—2013.6	李桂荣	攻读学位	博士	西北农林科技大学
2009.9—2013.6	沈　军	攻读学位	博士	中国农业大学
2009.9—2014.12	杨鹏鸣	攻读学位	博士	郑州大学
2010.9—2011.6	孙涌栋	访问学者		中国农业大学
2010.9—2013.7	罗未蓉	攻读学位	硕士	河南科技学院
2011.9—2012.9	扈惠灵	出国访学		美国加州大学戴维斯分校
2011.9—2014.7	刘振威	攻读学位	硕士	河南科技学院
2011.9—2015.6	郝峰鸽	攻读学位	博士	中国农业科学院
2012.9—2013.7	赵兰枝	进修		中国农业大学
2012.9—2017.7	蔡祖国	攻读学位	博士	中国农业科学院
2012.9—2018.6	尤　扬	攻读学位	博士	南京林业大学
2013.9—2017.12	曹　娓	攻读学位	博士	河南农业大学
2013.9—2017.7	张毅川	攻读学位	博士	武汉大学
2013.9—2017.7	宋利利	攻读学位	博士	河南大学
2014.11—2014.12	周　建	考察		加拿大
2014.9—2016.7	贾文庆	攻读学位	博士	中国林科院
2014.9—2017.6	毛　达	攻读学位	博士	河南大学
2015.1—2015.12	李保印	出国访学		英国谢菲尔德大学
2015.12—2016.12	曹　娓	出国访学		美国俄亥俄州立大学
2015.2—2016.1	杜晓华	出国访学		荷兰瓦赫宁根大学
2015.6—2015.9	李桂荣、郑树景	高校教师出国培训		新西兰梅西大学
2015.9—2016.9	王建伟	访问学者		北京工业大学
2016.6—2016.12	张毅川	高校教师出国培训		新西兰梅西大学
2017.6—2018.7	孙涌栋	出国访学		澳大利亚科廷大学
2018.6—2018.12	王保全、贾文庆	高校教师出国培训		新西兰梅西大学
2018.9—2019.3	王　瑶	出国访学		加拿大不列颠哥伦比亚省大学

（五）集体和教师荣誉

（1）2007年：李新峥被评为河南省高校优秀党务工作者。张传来被评为校第三届“十佳教师”。王广印被评为校“十五”期间“十佳科技工作者”。

（2）2008年：扈惠灵被评为“河南省高校科技创新人才”。李贞霞获“河南省青年骨干教师”称号。张传来获“河南省教育厅优秀管理人才”称号。王广印获校“教学名师”称号。

（3）2009年：刘会超被评为“河南省文明教师”。扈惠灵被共青团河南省委、河南省青年联合会联合授予“河南青年五四奖章”。周俊国被评为“河南省教育厅学术技术带头人”。王广印主持的“蔬菜栽培学”课程被评为省级精品课程。

（4）2010年：张传来、李新峥被中共河南省委宣传部、河南省科协、河南省科技厅评选为“全省科普工作先进工作者”。王广印被评为“新乡市科普先进工作者”。李新峥被评为河南科技学院“十佳科技工作者”。扈惠灵被评为“新乡市科普先进工作者”，校“十佳教师”。

（5）2011年：刘会超被评为“河南省农业科技先进工作者”。李新峥被授予“新乡市劳动模范”和“河南省优秀科技特派员”荣誉称号。

（6）2012年：王广印被聘为河南省大宗蔬菜产业技术创新团队耕作栽培岗位专家。孙涌栋被评为“河南省青年骨干教师”。

（7）2013年：孙涌栋被评为“河南省教育厅学术技术带头人”。李新峥被聘为河南省高等学校教师高级职务任职资格评审委员林学组组长，并被评为学校第五届“十佳教师”。

（8）2014年：周秀梅、马珂在全省教育系统教学技能竞赛中分别获二、三等奖。李贞霞被评为“河南省文明教师”。学院在学校第四次科技工作大会上被评为“科技先进单位”。

（9）2015年：李新峥被评为“河南省师德先进个人”和“河南省优秀硕士论文指导教师”。孙涌栋被评为“新乡市科技创新人才”。周瑞金被评为“河南省青年骨干教师”。

（10）2016年：马珂获学校青年教师讲课比赛一等奖、全国“中兴新思杯”职教师资培养院校青年教师教学竞赛特等奖。刘砚璞的作品《窗外》在中国园艺学会压花分会举办的第三届压花大赛中荣获“优秀作品奖”。周瑞金被评为河南科技学院第六届“十佳教师”。贾文庆被评为校级中青年骨干教师。李新峥被评为“河南省优秀硕士论文指导教师”。孙涌栋被评为“河南省高校科技创新人才”。

（11）2017年：李新峥获“河南省五一劳动奖章”和“河南省高校优秀党务工作者”。何松林被评为“河南省杰出人才”。马珂获得河南省教学技能竞赛一等奖（工科组），同时被授予“河南省教学标兵”荣誉称号。

（12）2018年：王建伟获得学校青年教师讲课比赛一等奖。

四、本科教育工作

（一）专业设置与建设

2007年，学院设有园艺专业、园林专业、城市规划专业3个本科专业。2013年城市规划专业更名为城乡规划专业。2014年，新增设了风景园林专业。截至2018年，学院共设有园艺、园林、城乡规划和风景园林4个本科专业。2016年园林专业在河南省专业评估中排名全省第二。园艺园林学院专业建设情况见表3-6。

表3-6　园艺园林学院专业建设汇总表

序号	类别	项目	级别	负责人	设立时间（年）
1	教学团队	园艺栽培学	校级	姚连芳	2008
2	教学团队	园林	校级	刘会超	2008
3	特色专业	城市规划	校级	刘荣增	2011
4	特色专业	园林	省级	刘会超	2011
5	实验教学示范中心	园艺	省级	张传来	2010
6	实验教学示范中心	园林	省级	刘会超	2012
7	综合改革试点专业	园艺	省级	赵一鹏	2012
8	重点学科	园艺	省级	赵一鹏	2012
9	特色专业	园艺	国家级	姚连芳	2010
10	园艺专业职教师资培养资源开发项目	园艺	国家级	赵一鹏	2012
11	国家第一批卓越农林人才培养计划改革试点建设	园艺	国家级	赵一鹏	2014
12	国家级卓越中等职业学校教师教育培养计划改革项目	园艺	国家级	赵一鹏	2014
13	综合改革试点专业	城乡规划	校级	郑树景	2016

（二）教学管理机构设置

2007年，学院设有园艺和园林2个系，共7个教研室，其中，园艺系包括蔬菜教研室、果树教研室、花卉教研室和园艺植物遗传育种教研室；园林系包括园林树木教研室、园林规划设计教研室和城市规划教研室。

2010年，学院将原来的教研室调整为果树学教研室、蔬菜学教研室、花卉学教研室、园艺植物遗传育种教研室、园林树木学教研室、园林设计学教研室、城市规划学教研室、建筑学教研室等9个教研室。2015年新增景观生态学教研室，城市规划教研室更名为城乡规划教研室。具体情况见表3-7。

表3-7　园艺园林学院教研室设置

系别	教研室名称			历任教研室主任
	2007年	2010年	2015年	
园艺	蔬菜教研室	蔬菜学教研室	蔬菜学教研室	李新峥、陈碧华
	果树教研室	果树学教研室	果树学教研室	扈惠灵、周瑞金
	花卉教研室	花卉学教研室	花卉学教研室	王少平
	育种教研室	园艺植物育种教研室	园艺植物育种教研室	周俊国、李桂荣
园林	园林植物教研室	园林树木学教研室	园林树木学教研室	杨立峰
	园林规划设计教研室	园林设计教研室	园林设计教研室	郑树景、张毅川、毛　达
	城市规划教研室	城市规划教研室	城乡规划教研室	雒海潮、宋利利
		建筑学教研室	建筑学教研室	李　梅
			景观生态学教研室	刘振威

（三）招生

2007年，学院园艺、园林、城市规划3个专业共招收313人。2014年风景园林专业开始招生；2016年，学院开始招收园艺和园林专业的专升本学生，种植卓越班开始招生，分别从园艺、农学和植保三个专业选拔10名学生进入种植卓越班；2017年园艺专业174班被列为种植卓越班。到2018年，学院4个专业7大类，共招生438人。从2012级开始，对口生五年制变四年制。具体情况见表3-8。

表3-8　园艺园林学院2007—2018年招生情况

序号	年份	招生人数						
		园艺（4-5年制）	园艺专升本（2年制）	园林（4-5年制）	园林专升本（2年制）	城市（乡）规划（4年制）	风景园林（4年制）	种植类（卓越）（4年制）
1	2007	86		148		79	0	
2	2008	113		177		61	0	
3	2009	178		119		58	0	
4	2010	167		118		57	0	
5	2011	161		113		60	0	
6	2012	160		116		60	0	
7	2013	171		117		56	0	
8	2014	164		109		47	26	
9	2015	151		105		42	26	
10	2016	170	10	119	20	58	27	29
11	2017	108	27	118	40	61	54	30

（续）

序号	年份	招生人数						
		园艺（4-5年制）	园艺专升本（2年制）	园林（4-5年制）	园林专升本（2年制）	城市（乡）规划（4年制）	风景园林（4年制）	种植类（卓越）（4年制）
12	2018	144	20	118	30	60	57	0
合计	4536	1773	57	1477	90	699	190	59

（四）培养方案

随着学院办学规模的扩大，根据社会对人才的需求及学院实际情况，学院本着每4年修订一次培养方案的精神，在2007—2018年间制定了09、13和17版本，共21个专业的培养方案，详见表3-9。

表3-9　园艺园林学院2007—2018年培养方案制定情况

序号	制定时间（年）	名称
1	2009	园艺专业（四年制普高）
2	2009	园艺专业（五年制对口）
3	2009	园林专业（四年制普高）
4	2009	园林专业（五年制对口）
5	2009	城市规划专业（四年制普高）
6	2013	园艺专业（四年制普高）
7	2013	园艺专业（四年制对口）
8	2013	园林专业（四年制普高）
9	2013	园林专业（四年制对口）
10	2013	城市规划专业（四年制普高）
11	2013	风景园林专业（四年制普高）
12	2015	园艺专业（专升本）
13	2015	园林专业（专升本）
14	2016	教育部农科类卓越中等职业学校教师培养计划种植类专业卓越班培养方案（师范）（四年制对口）
15	2017	园艺专业（卓越农林）
16	2017	园艺专业（四年制对口）
17	2017	园林专业（四年制普招）
18	2017	园林专业（四年制对口）
19	2017	城乡规划专业（四年制普高）

（续）

序号	制定时间（年）	名称
20	2017	风景园林专业（四年制普高）
21	2017	种植类专业（卓越中职师资）（四年制对口）

（五）本科教学实验室与平台建设

2007年，学院设置了中心实验室和园艺栽培实验室、园艺遗传育种实验室、景观生态实验室、园林设计创作室、城市规划设计室等5个建制实验室和18个专业实验室。到2018年，专业实验室增加到25个。详见表3-10、表3-11。

表3-10　园艺园林学院实验室设置情况（2018年）

类别	实验室名称	面积(m^2)
学科实验室	园艺植物分子生物学实验室	60
	果蔬品质检测实验室	60
	蔬菜种质资源创新实验室	20
	园艺植物细胞学实验室	20
	果树学科研究室	80
	园林植物与观赏园艺学科研究室	80
	蔬菜学科研究室	60
园艺栽培实验室	果树学栽培实验室	60
	蔬菜学栽培实验室	140
园艺植物遗传育种实验室	园艺植物遗传育种实验室	60
	植物组织培养实验室	60
花艺实训室	插花实训室	80
	压花实训室	40
	水培实训室	40
树木盆景实训室	树木盆景实训室	60
景观生态实验室	农业气象实验室	80
	景观生态实验室	40
园林专业实训室	模型创作室	60
	园林专业设计室	320
城乡规划实训室	画室	60
	城规专业设计室	100
景观数字技术实训室	计算机辅助设计室	80
	地理信息系统实验室	80

（续）

类别	实验室名称	面积（m^2）
建筑工程实验室	测量实验室	60
	建筑工程实验室	60

3-11　园艺园林学院2007—2018年实验教学平台建设情况

类别	项目	级别	负责人	设立时间（年）
实验教学示范中心	园艺	省级	张传来	2010
实验教学示范中心	园林	省级	刘会超	2012
实验教学示范中心	园艺植物遗传育种学实验室	校级	赵一鹏	2010

（六）教学研究与教学改革成果

学院在2007—2018年间，共主持了31项教学研究与教学改革项目，详见表3-12；建设了18门精品、在线课程，其中省级精品课程4门，详见表3-13；发表教学研究论文106篇，详见表3-14；出版教材65部，完成教学成果4项，详见表3-15、表3-16。

表3-12　园艺园林学院2007—2018年教学研究与教学改革项目

序号	编号	项目名称	项目主持人	资助类型
1	LBZD-008	中等职业学校教师素质提高计划——园林专业	姚连芳	教育部
2	VTNE055	园艺专业本科职教师资教师标准、培养方案、核心课程和特色教材开发	赵一鹏	教育部财政部
3	2009ZB02	园艺专业实践性教学体系改革与创新研究	王广印	校级重点项目
4	2009YB12	观赏植物类课程教学内容和课程体系改革与实践研究	刘会超	校级一般项目
5	2009YD01	构建新时期高校三维德育体系的理论与实践	宋荷英	校级一般项目
6	2010YB13	园艺植物种质资源与育种实验室培育基地建设的研究	李桂荣	校级一般项目
7	2010YB14	《果树栽培学》实践教学改革	周瑞金	校级一般项目
8	2010YB15	园林学实验教学示范中心建设研究	郑树景	校级一般项目
9	2011YB17	园艺专业实践教学基地建设与利用的探索	周俊国	校级一般项目
10	2011YB18	城市规划专业社科类课程教学内容和课程体系研究	雒海潮	校级一般项目
11	2011YB19	《插花艺术》实践教学新展示方法的探索	王少平	校级一般项目
12	2012ZD02	园艺国家级特色专业实习基地建设的研究与实践	张传来	校级重点项目
13	2012YB17	蔬菜栽培学实践教学的整体优化与创新	陈碧华	校级一般项目
14	2012YB18	园林专业绘图实验教学方法研究	毛　达	校级一般项目
15	2014PUZD06	卓越园艺师人才培养模式研究	刘会超	校级重点项目
16	2014PUYB29	《设施果树》课程教学改革与实践	周瑞金	校级一般项目

（续）

序号	编号	项目名称	项目主持人	资助类型
17	2014PUYB30	园艺植物遗传育种开放式实践教学管理模式的研究	李桂荣	校级一般项目
18	2014JSJYYB22	建筑类本科专业双师型教师培养的路径研究	李　梅	校级一般项目
19	2014JSJYYB23	园林专业“双师型”职教人才培养模式的优化与实践	王建伟	校级一般项目
20	2015	园艺专业卓越中等职业学校教师培养模式研究	郑树景	校级一般项目
21	2016JSJYZD12	师范生专业核心教学法构建及应用研究——以园林专业为例	郑树景	校级重点项目
22	2016JSJYYB08	园艺职教师资培养教育实习模式初探	周瑞金	校级一般项目
23	2016PUZB14	“卓越园艺师”培养模式研究与实践	李贞霞	招标
24	2016PUZD03	规划设计类专业创新人才培养课程体系研究与实践	郑树景	校级重点项目
25	2016PUYB11	《园艺专业英语》教学改革的研究	沈　军	校级一般项目
26	2016PUYB12	互联网＋平台下的建筑设计课程微教学改革	马　珂	校级一般项目
27	2017PUZY04	从城市到乡村——基于城乡统筹发展背景下的城乡规划专业改革探析	李　梅	校级专业改革
28	2017PUKC14	园林建筑课程混合式教学研究与实践	马　珂	校级课程改革
29	2017PUKC15	花卉艺术类课程项目化教学研究与实践	王少平	校级课程改革
30	2018JSJYZZ04	基于幕课背景下中职工程设计类教师信息化教学能力提升研究	马　珂	中职一般项目
31	2018JSJYZZ05	中职园艺师范生生物技术专业技能教学与实践能力培养研究	李桂荣	中职一般项目

表3-13　园艺园林学院2007—2018年课程建设情况

课程类型	课程名称	级别	负责人	设立时间（年）
精品课程	果树栽培学	校级	扈惠灵	2007
	农业气象学	校级	赵兰枝	2007
	园艺植物育种学	校级	周俊国	2007
	盆景学	校级	杨立峰	2007
	蔬菜栽培学	校级	陈碧华	2008
	园艺植物遗传学	校级	周俊国	2008
	花卉学	校级	刘会超	2009
	蔬菜栽培学	省级	王广印	2009
	设施园艺学	校级	李新峥	2009
	园林树木学	校级	李保印	2010
	园林植物遗传育种学	校级	赵一鹏	2011
	园艺植物生物技术	校级	赵一鹏	2012

（续）

课程类型	课程名称	级别	负责人	设立时间（年）
在线课程	花卉学	省级	齐安国	2016
	园林建筑艺术	校级	郑树景	2017
	风景园林规划设计	省级	乔丽芳	2017
	园林绿地规划原理	校级	张毅川	2017
	园林树木学	校级	齐安国	2017
	园林设计初步	省级	乔丽芳	2018

表3-14　园艺园林学院2007—2018年发表的主要教改论文

序号	第一作者	论文题目	发表刊物	年份	期刊类别
1	焦　涛	试论高校辅导员的专业化成长	学校党建与思想教育	2007	核心
2	郑树景	以史为鉴，古为今用——唤醒园林史的学习	现代园林	2007	CN
3	李桂荣	园艺植物育种学实验教学的改革和实践	河南职业技术师范学院学报（职业教育版）	2007	CN
4	宋荷英	在实践中推进高校档案网络化建设	科技信息	2007	CN
5	赵一鹏	开展双语教学的思考	河南科技学院学报（社会科学版）	2007	CN
6	宋荷英	新时期高校档案工作初探	河南科技学院学报(社科版)	2007	CN
7	赵一鹏	双语教学中学生学习效果的调查分析	河南科技学院学报（社会科学版）	2007	CN
8	赵一鹏	高校协调发展中“育人为本”的思考	河南科技学院学报（社会科学版）	2007	CN
9	焦　涛	大学生职业生涯规划与就业	职业时空	2007	核心
10	姚连芳	高等职业教育园林专业师资培养教学体系建设研究	南京林业大学学报（人文社会科学版）	2007	核心
11	焦　涛	大学生文化素质教育内容和形式研究	河南教育(职成教版)	2007	CN
12	吴玲玲	论高校政治辅导员队伍的专业化与职业化	河南职业技术师范学院学报（职业教育版）	2008	CN
13	宋荷英	隐性课程与辅导员队伍建设研究	学校党建与思想教育	2008	核心
14	乔丽芳	基于AHP的中职园林专业教师教学能力评价	现代园林	2008	CN
15	王建伟	造园材料教学内容体系研究	高等建筑教育	2008	CN
16	刘志红	高职院校设计素描教学探悉	高等建筑教育	2008	CN
17	杨鹏鸣	园艺植物遗传育种科研与教学的互动研究	河南职业技术师范学院学报（职业教育版）	2008	CN
18	赵一鹏	普通高校双语教学存在问题的思考	河南科技学院学报	2008	CN
19	蔡祖国	园林专业学生英语基础对双语课程学习效果的影响	河南科技学院学报	2008	CN

（续）

序号	第一作者	论文题目	发表刊物	年份	期刊类别
20	宰　波	浅议“制度化教育”的弊端	河南科技学院学报	2008	CN
21	宋荷英	加强素质教育　提高农科大学生就业力	河南科技学院学报	2008	CN
22	宰　波	高等教育大众化背景下社区教育发展探析	河南职业技术师范学院学报（职业教育版）	2008	CN
23	王建伟	城市规划专业《建筑设计》课程教学改革探索	河南建材	2008	CN
24	宋荷英	成人高职教育评价存在的问题及对策	职业时空	2008	核心
25	王建伟	造园材料课程对园林专业教学的意义	河南建材	2008	CN
26	张文杰	浅析园林专业实践教学的重要性	现代园林	2008	CN
27	李　梅	关于完善我院城市规划专业课程体系的几点建议	河南职业技术师范学院学报（业教育版）	2008	CN
28	刘振威	《农业气象学》多媒体教学的探讨	河南职业技术师范学院学报职业教育版	2009	CN
29	郑树景	园林专业中职毕业生质量调查与分析	河南职技师院学报（职教版）	2009	CN
30	毛　达	结合《城乡规划法》谈城市规划教学改革	河南科技学院学报	2009	CN
31	王广印	蔬菜学硕士点学科建设的体会与思考	中国科技信息	2009	CN
32	王广印	蔬菜栽培学精品课程建设的实践与思考	中国科技信息	2009	CN
33	王广印	关于大学生毕业论文的问题与对策	中国校外教育	2009	CN
34	王广印	对毕业前大学生卖书现象的思考	管理观察	2009	CN
35	周　凯	试论城市规划专业《城市生态与城市环境》的课程改革	河南科技学院学报	2010	CN
36	王　瑶	论城市规划专业电脑效果图课程的教学改革	河南科技学院学报	2010	CN
37	周俊国	园艺教育专业毕业实习工作的实践与思考	河南科技学院学报	2010	CN
38	李保印	园林专业《园林树木学》教学改革探索	河南科技学院学报职教版	2010	CN
39	刘志红	论高职非艺术设计专业色彩教学	河南科技学院学报	2010	CN
40	王　瑶	浅析传统文化对古典园林空间观念的影响	山西建筑	2010	CN
41	刘会超	荷兰职业教育对我国职业教育发展的启示	河南科技学院学报	2010	CN
42	王　瑶	论高校电脑效果图课程的教学改革	科技信息	2010	CN
43	杨和连	《设施园艺学》精品课程建设的实践探索	农业教育研究	2010	CN
44	刘遵春	《果树栽培学》说课课程设计初探	科技信息	2010	CN
45	杜晓华	《园林植物遗传学》教学改革的探索	河南科技学院学报	2010	CN

（续）

序号	第一作者	论文题目	发表刊物	年份	期刊类别
46	齐安国	基于AHP的中等职业学校园林专业学生质量期望的调查研究	河南科技学院学报	2010	CN
47	王广印	蔬菜栽培学实践性教学模式的创新与实践	实验室研究与探索	2010	CN
48	王少平	“花卉栽培学”实践教学浅析	河南科技学院学报	2011	CN
49	刘志红	建筑专业设计素描教学研究	中国城市经济	2011	CN
50	郑树景	园林学实验教学示范中心建设探索	北京电力高等专科学校学报	2011	CN
51	沈　军	高职园艺专业英语教学方法初探	河南科技学院学报	2011	CN
52	马　杰	项目教学法在园林专业中的应用	河南科技学院学报	2011	CN
53	周瑞金	试论果树栽培学的教学改革与实践	河南科技学院学报	2011	CN
54	杨和连	设施园艺学课程教学的改革与优化	河南科技学院学报（职业教育）	2011	CN
55	王少平	插花艺术实践教学展示形式探索	河南科技学院学报（职业教育版）	2012	CN
56	周秀梅	园林植物相关课程多媒体教学存在的问题及对策	河南科技学院学报	2012	CN
57	贾文庆	PBL教学法在园林植物学教学中的应用	河南科技学院学报：社会科学版	2012	CN
58	周　建	园林苗圃学教学运用多媒体技术的优势与对策	河南科技学院学报（职业教育）	2012	CN
59	蔡祖国	园艺史与园艺文化教学内容的构建与优化	河南科技学院学报	2012	CN
60	马　珂	关于城乡规划的工程伦理道德教学体系探究	齐齐哈尔师范高等专科学校学报	2013	CN
61	赵一鹏	高等教育内涵发展的理解与思考	河南科技学院学报	2014	CN
62	姜立娜	园艺植物生物技术课程教学改革的探讨	河南科技学院学报（职业教育版）	2014	CN
63	马　杰	“行动导向教学法”对提高中职教学质量的研究	华中师范大学学报	2014	核心
64	周瑞金	试论园艺专业创新人才培养的途径——以河南科技学院园艺专业为例	河南科技学院学报	2014	CN
65	陈碧华	蔬菜栽培学总论实践教学的整体优化与创新	中国园艺文摘	2014	CN
66	杜晓华	园艺专业中等职教师资能力因素调查分析	河南科技学院学报	2014	CN
67	马　杰	考察教学法在高职园林专业教学汇中的应用	中国教育学刊	2014	CN
68	马　珂	城市规划专业工程伦理道德教育浅析	河南科技学院学报	2014	CN
69	刘遵春	园艺专业中职毕业生质量调查与分析	河南科技学院学报	2014	CN
70	贺　栋	浅谈教学建筑自然采光的优化设计	河南科技学院学报	2015	CN

（续）

序号	第一作者	论文题目	发表刊物	年份	期刊类别
71	王建伟	造园材料课程教学内容体系再探	高等建筑教育	2015	CN
72	李桂荣	园艺植物生物技术课程双语教学的建设与探索	中国轻工教育	2015	CN
73	毛 达	园林专业绘图实验教学改革探索	河南科技学院学报	2015	CN
74	李 梅	地方本科院校建筑类专业双师型教师培养路径探析	工程技术	2016	CN
75	宋利利	四年制城乡规划专业社会类课程体系建设的思考	教学教学论坛	2016	CN
76	李贞霞	园艺专业就业情况调查与分析	时代教育	2016	CN
77	毛志远	园林建筑课程实施混合学习模式的研究与实践	河南科技学院学报	2016	CN
78	穆金艳	任务驱动模式在植物组织培养实验教学中的实证研究	河南科技学院学报（职教版）	2016	CN
80	王建伟	造园材料实践教学内容体系的构建及实施	河南科技学院学报（职教版）	2016	CN
81	赵梦蕾	风景园林模型实验室的利用与开发研究	山西建筑	2016	CN
82	郑树景	园林专业综合实习评价指标体系的构建	河南科技学院学报	2017	CN
83	马 珂	农业院校城乡规划学科人才培养体系特色建设研究——以河南科技学院为例	齐齐哈尔师范高等专科学校学报	2017	CN
84	郑树景	园林专业综合教学实习的实践与思考	绿色科技	2017	CN
85	刘砚璞	高校《压花艺术》公选课对提高大学生综合素质的作用	现代园艺	2017	CN
86	郑树景	新西兰梅西大学农业类高等教育教学经验与启示	科教导刊(上旬刊)	2018	CN
87	周瑞金	职教师资教育实习现状分析及改进措施——以河南科技学院为例	河南科技学院学报	2018	CN
88	沈 军	园艺专业英语教学改革及实践	科教导刊	2018	CN
89	杜晓华	试论园艺专业大学生的能力培养	河南科技学院学报	2018	CN

表3-15 园艺园林学院2007—2018年出版的教材

序号	著作名称	作者	出版社	出版时间（年）
1	园林规划设计	张文杰	机械工业出版社	2007
2	有机蔬菜标准化良好操作规范	王广印	科学技术文献出版社	2007
3	无公害蔬菜生产技术	张百俊 杨和连	中原农民出版社	2007
4	园艺商品学	张传来	中国农业出版社	2007

（续）

序号	著作名称	作者	出版社	出版时间（年）
5	绿化种植设计	张毅川	机械工业出版社	2007
6	景观规划设计	张文杰	机械工业出版社	2008
7	果树栽培学各论	张传来　苗卫东 周瑞金　孙涌栋	中国农业出版社	2008
8	小区绿化维护与管理	张文杰	机械工业出版社	2008
9	办公电脑应用自救手册	周瑞金	电子工业出版社	2010
10	市政工程	王建伟	河南科学技术出版社	2010
11	跟我从零学电脑入门（Windows 7版）	周瑞金	电子工业出版社	2010
12	园林植物遗传育种学	杨鹏鸣	郑州大学出版社	2010
13	观赏植物学	周　建	中国农业大学出版社	2011
14	Visual Basic程序设计	彭兴芝	中国水利水电出版社	2011
15	园艺疗法概论	李保印	中国林业出版社	2011
16	立体构成	刘亚东	郑州大学出版社	2011
17	色彩构成	郑树景	郑州大学出版社	2011
18	平面构成	郑树景	郑州大学出版社	2011
19	园林苗圃学	李保印	中国林业出版社	2011
20	园林树木识别与实习教程（北方地区）	李保印	中国林业出版社	2012
21	土木工程测量	刘　弘	郑州大学出版社	2012
22	园林规划设计	姚连芳	高等教育出版社	2012
23	园林生产经营	姚连芳	高等教育出版社	2012
24	园林施工养护	姚连芳	高等教育出版社	2012
25	园林专业教师教学能力标准、培训方案和培训质量评价指标体系	姚连芳	高等教育出版社	2012
26	园林专业教学法	姚连芳	高等教育出版社	2012
27	园林树木学	李保印	重庆大学出版社	2013
28	设施农业生产技术专业教授标准	李新峥　孙涌栋 孙　丽　杨和连	北京师范大学出版集团	2013
29	观赏植物学	周秀梅	西南师范大学出版社	2013
30	园林树木学	周秀梅	中国水利水电出版社	2013
31	农业气象实验实习	刘振威　孙丽	河南科学技术出版社	2013
32	工程测量	刘　弘	郑州大学出版社	2013
33	园林工程招投标与预决算	李　梅	中国水利水电出版社	2013
34	园林工程清单计价	李　梅	中国轻工业出版社	2013

（续）

序号	著作名称	作者	出版社	出版时间（年）
35	园林花卉学	刘会超	中国水利水电出版社	2013
36	PowerPoint2013幻灯片设计与创意	刘志红	电子工业出版社	2014
37	精通Excel 2013表格制作与数据分析	贾文庆	电子工业出版社	2014
38	大学生思想政治教育系统性研究	张雪霞	中国时代经济出版社	2014
39	农业技术职业教程	孙　丽	中原农民出版社	2014
40	蔬菜营养学	王广印	天津大学出版社	2014
41	中国特色社会主义理论实践指导	张雪霞	新疆建设兵团出版社	2014
42	园林植物景观规划设计	张毅川	华中科技大学出版社	2014
43	造园材料	王建伟	中国水利水电出版社	2014
44	园林制图	张立磊	中国农业出版社	2014
45	园林制图习题集	张立磊	中国农业出版社	2014
46	特种蔬菜栽培学	王广印	中国农业出版社	2015
47	园林植物室内外应用	齐安国　乔丽芳	高等教育出版社	2015
48	园林树木学	尤　扬	化学工业出版社	2016
49	园林种苗繁殖与经营管理	李保印　周秀梅	科学出版社	2016
50	园林植物遗传育种学	杜晓华	中国水利水电出版社	2016
51	Excel统计分析与应用	刘志红	电子工业社出版	2016
52	园艺植物遗传学	杜晓华	化学工业出版社	2016
53	园林专业英语	赵一鹏	中国农业出版社	2016
54	园林发展简史	张文杰	科学出版社	2016
55	中国风景园林建筑	马　珂	北京工业大学出版社	2016
56	中国风景园林建筑	马　珂	北京工业大学出版社	2016
57	建筑制图与识图	毛志远	上海交通大学出版社	2017
58	工程造价概论	毛志远	上海交通大学出版社	2017
59	土木工程材料	王建伟	郑州大学出版社	2017
60	园艺产品质量分析	李桂荣	中国农业出版社	2017
61	园艺植物种类识别	杜晓华	中国农业出版社	2017
62	农业园区规划建造	郑树景	中国农业出版社	2017
63	园艺植物生产技术	贾文庆	中国农业出版社	2017
64	园艺植物生产技术	陈碧华	中国农业出版社	2018
65	园艺产品贮藏运输	周瑞金	中国农业出版社	2018

表3-16　园艺园林学院2007—2018年取得的主要教学成果

序号	成果名称	奖励类别及等级	主要完成人	年份
1	园林专业双语课程教学模式的创新与实践	河南省教育成果二等奖	赵一鹏　周　岩　蔡祖国　乔丽芳　孙涌栋	2008
2	普通高校成人教育园林专业分层次人才培养模式与创新教育研究	河南省高等教育教学成果鉴定	焦　涛　姚连芳　胡付广　吴玲玲　马　杰	2007

五、研究生教育工作

（一）研究生教学

园艺园林学院全日制硕士研究生教育始于2004年，先后与河南农业大学、河南师范大学及新疆农业大学联合培养蔬菜学硕士研究生。2006年，学院取得蔬菜学二级学科硕士学位授权，并于2007年独立招生。园艺园林学院于2010年获园艺学一级学科硕士学位授权，并于2011年设置蔬菜学、果树学、茶学、观赏园艺学、景观园艺学5个二级学科授权点，2013年正式招生。2014年，学院新增设农业硕士园艺领域和农业硕士林业领域2个专业硕士学位授权点；2017年，国家对农业硕士领域进行调整，林业领域被取消，园艺领域被整合到农业与种业领域中，成为其中的一个研究方向。2018年，园艺园林学院新增风景园林学一级学科硕士学位授权点及风景园林硕士专业学位授权点，于2019年正式招生。

2008年，学院通过蔬菜学学科招收第一批“高校教师”在职研究生。2011年，蔬菜学学科停招“高校教师”在职研究生、“职业学校教师”在职研究生。2013年，学院新增园林植物与观赏园艺学二级学科硕士学位授权点，并招收第一批“职业学校教师”在职研究生。2014年，学院停招蔬菜学和园林植物与观赏园艺“职业学校教师”在职研究生，转而通过农业硕士园艺领域招收在职专业硕士学位研究生。2017年，由于农业硕士领域调整，农业硕士园艺领域停招在职研究生，被整合到农艺与种业领域内。2018年，农艺与种业领域内开始招收在职专业硕士学位研究生。

（二）研究生导师

自从2007年单独招收研究生以来，园艺园林学院共遴选出学术型硕士生导师40人，其中校内导师32人，校外兼职导师8人；遴选出专业学位硕士生导师42人，其中校内导师33人，校外兼职导师9人。具体名单见表3-17。

表3-17　园艺园林学院硕士研究生导师名单

类型	学科	校内导师	校外导师
学术型硕士	果树学	扈惠灵　宋建伟　张传来　李桂荣　周瑞金	

（续）

类型	学科	校内导师	校外导师
学术型硕士	蔬菜学	赵一鹏　周俊国　王广印　李新峥　孟　丽　刘鸣滔　孙涌栋　李贞霞	原连庄　原让花　原玉香
	茶学	莫海珍	郭桂义
	观赏园艺学	何松林　刘会超　李保印　周秀梅　杜晓华　周　建　贾文庆	王利民
	景观园艺学	姚连芳　郑树景　张毅川　周　凯	李　欣
	风景园林学	何松林　刘会超　李保印　周秀梅　郑树景　张毅川　齐安国　杜晓华　周　建　周　凯　贾文庆　尤　扬　毛　达　郝峰鸽　宋利利　王艳丽　曹　娓	赵　磊　李辛雷
专业学位硕士	农业硕士（园艺领域）	刘会超　李新峥　王广印　周俊国　扈惠灵　陈碧华　李桂荣　周瑞金　周秀梅　李贞霞　孙涌栋　王少平　姜立娜　沈　军　郭卫丽　朱自果　刘遵春	高　尚　任福森　艾建东
	农业硕士（林业领域）	李保印　郑树景　周　凯　张毅川　王艳丽	何长敏　张永才
	农艺与种业	刘会超　李新峥　王广印　周俊国　扈惠灵　陈碧华　李桂荣　周瑞金　周秀梅　李贞霞　孙涌栋　王少平　姜立娜　沈　军　郭卫丽　朱自果　刘遵春	高　尚　任福森　艾建东
	风景园林硕士	何松林　刘会超　李保印　周秀梅　郑树景　张毅川　齐安国　杜晓华　周　建　周　凯　贾文庆　张文杰　尤　扬　毛　达　宋利利　王艳丽　姚正阳　曹　娓	郭　晖　赵　磊　李志超　田慧芳

学院采用导师团队联合培养模式，对研究生进行多方面的综合培养。截至2018年底，共形成7个导师团队，其中蔬菜学3个，果树学、茶学、观赏园艺学、景观园艺学各1个。详见表3-18。

表3-18　园艺园林学院导师团队

所属学科	团队名称	团队带头人	团队成员
果树学	果树种质资源与遗传育种	扈惠灵	宋建伟　张传来　李桂荣　周瑞金　李长恭　郭桂义
蔬菜学	蔬菜安全生产技术	王广印	刘鸣滔　李贞霞　周瑞金　原连庄　原玉香　原让花
蔬菜学	蔬菜种质资源与育种	赵一鹏	孟　丽　周俊国　李新峥　孙涌栋　李桂荣　原玉香
蔬菜学	蔬菜栽培生理与生态	李新峥	周俊国　王广印　孙涌栋　李贞霞　原连庄　原让花
茶　学	茶叶化学与安全控制	莫海珍	郭桂义　孙科祥　周全霞　宋建伟　扈惠灵　张传来
观赏园艺学	观赏植物种质资源与创新利用	刘会超	赵一鹏　李保印　周秀梅　杜晓华　王利民　姚连芳
景观园艺学	景观资源利用与规划设计	姚连芳	李　欣　刘会超　李保印　周秀梅　杜晓华　王利民

（三）研究生招生与毕业

自2007年以来，园艺园林学院共招收全日制硕士研究生62人，在职硕士研究生46

人；共毕业全日制硕士研究生38人，在职硕士研究生26人，授予硕士学位64人。详细招生人数与毕业人数见表3-19。其中，2018年园艺园林学院在校全日制研究生为24人，在职研究生为20人。研究生具体名录见表3-20。

表3-19　2007—2018年研究生招生与毕业人数

年份	全日制招生	在职招生	全日制毕业	在职毕业	授予学位人数
2007	3	0	0	0	
2008	0	6	0	0	
2009	4	3	0	0	
2010	2	0	3	0	
2011	2	6	0	0	
2012	2	4	4	2	6
2013	10	15	2	7	9
2014	9	0	2	0	2
2015	6	2	2	1	3
2016	5	3	10	6	16
2017	9	6	9	7	16
2018	10	1	6	3	9
合计	62	46	38	26	64

表3-20　2007—2018年入学研究生名单

年份	类别	专业	姓名	校内导师	校外导师
2007	全日制	蔬菜学	刘孟刚	姚连芳	
			张有铎	赵一鹏	
			郭春蕊	王广印	
2008	在职（高校教师系列）	蔬菜学	赵润洲	刘鸣韬	
			寇艳玲	赵一鹏	
			胡喜巧	孟　丽	
			原让花	王广印	
			王智芳	姚连芳	
			刘振威	刘会超	
2009	全日制	蔬菜学	吴亚蓓	赵一鹏	
			徐小博	刘会超	
			董　雷	姚连芳	
			成元刚	孟　丽	

（续）

年份	类别	专业	姓名	校内导师	校外导师
2009	在职（高校教师系列）	蔬菜学	陈红芝	孟　丽	
			罗未蓉	刘会超	
			刘　弘	姚连芳	
2010	全日制	蔬菜学	穆金艳	刘会超	
			任文娟	赵一鹏	
2011	全日制	蔬菜学	郭小菲	赵一鹏	
			黄伶俐	刘会超	
	在职（中职教师系列）		项　南	周俊国	
			李　敏	孙涌栋	
			轩金丽	刘鸣韬	
			秦　兢	王广印	
			宋鹏辉	刘鸣韬	
			刘秋芬	李新峥	
2012	全日制	蔬菜学	张玉园	周俊国	
			王士苗	李新峥	康文艺
	在职（中职教师系列）		原静云	李贞霞	
			郑慧军	李新峥	
			杨　靖	孟　丽	
			李小梅	刘会超	
2013	全日制	果树学	张庆丽	扈惠灵	
			扈岩松	宋建伟	
		茶学	王乔健	莫海珍	
		蔬菜学	孙士咏	李新峥	康文艺
			苑丽彩	王广印	
			李艳华	孙涌栋	
		观赏园艺学	员梦梦	周秀梅	
			陈宏志	刘会超	
		景观园艺学	李云霞	姚连芳	
			马　杰	姚连芳	李　欣
	在职（中职教师系列）	蔬菜学	李海港	孟　丽	
			郭志伟	李贞霞	
			雷世雄	王广印	
			吴　涛	周俊国	
			赵学敏	李新峥	

（续）

年份	类别	专业	姓名	校内导师	校外导师
2013	在职（中职教师系列）	园林植物与观赏园艺	万　凯	李保印	
			张建设	刘会超	
			王玉杰	周秀梅	
			陈太勇	周秀梅	
			史津豫	姚连芳	
2013	在职（中职教师系列）	园林植物与观赏园艺	黎爱林	杜晓华	
			周　宏	赵一鹏	
			宋艳丽	刘会超	
			汪家哲	刘会超	
			史海玉	赵一鹏	
2014	全日制	果树学	闫朝辉	李桂荣　朱自果	
		蔬菜学	倪　蕾	孙涌栋	
			邵珠田	赵一鹏	
			鲁晓晓	周俊国	
			王胜楠	王广印	
		茶学	杨　转	郭桂义	
		观赏园艺学	齐阳阳	杜晓华	
		景观园艺学	葛玉锦	李　欣	
			路军芳	姚连芳	
2015	全日制	果树学	闫弯弯	扈惠灵	
		蔬菜学	郭言言	李新峥　郭卫丽	
			郭威涛	周俊国	
		观赏园艺学	王梦叶	刘会超	
		景观园艺学	韩　一	郑树景	
			程文妍	张毅川	
	在职（中职教师系列）	农业硕士园艺领域	梅文涛	李新峥	何长敏
			郝明贤	孙涌栋	任福森
2016	全日制	蔬菜学	陈倩倩	李贞霞	
			江　毅	周俊国	
		观赏园艺学	牛杨莉	刘会超	
			杨雅萍	杜晓华	
			郭英姿	周秀梅　贾文庆	

（续）

年份	类别	专业	姓名	校内导师	校外导师
2016	在职（中职教师系列）	农业硕士园艺领域	祝素娜	刘会超	艾建东
			楚晓真	李新峥	任福森
			窦志蕊	张毅川	张永才
2017	全日制	蔬菜学	连艳会	李新峥　潘飞飞	
			常怀成	孙涌栋	
2017	全日制	茶　学	辛董董	莫海珍	
		观赏园艺学	陈　悦	何松林	
			葛晓敏	刘会超	
		景观园艺学	张苏明	周　凯	
			陈超萍	张毅川	
		农业硕士林业领域	韩　阳	李保印	张永才
		农业硕士园艺领域	郭晨曦	王广印	任福森
	在职（中职教师系列）	农业硕士园艺领域	史中胜	扈惠灵	何长敏
			张顺成	李桂荣	艾建东
			马利平	刘会超	张永才
			赵戴军	王广印	任福森
			李　阳	李新峥	何长敏
			郑金亮	孙涌栋	任福森
2018	全日制	果树学	程珊珊	李桂荣	
			王　珊	扈惠灵	
		蔬菜学	王梦梦	李新峥 李庆飞	
		观赏园艺学	石秀丽	何松林	
			董启迪	周　建	
			齐　庆	周秀梅	
		景观园艺学	贾浩然	张毅川	
		农业硕士农艺与种业领域	孟凡茹	陈碧华	任福森
			王岩文	王广印	任福森
			齐红伟	周俊国	张永才
	在职（中职教师系列）	农业硕士农艺与种业领域	宋文芳	刘会超	何长敏

研究生毕业去向主要为教学、科研单位或继续深造，及去专业公司等。2010—2018年，学院共培养38名全日制毕业研究生，其中教学单位就业6人，科研单位就业2人，事业单位就业或公务员4人，读博深造7人，19人进入专业公司工作。园艺学学科硕士研究生部分就业情况见表3-21。

表3-21　园艺学学科硕士研究生部分就业情况统计表

毕业时间	姓名	工作/学习（单位）	指导教师
2010年	张有铎	新乡县农业农村局	赵一鹏
2012年	吴亚蓓	河南省农业科学院	赵一鹏
	徐小博	新乡学院 中国林业科学研究院（博士毕业）	刘会超
	成元刚	贵州省清镇市农业农村局	孟　丽
2013年	穆金艳	河南科技学院	刘会超
2014年	郭小菲	河南林州邱县实验中学	赵一鹏
2015年	张玉园	新疆和田地区公务员	周俊国
	王士苗	焦作市农业科学院	李新峥
2016年	扈岩松	河南科技学院	宋建伟
	孙士咏	中国林业科学研究院（读博）	李新峥
	王乔健	安徽农业大学（读博）	莫海珍
	陈宏志	中国林业科学研究院（读博）	刘会超
	李云霞	商丘学院应用科技学院	姚连芳
2017年	闫朝辉	西北农林科技大学（读博）	李桂荣
	倪　蕾	西南大学（读博）	孙涌栋
	杨　转	信阳农林学院	郭桂义
	葛玉锦	郑州绿化工程管理处	李　欣
	齐阳阳	河南农业职业学院	杜晓华
	鲁晓晓	中国农业科学院（读博）	周俊国
2018年	韩　一	新疆克孜勒苏柯尔克孜自治州阿图什市阿扎克乡人民政府	郑树景
	程文妍	新乡市建筑规划设计院	张毅川
	王梦叶	河南省叶县高级中学	刘会超

（四）硕士研究生培养方案

根据学校要求，学院在2012年制定了2012版园艺学一级学科、果树学二级学科、茶学二级学科、观赏园艺学二级学科、景观园艺学二级学科硕士研究生培养方案、蔬菜学学科职业学校教师在职攻读硕士学位培养方案、园林植物与观赏园艺学科职业学校教师在职攻读硕士学位培养方案。在2014年制定了2015版全日制农业硕士园艺领域专业学位培养方案、全日制农业硕士林业领域专业学位培养方案、园艺领域职业学校教师在职攻读硕士学位培养方案、林业领域职业学校教师在职攻读硕士学位培养方案。在2017年制定了2018版园艺学一级学科硕士研究生培养方案、蔬菜学二级学科、观赏园艺学二级学科、景观园艺学二级学科培养方案。在2018年制定了2019版园艺学一级学科硕士研究生培养方案、风景园林学一级学科硕士研究生培养方案、农业硕士专业学位研究生农艺与种业领域培养方案、全日制风景园林硕士专业学位研究生培养方案。

（五）研究生教育重要活动

（1）2009年10月，学院蔬菜学硕士研究生吴亚蓓参加第三届河南省硕士研究生（非英语专业）英语演讲比赛获得优秀奖。

（2）2011年11月，学院组织研究生参加“科学道德和学风建设宣讲教育周”活动，积极参与“优良学风，从我做起”主题征文，取得了较好成绩，并邀请西北农林科技大学博士生导师徐炎教授作专题报告“崇尚科学道德，树立良好学风”，加深研究生对科学道德和学风建设的重要性的认识与理解。

（3）2015年4月，园艺学一级学科参与了国务院学位办组织的“一级学科硕士授权点合格评估”工作。经过三年多的精心准备，园艺学科在2016年6月的初评和2018年5月的复评中得到了专家组的充分肯定，顺利通过国家合格评估。

（4）2015届蔬菜学研究生王士苗的硕士学位论文被评为“河南省优秀硕士论文”。

（5）2016届蔬菜学研究生孙士咏的硕士学位论文被评为“河南省优秀硕士论文”。

（6）2016年10月，景观园艺学研究生韩一获得河南省大学生“华光”体育活动第十五届足球锦标赛“优秀运动员”称号。

（7）2018年5月，学院园艺领域与林业领域等专业硕士学位授权点参与全国农业专业学位研究生教指委组织的“农业硕士专项评估”，通过了教指委专家会评，均获得“合格”评价。

（8）2018年11月，茶学研究生辛董董参加中国食品科学技术学会第十一届研究生论坛——“食品发展驱动力的寻找与探究”竞赛中获得三等奖。

六、学科建设与科技工作

（一）学科建设情况

园艺专业始建于1975年，2006年蔬菜学学科获批硕士学位授权，2011年获批园艺学硕士学位一级学科授权点，2012年园艺专业被列为教育部专业综合改革试点，2012年10月园艺学学科入选河南省第八批重点学科。

2012年11月，风景园林学、城乡规划学分别入选河南科技学院校级重点一级学科和二级学科。2018年1月风景园林学入选河南省第九批重点一级学科，同年，风景园林学获批一级学科硕士授权点。

（二）学科平台

截至2018年底，学院有省级科研平台1个，市厅级平台5个，分别如下：

（1）河南省园艺植物资源利用与种质创新工程研究中心（2017年）。

（2）新乡市草花育种重点实验室（2012）。

（3）新乡市景观生态工程技术研究中心（2014）。

（4）新乡市果树种质资源与遗传育种重点实验室（2017）。

（5）新乡市无人机遥感应用工程技术研究中心（2018）。

（6）新乡市果蔬品质检测重点实验室（2018）。

（三）科研团队

截至2018年底，学院有省级以上科研团队2个，厅级团队1个，校级团队2个。

（1）河南省创新型科技团队“优异园艺植物种质创新与利用科技团队”（2016），团队带头人：刘会超。

（2）河南省现代农业产业技术体系“河南省大宗蔬菜产业技术体系耕作与栽培科技创新团队”（2012），团队带头人：王广印。

（3）河南省高校科技创新团队“南瓜种质资源创新与利用”（2012），团队带头人：李新峥。

（4）河南科技学院优秀创新团队“景观生态规划与生态修复”（2008），团队带头人：姚连芳。

（5）校级“观赏植物种质资源与生物技术”科技创新团队（2008），团队带头人：刘会超。

（6）校级“果树种质资源创新利用”优秀创新团队（2016），团队带头人：扈惠灵。

（7）校级“景观生态规划与生态修复”优秀创新团队（2017），团队带头人：张毅川。

（四）学科实验室建设

园艺园林学院下设有7个学科相关研究室或实验室：果树学科研究室、蔬菜学科研究室、园林植物与观赏园艺学科研究室、园艺植物分子生物学实验室、园艺植物细胞学实验室、果蔬品质检测实验室、景观生态实验室。拥有万元以上的仪器设备近50台。

（五）科研项目情况

2007年至2018年，学院共承担科研项目359项，其中国家级项目12项［国家自然科学基金项目8项，国家成果转化项目1项，国家重点研发计划（子）课题3项］，河南省科技攻关、河南省大宗蔬菜产业技术体系等省部级项目90项，厅级项目52项；科技部“三区人才”项目74项；与企业合作项目28项。科研经费共1720万元，其中纵向经费1620万元，横向经费100万元。国家级科研项目详见表3-22，省部级科研项目详见表3-23，主要厅级科研项目详见表3-24。

表3-22　2007—2018年期间承担的国家级科研项目

序号	主持人	项目名称	项目类别	立项时间（年）	经费（万元）
1	孙涌栋	黄瓜果实扩张蛋白基因*CsEXP10*的表达及功能分析	国家自然科学基金	2012	30
2	朱自果	山葡萄抗寒信号转导*MAPKK*基因的克隆及功能分析	国家自然科学基金	2013	15
3	刘遵春	新疆野苹果遗传图谱构建及重要农艺性状QTL定位	国家自然科学基金	2013	25
4	周俊国	瓜类耐盐砧木“盐砧1号”的中试与示范	国家农业科技成果转化资金项目	2013	60
5	孙涌栋	黄瓜果实膨大生长相关基因*CsEXP10*对植物激素的应答	国家自然科学基金	2014	24
6	郭卫丽	南瓜抗白粉病基因的分离及功能鉴定	国家自然科学基金	2015	24
7	朱自果	类钙调素互作蛋白激酶基因*VyCIPK1*调控中国野生燕山葡萄抗旱/盐功能研究	国家自然科学基金	2015	30
8	王保全	*PpADC*基因调控桃树抗逆性的分子机制研究	国家自然科学基金	2015	20
9	李新峥	大棚黄瓜肥料农药减施增效技术集成与示范（2016YFD0201008子）	国家重点研发计划	2016	40
10	何松林	基于*PsARRO-1*基因的牡丹试管苗不定根发生基因调控网络研究	国家自然科学基金	2018	60
11	王保全	果树抗逆机制与调控	国家重点研发计划	2018	38
12	何松林	主要花卉野生资源精准鉴定及特异性状基因挖掘	国家重点研发计划	2018	90

表3-23　2007—2018年期间承担的主要省部级科研项目

序号	主持人	项目名称	项目类别	立项时间（年）	经费（万元）
1	赵一鹏	欧洲食用大黄引种及产业化技术研究	河南省高校杰出科研人创新工程	2007	5
2	李新峥	南瓜优质资源筛选与育种利用	河南省科技攻关	2007	4
3	王广印	用工业理念发展农业的实证分析与研究	河南省科技攻关	2007	1
4	姚连芳	中原红色旅游资源开发研究	河南省科技攻关	2007	5

（续）

序号	主持人	项目名称	项目类别	立项时间（年）	经费（万元）
5	赵一鹏	菜用大黄引种及产业化技术研究	河南省科技攻关	2007	20
6	刘会超	Se-NHX1基因导入月季获得耐盐转基因植株的研究	河南省科技攻关	2008	3
7	王广印	木糖醇渣废物资源化综合利用技术研究	河南省科技攻关	2008	4
8	周俊国	保护地瓜类耐盐专用砧木品种选育与利用	河南省科技攻关	2008	4
9	焦　涛	高职院校工学结合人才培养模式研究	河南省社科联、经团联调研课题	2008	0
10	宋荷英	河南农业发展与高校农科专业学生就业关系研究	河南省社科联、经团联调研课题	2008	0
11	周　凯	县域经济与生态环境和谐发展研究	河南省社科联、经团联调研课题	2008	0
12	王广印	高等职业师范院校园艺专业实践性教学体系改革与创新研究	河南省教育科学“十一五”规划课题	2009	0
13	李新峥	河南省环境污染控制及生态修复技术研究与示范	河南省科技攻关	2009	50
14	扈惠灵	太行山柿特色资源产业化利用的关键技术研究	河南省科技攻关	2009	0
15	李新峥	优质高产南瓜新品种推广与加工利用	河南省科技攻关	2009	5
16	孙涌栋	COR15a和CBF3基因导入南瓜提高抗寒性的研究	河南省科技攻关	2009	5
17	焦　涛	大学生职业生涯心理辅导研究——以科技进步为背景	河南省社科联、经团联调研课题	2009	0
18	宋荷英	农科院校本科教学中学生科技传播能力的培养	河南省社科联、经团联调研课题	2009	0
19	周　凯	建设生态中原问题研究	河南省社科联、经团联调研课题	2009	0
20	扈惠灵	豫北太行山高效生态经济林可持续发展经营体系研究	河南省科技攻关	2010	3
21	姚连芳	河南省湿地生态环境保护与开发研究	河南省科技攻关	2010	0
22	周俊国	南瓜（*Cucurbita moschata* Duch.）核心种质的构建	河南省基础与前沿	2010	5
23	王广印	棚室蔬菜持续高产高效关键技术研究与示范	河南省科技攻关	2010	2
24	杜晓华	濒危植物太行花种群遗传多样性研究	河南省基础与前沿	2011	3
25	李保印	河南省城市绿地植物景观效果评价体系建立	河南省科技攻关	2011	0
26	刘会超	牡丹组培工厂化育苗关键技术研究	河南省科技攻关	2011	5
27	王广印	设施蔬菜持续高产高效关键技术研究与示范	河南省科技攻关	2011	5
28	周俊国	设施蔬菜可持续生产“瓶颈”及对策研究（112102310378）	河南省科技攻关	2011	5

（续）

序号	主持人	项目名称	项目类别	立项时间（年）	经费（万元）
29	周 凯	中原城市群中小城镇经济、社会与环境的协调发展研究	河南省科技攻关	2011	0
30	焦 涛	省属院校大学生社会主义核心价值观建立途径及评价体系研究	河南省软科学	2011	0
31	陈碧华	设施土壤重金属污染及生态修复研究	河南省科技攻关	2012	0
32	李新峥	南瓜种质资源创新与利用	河南省高校科技创新团队计划	2012	60
33	李保印	中原牡丹品种核心种质的SRAP分析	河南省科技攻关	2012	5
34	李贞霞	增塑剂对“菜篮子”工程的污染风险评价研究	河南省科技攻关	2012	0
35	王广印	河南省大宗蔬菜产业技术体系建设	河南省科技攻关	2012	30
36	赵一鹏	菜用大黄体细胞无性系变异机理研究	河南省科技攻关	2012	10
37	周瑞金	试管微嫁接早期鉴定君迁子与甜柿亲和性	河南省科技攻关	2012	3
38	陈碧华	辣椒种子萌发期化感作用及检测体系研究	河南省科技攻关	2013	3
39	王广印	河南省大宗蔬菜产业技术体系建设（岗位专家）	河南省科技攻关	2013	30
40	刘会超	大花三色堇抗热新品种选育	河南省科技攻关	2013	5
41	周秀梅	木香薷精油的提取及保健产品开发	河南省科技攻关	2013	0
42	李新峥	南瓜抗白粉病反应的基因表达特异性研究	河南省基础与前沿	2013	3
43	孙涌栋	外源NaHS提高南瓜耐碱性的生理机制及应用研究	河南省科技攻关	2013	5
45	李贞霞	PAEs对农产品的污染风险评价	河南省科技攻关	2013	0
46	李贞霞	叶菜类蔬菜对有机污染物DBP的修复研究	河南省科技攻关	2013	2
47	雒海潮	加快河南城镇化发展研究	河南省社科联、经团联调研课题	2013	0
48	周 凯	美丽河南建设研究	河南省政府招标课题	2014	1
49	李贞霞	辣椒调节土壤pH微观机制研究	河南省基础与前沿	2014	3
50	周秀梅	香味牡丹品种的筛选、香型分类与应用	河南省科技攻关	2014	0
51	王广印	河南省大宗蔬菜产业技术体系建设	河南省农业产业体系	2014	30
52	刘会超	优异花卉苗木高效培育与开发利用技术	河南省产学研项目	2015	12
53	王广印	河南省大宗蔬菜产业技术体系建设	河南省农业产业体系	2015	30
54	雒海潮	基于“四个河南”建设的城镇化质量提升研究	河南省软科学项目	2015	0
55	雒海潮	基于城乡统筹发展的河南新型城镇化测度与路径研究	河南省哲学社会科学规划项目	2015	2

（续）

序号	主持人	项目名称	项目类别	立项时间（年）	经费（万元）
56	李桂荣	葡萄NAC转录因子基因*VvSND1*调控次生细胞壁合成机制研究	河南省基础与前沿	2015	5
57	杜晓华	耐寒大花三色堇F_1代新品种选育	河南省科技攻关	2015	10
58	王广印	河南省大宗蔬菜产业技术体系建设	河南省农业产业体系	2016	30
59	李　梅	传统村落文化保护与美丽乡村建设研究	河南省社科联、经团联调研课题	2016	0
60	李　梅	传统村落文化保护与美丽乡村建设研究	河南省社科联、经团联调研课题	2016	0
61	王　莹	大学生心理健康培养研究	河南省社科联、经团联调研课题	2016	0
62	王　莹	大学生社会稳定观支撑要素研究	河南省社科联、经团联调研课题	2016	0
63	陈碧华	瓜类嫁接砧木中国南瓜耐镉机理研究	河南省基础前沿	2016	5
64	贾文庆	牡丹芍药杂交不亲和性生理机制及杂交胚挽救研究	河南省基础与前沿	2016	5
65	张毅川	城市绿地雨水资源的综合利用技术研究	河南省科技攻关	2016	10
66	周　建	木本观赏植物修复重金属污染土壤的关键技术研究及其应用	河南省科技攻关	2016	10
67	刘振威	南瓜高抗白粉病新品种的培育	河南省科技攻关	2016	10
68	尤　扬	北引香樟低温胁迫下解剖结构及合理栽培技术研究	河南省科技攻关	2016	0
69	尤　扬	北引桂花叶片解剖结构对低温的响应	河南省科技攻关	2016	5
70	刘遵春	新疆野苹果果实性状遗传变异及其与SSR标记的关联分析	河南省博士后科研项目	2017	8
71	孙涌栋	*CsEXP10*基因应答植物激素调控促进黄瓜果实膨大生长的分子机制	河南省高校科技创新人才支持计划	2017	60
72	周　凯	城市雨水综合利用关键技术研究	河南省科技攻关	2017	0
73	沈　军	菇渣型无土栽培基质的开发利用	河南省科技攻关	2017	0
74	齐安国	5种压花保色技术研究	河南省科技攻关	2017	10
75	周秀梅	生长素诱导牡丹不定根形成的分子机理研究	河南省科技攻关	2017	10
76	乔丽芳	城市社区外部生态环境质量的仿真模拟技术应用	河南省科技攻关	2017	0
77	陈学进	南瓜（*Cucurbita moschata* D.）耐盐相关基因定位及功能解析	河南省自然科学基金	2017	10
78	张晓娜	君迁子（*Diospyros lotus* Linn.）抗寒关键基因发掘与功能鉴定	河南省自然科学基金	2017	10

（续）

序号	主持人	项目名称	项目类别	立项时间（年）	经费（万元）
79	王广印	河南省大宗蔬菜产业技术体系建设	河南省农业产业体系	2017	30
80	李桂荣	葡萄MYB基因*VvMYB15*负向调控花青素合成机制的研究	河南省自然科学基金	2018	10
81	郝峰鸽	基于全基因组关联分析的桃抗根癌病基因的发掘	河南省自然科学基金	2018	10
82	杜晓华	三色堇转录组SSR分析与分子标记开发	河南省科技攻关	2018	10
83	扈惠灵	君迁子无融合生殖种质的筛选与鉴定	河南省科技攻关	2018	10
84	李保印	利用芳香植物优化油用牡丹种植模式研究	河南省科技攻关	2018	10
85	李庆飞	早熟小果型百蜜9号南瓜新品种的选育和推广	河南省科技攻关	2018	10
86	王广印	河南省大宗蔬菜产业技术体系建设	河南省农业产业体系	2018	37

表3-24　2007—2018年期间承担的主要厅级科研项目

序号	主持人	项目名称	项目类别	立项时间（年）	经费（万元）
1	焦　涛	使用植物保水剂提高山区植树成活率技术研究	新乡市科技发展计划	2007	0
2	张传来	新西兰红梨的引进与优质丰产配套栽培技术研究	新乡市科技发展计划	2007	2
3	李新峥	中国南瓜彩色品种的选育	河南省教育厅自然科学研究计划	2007	1
4	王广印	农业科技园区创新增效及评价体系研究	河南省教育厅自然科学研究计划	2007	1
5	王少平	切花菊优质高效栽培模式的研究	河南省教育厅自然科学研究计划	2007	1
6	扈惠灵	河南省柿特色资源评价与育种利用	河南省教育厅自然科学研究计划	2008	20
7	李贞霞	豫北蔬菜污染现状及控制途经研究	河南省教育厅自然科学研究计划	2008	1
8	孙涌栋	黄瓜果实膨大生长启动的分子机制研究	河南省教育厅自然科学研究计划	2008	1
9	张传来	杏梅叶片矿质元素含量动态变化与需肥规律研究	新乡市科技发展计划	2008	2
10	苗卫东	柿树低产园高效改造技术示范与推广	新乡市科技发展计划	2008	2
11	王少平	水仙的引种与种质创新研究	教育厅自然科学研究指导计划	2009	0
12	周俊国	黄瓜保护地优良耐盐砧木材料的筛选与利用	教育厅自然科学研究指导计划	2009	0
13	张传来	美国杏李生长发育规律及其优质丰产配套栽培技术研究	新乡市科技发展计划	2009	2
14	周秀梅	草本芳香植物资源收集与产业开发	新乡市科技发展计划	2009	2

（续）

序号	主持人	项目名称	项目类别	立项时间（年）	经费（万元）
15	周　凯	新乡市生态城市建设现状分析及对策研究	新乡市科技发展计划	2009	0
16	周秀梅	香薷、木香薷腺毛形态发生与精油分泌的细胞学研究	教育厅自然科学项目	2012	2
17	尤　扬	桂花叶片光合特性研究	教育厅自然科学项目	2013	1
18	杜晓华	高温胁迫对大花三色堇生理生化的影响	教育厅自然科学项目	2013	0
19	雒海潮	基于产业转移的河南省产业集聚区发展对策研究	河南省教育厅人文社科项目青年项目	2013	0.5
20	孙涌栋	外源NaHS调控南瓜耐碱性的生理机制研究（13A210285）	河南省教育厅重点攻关	2013	3
21	郑树景	现代观光农业园区生态规划研究	河南省教育厅自然科学项目	2014	0
22	周　建	花用菌肥型育苗基质研制及其作用机理研究	河南省教育厅自然科学项目	2014	0
23	刘遵春	杏梅自交不亲和性（SI）的分子机制研究	河南省教育厅自然科学项目	2014	2
24	周　凯	推进新乡市特大城市建设研究	新乡市决策招标课题	2014	0.1
25	周　凯	菊花根系对自毒作用的生理生态响应研究	新乡市重点科技攻关	2014	9
26	周　凯	新乡市生态水系建设研究	新乡市决策招标课题	2015	0
27	孙涌栋	激素调控*CsEXP10*基因表达促进黄瓜坐果的分子机理研究	新乡市科技创新人才支持计划	2015	5
28	罗未蓉	激素调控黄瓜果实发育的生理机制及应用	新乡市科技发展计划项目	2015	0
29	李桂荣	中国野生燕山葡萄普遍胁迫蛋白*VyUSP1*基因抗旱功能研究	河南省高等学校重点科研项目计划	2016	5
30	沈　军	麦秸型无土栽培基质应用技术研究	河南省高等学校重点科研项目计划	2016	5
31	姜立娜	南瓜砧木提高嫁接黄瓜果实亮度的DNA甲基化模式变异及其机制研究	河南省高等学校重点科研项目	2017	3
32	贾文庆	芍药属远缘杂交不亲和及杂种败育生理机制研究	河南省教育厅重点项目	2017	5
33	王少平	太行山野生绣线菊的花期控制及切花品质的研究	河南省教育厅重点项目	2017	3
34	宋利利	新乡市特色小镇建设研究	新乡市决策招标课题	2017	0.2
35	周　建	经济植物海滨锦葵在黄河滩盐碱土中的应用及其关键技术研究	新乡市科技发展项目	2017	5

（六）科研获奖情况

2007年以来，学院教师主持的科研项目获省部级科技成果二等奖7项、三等奖6项，授权发明专利11项，实用新型专利35项，获得厅级成果102项。省级科技成果详见表3-25，厅级科研成果详见3-26，授权发明专利详见表3-27。

表3-25　2007—2018年期间获得的省级科技成果奖

序号	成果名字	级别	获奖时间（年）	获奖人（排名）
1	南瓜种质资源研究与开发利用	河南省科技进步二等奖	2007	李新峥（1）
2	香石竹抗衰老转基因关键技术	河南省科技进步三等奖	2007	刘会超（1）
3	废弃地生态重建及景观农业规划的研究与实践	河南省科技进步二等奖	2008	姚连芳（1）
4	日光温室蔬菜创新增效和无公害生产调控技术研究与示范	河南省科技进步二等奖	2009	王广印（1）
5	黄瓜的耐盐中国南瓜砧木筛选及其耐盐生理特性研究	河南省科技进步二等奖	2010	周俊国（1）
6	红色品种美人酥、满天红和红酥脆的选育及配套技术研究与应用	河南省科技进步三等奖	2010	张传来（7）
7	新疆无核白葡萄的引种评价及示范栽培	河南省科技进步三等奖	2010	苗卫东（2）
8	三个红梨新品种选育及推广应用	全国农牧渔业丰收奖三等奖	2010	张传来（5）
9	新疆马奶子葡萄的引种与评价	河南省科技进步三等奖	2011	苗卫东（2）
10	河南太行山野生花卉资源的园林应用	河南省科技进步二等奖	2012	王少平（1）
11	河南省柿地方资源保护利用及杂交育种障碍的克服	河南省科技进步二等奖	2016	扈惠灵（1）
12	中原牡丹核心种质构建与新优品种育繁关键技术	河南省科技进步二等奖	2017	刘会超（1）
13	两类典型污染土壤的生态修复技术	河南省科技进步三等奖	2017	李新峥（1）

表3-26　2007—2018年期间获得的主要厅级科研奖

序号	获奖人	获奖成果名称	奖励名称	等级	授奖时间（年）	名次
1	周瑞金	外源*CpTI*基因导入苹果主栽品种及表达机理	保定市科技进步奖	一等	2009	4
2	张传来	优质红色梨新品种美人酥、满天红、红酥脆的选育与应用	中国农科院科技成果奖	一等	2009	5
3	林紫玉	东方百合鳞片无土扦插繁育技术研究	周口市科学技术进步奖	二等	2010	4
4	苗卫东	新疆马奶子葡萄的引种评价及示范栽培	新乡市科技进步奖	二等	2010	2
5	宋荷英	河南农科院校大学生农业科技传播能力研究	河南省社会科学界联合会	一等	2010	1

（续）

序号	获奖人	获奖成果名称	奖励名称	等级	授奖时间（年）	名次
6	张毅川	中职园林专业教师教学能力标准研究报告	河南省教育系统科研奖励	二等	2010	1
7	尤　扬	金太阳杏无公害丰产栽培技术研究与应用	周口市科技进步奖	二等	2010	3
8	周秀梅	河南省林业历史文化资源保护开发利用研究	河南省社会科学优秀成果	三等	2010	3
9	杨立峰	大樱桃绿色高效及富钙栽培技术研究与推广	郑州市科学技术进步奖	二等	2010	2
10	周秀梅	李属红叶树种资源评价与远缘嫁接快速成型技术	新乡市科技进步奖	二等	2011	2
11	周秀梅	河南林业文化	河南省社会科学成果奖	三等	2011	3
12	焦　涛	河南省高校文化素质教育研究	河南省教育系统科技成果奖	二等	2011	1
13	周　凯	河南工业化、城镇化环境容量研究	河南省社会科学界联合会调研成果	一等	2011	1
14	张文杰	新乡市怡园广场规划	河南省优秀工程勘察设计	三等	2011	1
15	张文杰	新乡市卫河公园景观改造设计	河南省优秀工程勘察设计	三等	2011	1
16	齐安国	中职园林专业教师培训质量评价指标体系	河南省教育科学优秀成果	一等	2011	1
17	周　凯	中原经济区建设中的城市群发展问题研究	优秀调研成果	一等	2012	1
18	陈　腾	新乡市产业集聚区与区域经济协调发展的对策研究	新乡市社会科学优秀成果奖	一等	2012	1
19	雒海潮	新乡市新农村规划的实证研究	新乡市社会科学优秀成果奖	二等	2012	1
20	孙　丽	国鉴耐热抗病早熟大白菜新早58的选育与推广	河南省农业科研系统科技成果奖	一等	2012	8
21	齐安国	中职园林专业师资培养培训方案、课程和教材开发项目调研报告	河南省教育科学优秀成果	一等	2012	1
22	曹　娓	以农业观光温室为代表的新型农业发展思路与策略	优秀调研成果	一等	2013	1
23	扈惠灵	柿杂交育种障碍的克服与良种繁育	河南省教育厅科技成果奖	一等	2013	1
24	周　建	广玉兰耐低温胁迫生理特性及栽培技术研究	河南省教育厅科技成果奖	二等	2013	1
25	王少平	切花香石竹关键技术研究与示范	新乡市科学技术进步奖	二等	2013	1
26	王少平	花卉艺术类课程实践教学的改革与探索	河南科技学院教学成果奖	二等	2013	1

（续）

序号	获奖人	获奖成果名称	奖励名称	等级	授奖时间（年）	名次
27	刘遵春	高效农业做强做大研究	河南省社会科学界联合会河南省经团联调研课题奖	二等	2013	1
28	周秀梅	几种景观植物四季枝插育苗关键技术的研究与应用	科技成果奖	一等	2014	1
29	李新峥	教育厅科学技术成果	河南省土壤污染现状及生态修复技术研究	一等	2014	1
30	贾文庆	园林植物花粉贮藏及生活力研究	河南省教育厅科技成果奖	二等	2014	1
31	刘荣增	中国城乡统筹	河南省社会科学优秀成果奖	二等	2014	1
32	雒海潮	新乡市推进“三化”协调发展对策研究	新乡市社会科学优秀成果奖	二等	2014	1
33	穆金艳	思维导图在协作知识构建中的应用研究	河南省社会科学界联合会、经团体联合会优秀调研课题奖	一等	2015	1
34	雒海潮	河南省新型城镇化建设的现状与发展路径研究	河南省社会科学界联合会、经团体联合会优秀调研课题奖	一等	2015	1
35	马　珂	豫北地区都市兼农住宅设计策略研究	新乡市社科重点调研课题	一等	2015	1
36	李　梅	传统村落文化保护与美丽乡村建设研究	河南省社会科学界联合会、经团体联合会优秀调研课题奖	二等	2016	1
37	刘志红	《牧野水色》水彩画	河南省高校统战通信书画展	三等	2016	1
38	尤　扬	新乡古树名木资源调查保护利用及几种芳香树种光合特性	新乡市科学技术进步奖	二等	2017	1
39	马　珂	建筑剖面设计深化	河南省第三届信息技术与课程融合优质课大赛	三等	2017	1
40	马　珂	园林建筑与环境	河南省第三届信息技术与课程融合优质课大赛	二等	2017	1
41	贺　栋	园林建筑空间的形态类型	高等教育组——精品开放课	二等	2017	1
42	贺　栋	空间的对比	高等教育组——微课	三等	2017	1
43	毛志远	雅典卫城	河南省第二十一届教育教学信息化大奖赛	一等	2017	1
44	刘遵春	新疆野苹果核心种质及异地利用保存技术	河南省教育厅科技成果奖	一等	2017	1
45	贺　栋	亭	高等教育组——微课	三等	2018	1
46	贺　栋	园桥、汀步	高等教育组——微课	三等	2018	1

表3-27　2007—2018年期间获得的授权专利

序号	专利权人	第一发明人	全部发明人	专利类型	专利名称	授权编号或申请号
1	河南科技学院	王广印	王广印　马新立　韩世栋	实用新型	一种长后坡矮北墙日光温室	ZL20112 0040384.1
2	河南科技学院	贾文庆	刘会超　郭丽娟　尤　扬　刘　磊　齐安国　杜晓华　王少平　徐小博	国家发明	一种月季花托愈伤组织的诱导方法	ZL201110150420.4
3	河南科技学院	尤　扬	尤　扬　刘香坤	实用新型	组合式田间耕作机	ZL 2011 2 043000.0
4	河南科技学院	尤　扬	尤　扬　王铁固　单长卷　邵明省	实用新型	一种可膨大的种植容器	ZL 2012 2 0573635.7
5	河南科技学院	尤　扬	尤　扬　王建伟　李　梅　邵明省	实用新型	一种自动浇花器	ZL 2012 2 0573634.2
6	河南科技学院	马　杰	马　杰　贺　杰　陈红恩　段玉玲　任　浩　廖伟超	实用新型	新型园艺剪	ZL 201320063595.6
7	河南科技学院	贾文庆	陈　韵等	实用新型	一种牡丹组织培养瓶	ZL 201320368867.3
8	河南科技学院	贾文庆	陈　韵等	实用新型	一种水培韭菜装置	ZL 201320368870.5
9	河南科技学院	贾文庆	陈　韵等	实用新型	一种托盘式植物培养架	ZL 201320368866.9
10	河南科技学院	马　杰	马　杰　梁彩霞　王丽红　魏　林	实用新型	树木刷涂器	ZL 201420017110.4
11	河南科技学院	王广印	王广印等	实用新型	一种早春多层覆盖蔬菜大棚	ZL 201420506690.3
12	河南科技学院	王广印	王广印等	实用新型	一种设施栽培黄瓜、番茄的专用吊蔓绳钩	ZL 201420508102.X
13	河南科技学院	周秀梅	周秀梅　李保印　刘会超　何远东　宋建伟	实用新型	一种高效防刺环保型月季剪	ZL2015 2 0312969.2
14	河南科技学院	马　杰	马　杰　宋　帆　王海波	国家发明	一种促青钱柳种子萌发的浸种剂	ZL201310470827.4
15	河南科技学院	张文杰	张文杰	实用新型	一种园林雨水回收装置	ZL 201520894706.7
16	河南科技学院	王广印	王广印　陈碧华　郭卫丽　王胜楠　孙涌栋　李贞霞　沈　军　孙　丽	实用新型	一种塑料大棚番茄、黄瓜双挂丝吊蔓架	ZL 201521037592.0

（续）

序号	专利权人	第一发明人	全部发明人	专利类型	专利名称	授权编号或申请号
17	河南科技学院	王广印	王广印　陈碧华　郭卫丽　王胜楠　孙涌栋　李贞霞　沈　军　孙　丽	实用新型	一种秋番茄育苗设施	ZL 201521039007.0
18	河南科技学院	王广印	王广印　陈碧华　郭卫丽　王胜楠　孙涌栋　李贞霞　沈　军　孙　丽	实用新型	一种蔬菜棚室用滚轮搬运车	ZL 201521040831.8
19	河南科技学院	王广印	王广印　陈碧华　郭卫丽　王胜楠　孙涌栋　李贞霞　沈　军　孙　丽	实用新型	一种外膜内网式遮阳网蔬菜大棚	ZL 201521045488.6
20	河南科技学院	张雪霞	张雪霞	实用新型	一种思想政治教育宣传栏	ZL201620033589.X
21	河南科技学院	刘砚璞	郑树景　穆金艳	实用新型	一种三色堇压花固定组件	ZL2016 2 0213257.X
22	河南科技学院	刘砚璞	郑树景　穆金艳	实用新型	一种三色堇压花定位机构	ZL20162210588.8
23	河南科技学院	毛志远	毛志远　赵梦蕾　马　珂　李　梅　贺　栋　雒海潮	实用新型	一种建筑幕墙结构	ZL201620034512.4
24	河南科技学院	张文杰	张文杰	实用新型	用于海绵城市生态地面系统中的导水装置	ZL20162028388.9
25	河南科技学院	张文杰	张文杰	实用新型	一种园林景观透水路面	ZL201620267157.5
26	河南科技学院	王　莹	王　莹　胡泉灏　郭小月　李　昕　高　莉	实用新型	《学生管理档案储存装置》	ZL2016 2 0170012.3
27	河南科技学院	贾文庆	陈　韵　穆金艳等	国家发明	一种牡丹花托愈伤组织诱导及分化不定芽方法	ZL 201410478283
28	河南科技学院	王广印	王广印　陈碧华　郭卫丽　孙涌栋　沈　军　李贞霞	实用新型	一种带有斜坡式南墙的下沉式日光温室	ZL2016 2 1210808.3
29	河南科技学院	尤　扬	尤　扬　潘福祥　赵梦蕾　张　立	国家发明	植物组织切片受体空白蜡块制备仪	ZL201611097683.2
30	河南科技学院	穆金艳	穆金艳　王雅慧　贾文庆	实用新型	一种染色体压片装置	ZL201720460842.4
31	河南科技学院	张毅川	乔丽芳　张立磊	国家发明	一种高含水双向流海绵型湿地雨水净化调蓄回用系统	ZL 2015 1 0726369.5
32	河南科技学院	李桂荣	李桂荣　翟凤艳　蔡祖国　周瑞金　闫朝辉　扈惠灵	实用新型	葡萄温室培育装置	ZL201621134928.X
33	河南科技学院	李桂荣	李桂荣　朱自果　蔡祖国　翟凤艳　闫朝辉　扈惠灵	实用新型	葡萄栽培装置	ZL201621135018.3

（续）

序号	专利权人	第一发明人	全部发明人	专利类型	专利名称	授权编号或申请号
34	河南科技学院	周秀梅	周秀梅 李保印 刘会超 何远东 宋建伟	国家发明	一种高效防刺环保型月季剪	ZL201510252426.0
35	河南科技学院	乔丽芳	张立磊 张毅川	国家发明	一种城市绿地雨水资源储存装置	ZL201510776343.1
36	河南科技学院	朱黎娅	宋亚辉 郭小月 申 冲 孟书广 郎帅帅 李梦飞 贾震国 黄泽军 郭 洋 宋远东	实用新型	一种手工皂恒温搅拌器	ZL2017 2 0826756.0
37	河南科技学院	张毅川	周 建 王保全	国家发明	一种智能化屋顶花园雨水收集利用系统	ZL201610143987.1
38	河南科技学院	尤 扬	尤 扬 赵梦蕾 贺 栋	国家发明	一种延长植物花期的药物组合物及制备方法	ZL201710002668.3
39	河南科技学院	陈学进	陈学进 江 毅 姜立娜 周俊国	实用新型	一种多功能育苗穴盘	ZL 2017 2 156912.3
40	南京林业大学、河南科技学院	尤 扬	尤 扬 王贤荣 王华辰	国家发明	植物组织切片受体空白蜡块钻孔仪	ZL201611045049.4
41	河南科技学院	王广印	王广印 陈碧华 郭卫丽 李贞霞 沈 军 杨和连 孙涌栋 计善玲	实用新型	一种夏季高温全消毒大棚	ZL2017 2 1881127.4
42	河南科技学院	陈碧华	陈碧华 王广印 郭卫丽 王吉庆 李胜利 王晋华 计善玲 李贞霞 沈 军 杨和连 孙涌栋	实用新型	一种高密植蔬菜开穴用具	ZL2018 2 0114816.0
43	河南科技学院	王广印	王广印 陈碧华 郭卫丽 王吉庆 李胜利 王晋华 计善玲 李贞霞 沈 军 杨和连 孙涌栋	实用新型	一种夏季快速消毒日光温室	ZL2018 2 0114933.7
44	河南科技学院	姚正阳	毛 达 赵梦蕾 郑树景 周 凯	国家发明	一种园林绿化废弃物处理装置	ZL201611190782.5
45	河南科技学院	李桂荣	李桂荣 纪 薇（山西农业大学） 蔡祖国 翟凤艳 牛生洋 周瑞金 扈惠灵	实用新型	防鸟葡萄种植立架	ZL2018 2 0978960.9
46	河南科技学院	刘会超	刘会超 贾文庆 杜晓华	实用新型	一种培养基的配制装置	201120112591.3

（七）发表重要学术论文

2007—2018年共发表文章1042篇，其中SCI 45篇，EI 103篇，ISTP 32篇，一级学报（含CSCD核心）95篇。详见表3-28。

表3-28　2007—2018年期间发表的重要学术论文

序号	第一作者或通讯作者	论文题目	刊物名称	发表时间（年）	期刊类别
1	郭卫丽	Transcriptome profiling of pumpkin (Cucurbita moschata Duch.) leaves infected with powdery mildew	Plos one	2018	SCI
2	周　建	Effects of Lead Stress on the Growth, Physiology, and Cellular Structure of Privet Seedlings.	Plos one	2018	SCI
3	杜晓华	Karyologic and Heterosis Studies of the Artificial Inter- and Intraspecific Hybrids of Viola 3wittrockiana and *Viola cornuta*	Hortscience	2018	SCI
4	杜晓华	Pollen ultra-morphology and pollen viability Test of *Lilium* oriental hybrids	International Journal of Agriculture & Biology	2018	SCI
5	孙涌栋	Effects of Indole Acetic Acid on Growth and Endogenous Hormone Levels of Cucumber Fruit	International Journal of Agriculture and Biology	2018	SCI
6	陈学进	Screening of EMS-induced NaCl-Tolerant mutants in Cucurbita Moschata Duchesne ex Poir	Pakistan Journal of Botany	2018	SCI
7	张毅川	Children's Landscape Environment Creation Based on Brain Plasticity and Cognition	Neuro Quantology	2018	SCI
8	毛　达	Evaluation of Urban Multi-Scale Landscape Ecological Pattern Based on Open Space Classification: A Case Study in Xinxiang, China	Applied Ecology And Environmental Research	2018	SCI
9	马　珂	Research on Mass Real Estate Evaluation Mode Based on BP Neural Network Model	Journal of Advanced Computational Intelligence and Intelligent Informatics	2018	EI
10	张毅川	Analysis on the Rainwater Retention Capability of Mulches in Urban Green Space	Nature Environment and Pollution Technology	2018	EI
11	张毅川	Effects of Leaf Area Index and Degree of Canopy Cover of Green Turf and Ground Cover Plants on Rainwater Interception	Nature Environment and Pollution Technology	2018	EI
12	周　建	The effects of lead stress on photosynthetic function and chloroplast ultrastructure of *Robinia pseudoacacia* seedlings	Environ Sci Pollut Res	2017	SCI

(续)

序号	第一作者或通讯作者	论文题目	刊物名称	发表时间(年)	期刊类别
13	孙涌栋	Genetic transformation of cucumber (*Cucumis sativus* L.) with Csexpansin 10 (*CsEXP10*) gene	International Journal of Agriculture and biology	2017	SCI
14	孙涌栋	Endogenous hormones levels and Csexpansin 10 gene expression in the fruit set and early development of cucumber	Journal of Chemical Society of Pakistan	2017	SCI
15	张毅川	Tools and its Characteristics for Optimization Design of Urban Green Land Rainwater	Revista de la Facultad de Ingenieria	2017	EI
16	宋利利	Assessing ecological impacts of urban sprawl based on a modified ecolgical connectivity model on regional scale	progress in Engineering and Science	2017	EI
17	孙涌栋	Effects of expression of Csexpansin 10 (*CsEXP10*) gene on the growth and antioxidant enzymes activities of tomato	Oxidation Communications	2016	SCI
18	刘遵春	Construction of a Genetic Linkage Map and Identification of QTL Associated with Growth Traits in Malus sieversii	Journal of Environmental Biology	2016	SCI
19	刘遵春	Construction of a Genetic Linkage Map and QTL Analysis of Fruit-related Traits in an F_1 Red Fuji x Hongrou Apple Hybrid	Open Life Science	2016	SCI
20	乔丽芳	Research on the Construction of the Urban Wetland Park Environment based on Resource Saving and Environment Friendly	Nature Environment and Pollution Technology	2016	EI
21	毛　达	Growth Trend Analysis of Carbon Dioxide (CO_2) Emissions and Urban Green Open Spaces: a Case Study of Henan, China	Oxidation Communications	2016	SCI
22	毛　达	Quality Evaluation of Provincial Urban Open Space System - A Case Study from Henan Province, China	RISTI-Iberian Journal of Information Systems and Technologies	2016	EI
23	刘遵春	Construction of a Genetic Linkage Map and QTL Analysis of Fruit-related Traits in an F_1 Red Fuji x Hongrou Apple Hybrid	Open Life Science	2016	SCI
24	刘用生	Hybridization by Grafting: A New Perspectives?	Hortscience	2015	SCI
25	刘用生	Darwin's sub-cellular theory of inheritance: unknown or ignored?	Hortscience	2015	SCI
26	孙涌栋	Agrobacterium-mediated transformation of tomato (Solanum lycopersicum L.) using the expansin 10 (*CsEXP10*) gene	Genetics and Molecular Research	2015	SCI

（续）

序号	第一作者或通讯作者	论文题目	刊物名称	发表时间（年）	期刊类别
27	孙涌栋	Agrobacterium-mediated transformation of tomato (Solanum lycopersicum L.) using the expansin 10 (*CsEXP10*) gene	Genetics and Molecular Research	2015	SCI
28	乔丽芳	The Smart Technology Application Study of the Leisure Agriculture Parks	International Journal of Smart Home	2015	EI
29	张毅川	Smart Nursery Construction Based on the Idea of Cost Performance	International Journal of Smart Home	2015	EI
30	张立磊	Research on the Construction of The High-efficiency Modern Agricultural Demonstration Park	International Journal of Smart Home	2015	EI
31	张毅川	Construction Scheme Study of Smart Agricultural Demonstration Park	International Journal of Smart Home	2015	EI
32	张毅川	Planning of Resources-saving and Environment-friendly Agricultural Demonstration Parks - A Case Study of Tianyu Agricultural Demonstration Park	International Journal of Earth Sciences And Engineering	2015	EI
33	张毅川	The Usability Evaluation of the Ecological Agriculture Park Website	International Journal of Multimedia And Ubiquitous Engineering	2015	EI
34	张毅川	Planning of Resources-saving and Environment-friendly Agricultural Demonstration Parks - A Case Study of Tianyu Agricultural Demonstration Park	International Journal of Earth Sciences And Engineering	2015	EI
35	刘用生	Darwin's statements on Reversion oratavism	American Journal of Medical Genetics A	2014	SCI
36	孙涌栋	Effects of different nitrogen forms on the nutritional quality and physiological characteristics of Chinese chive seedlings	Plant soil environ	2014	SCI
37	孙涌栋	Effects of exogenous hydrogen sulphide on seed germination and seedling growth of cucumber (Cucumis sativus) under sodium bicarbonate stress	Seed sci technol	2014	SCI
38	乔丽芳	Comprehensive green space layout of urban park: A case analysis of Xuchang City	International Journal of Earth Sciences and Engineering	2014	EI
39	张毅川	Eco-Agriculture Demonstration Park Planning-A Case Study Qi River Ecological Agriculture Park, Hebi, China	Nature Environment and Pollution Technology	2014	EI
40	张毅川	The plan and construction of agricultural demonstration park based on the idea of high quality and high-efficiency	Energy Education Science and Technology Part A: Energy Science and Research	2014	EI

（续）

序号	第一作者或通讯作者	论文题目	刊物名称	发表时间（年）	期刊类别
41	乔丽芳	Industrialization prospect of China's urban industrial wasteland	Energy Education Science and Technology Part A: Energy Science and Research	2014	EI
42	乔丽芳	From seed to feed: Organic food leisure park construction	Nature Environment and Pollution Technology	2014	EI
43	张毅川	Eco-Agriculture Demonstration Park Planning—A Case Study Qi River Ecological Agriculture Park, Hebi, China	Nature Environment and Pollution Technology	2014	EI
44	孙涌栋	Exogenous hydrogen sulphide protection of cucurbita ficifolia seedlings against $NaHCO_3$ stress	Nat Environ Pollut Technol	2014	EI
45	张毅川	Study on the construction of smart agricultural demonstration park	International Journal of Smart Home	2014	EI
46	孙涌栋	Effects of different nitrogen forms on the contents of chlorophyll and mineral elements in Chinese chive seedlings	Adv J Food Sci Technol	2014	EI
47	刘用生	Fetalgenes in mother's blood:Anovel mechanism for telegony?	Gene	2013	SCI
48	张毅川	A study on the planning of biotic resources utilization in high-efficiency agricultural parks - A case study of high-efficiency agricultural park in Kaifeng city of China	Journal of Food, Agriculture & Environment	2013	SCI
49	孙涌栋	Effects of exogenous hydrogen sulphide on the seed germination of pumpkin under NaCl stress	Journal of Food, Agriculture & Environment	2013	SCI
50	乔丽芳	Structural planning of urban green space system - A case study of Xuchang, China	Journal of Food, Agriculture & Environment	2013	SCI
51	张雪霞	College stuents' network political participation path optimization based on statistical analyses	Advances in Information Sciences and Service Sciences	2013	EI
52	张毅川	Analysis of Factors Influencing the Satisfaction Degree of Leisure Agricultural Parks Management Based on Binary Logistic Model	Advance Journal of Food Science and Technology	2013	EI
53	孙涌栋	Effects of $NaHCO_3$ Stress on the Growth and Physiological Indexes of Pumpkin Seedlings	Adv J Food Sci Technol	2013	EI
54	张毅川	Development assessment of leisure agriculture in Henan province of China based on SWOT-AHP method	Journal of Industrial Engineering and Management	2013	EI

（续）

序号	第一作者或通讯作者	论文题目	刊物名称	发表时间（年）	期刊类别
55	陈碧华	新乡市大棚菜田土壤养分及盐分的演变	农业工程学报	2013	EI
56	乔丽芳	Optimization of design proposal of community environment landscape based on ANP model	Journal of Applied Sciences	2013	EI
57	孙涌栋	Effects of $NaHCO_3$ Stress on the Growth and Physiological Indexes of Pumpkin Seedlings	Advance Journal of Food Science and Technology	2013	EI
58	乔丽芳	Study of utilization mode of rainfall flood resources in community landscape engineering planning - A case study of Fulekang Community of Luoyang, China	International Journal of Applied Environmental Sciences	2013	EI
59	刘用生	Circulating nucleic acids and Darwin's gennules	Expert Opinion on Biological Therapy	2012	SCI
60	刘用生	Does Darwin's Pangenesis have fatal flaws?	Internation Journal of Epidemiology	2012	SCI
61	周　建	Adventitious root growth and relative physiological responses to waterlogging in the seedlings of seashore mallow (Kosteletzkya virginica), a biodiesel plant of seashore mallow (Kosteletzkya virginica), a biodiesel plant	Australian Journal of Crop Science	2012	SCI
62	周　建	Respiratory enzyme activity and regulation of respiration pathway in seashore mallow (Kosteletzkya virginica) seedlings under waterlogging conditions	Australian Journal of Crop Science	2012	SCI
63	张毅川	Landscape rationality evaluation of leisure agricultural park based on AHP and fuzzy remark set	Journal of Food, Agriculture & Environment	2012	SCI
64	张毅川	An evaluation method of wasteland landscape restoration plan based on BP neural network model	Journal of Food, Agriculture & Environment	2012	SCI
65	陈碧华	大棚菜田种植年限对土壤重金属含量及酶活性的影响	农业工程学报	2012	EI
66	罗未蓉	Effects NaCl Stress on the Germination Characteristics of Amaranth Seeds	Advances in Intelligent and Soft Computing	2012	EI
67	雒海潮	Study on Synthesis Evaluation of Intensive Land Use and Growth Pattern Transformation of Towns	Journal of Computers	2012	EI
68	沈　军	三种类型温室建造的生命周期评价	农业工程学报	2012	EI

（续）

序号	第一作者或通讯作者	论文题目	刊物名称	发表时间（年）	期刊类别
69	张毅川	Evaluation of Urban Park Service Quality Based on Factor Analysis	International Journal of Computer Science Issues	2012	EI
70	刘用生	Parental age and characteristics of the offspring	Ageing Research Reviews	2011	SCI
71	杜晓华	Genetic divergence among inbred lines in Cucurbita moschata from China	Scientia Horticulturae	2011	SCI
72	刘用生	Inheritance of acquired characters in animals: A historical overview, further evidence and mechanistic explanations	Italian Journal of Zoology	2011	SCI
73	刘用生	When is the best age to have a child?	Birth-Issues In Perinatal Care	2011	SCI
74	刘用生	Telegony, the sire effect and non-Mendelian inheritance mediated by spermatozoa: a historical overview and modern mechanistic speculations.	Reproduction in Domestic Animals	2011	SCI
75	杜晓华	Effect of salt stress on growth, photosynthesis and chlorophyll content in *Viola tricolor*	2011 International Conference on Electrical and Control Engineering	2011	EI
76	杜晓华	Pollen viability, stigma receptivity and seed set in *Viola tricolor*	2011 International Conference on Electrical and Control Engineering	2011	EI
77	贾文庆	Determination of Jasminum nudiflorum pollen viability and its storage method	2011 International conference on remote sensing, environment and transportation engineering(RSETE 2011)	2011	EI
78	贾文庆	Establishment of Plantlet Regeneration System of Tree Peony through Lateral Buds Egraving	2011 International conference on remote sensing, environment and transportation engineering(RSETE 2011)	2011	EI
79	李桂荣	the operation management of the horticultural plant genetic breeding experimental teaching demonstration center	2011 2nd International Conference on Artificial Intelligence,Management Science and Electronic Commerce	2011	EI
80	李桂荣	The construction and management of horticulture experimentsl teaching demonstration center laboratory team	International Conference on Management and Service	2011	EI

（续）

序号	第一作者或通讯作者	论文题目	刊物名称	发表时间（年）	期刊类别
81	刘会超	Effects of exogenous calcium on the seed germination and seedling ions distribution of Trifolium repens under salt-stress	2011International Conference on Remote Sensing, Environment and Transportation Engineering (RSETE 2011)	2011	EI
82	马　杰	The application of investigation teaching method in class instruction of Landscape Architecture	Artificial Intelligence , Management Science and Electronic Commerce	2011	EI
83	毛　达	Research on Evaluation System of Green Building in China	Advanced Materials Research	2011	EI
84	彭兴芝	City hinterland and application of urban breaking point-The case of Mianyang,Sichuan	2nd International Conference on Multimedia Technology.Hangzhou,China.July 26-28, 2011	2011	EI
85	孙涌栋	Seed germination and physiological characteristics of Amarnthu mangostanus L. under drought stress	Advanced Materials Research	2011	EI
86	孙涌栋	Effect of priming techniques on seed germination characteristics of C. *maxima* Duch.	Key Engineering Materials	2011	EI
87	郑树景	Research on the Rebuilding of Landscape Architecture in Urban Wasteland	2011 International Conference on Fluid Dynamics and Thermodynamics Technologies	2011	EI
88	郑树景	Tentative Exploration About Blending Learning—With Landscape Art For Example	2011 International Workshop on Education Technology	2011	EI
89	周　凯	Cadmium, lead and chromium levels in TSP at a traffic junction in Guangzhou, China	The 5th International Conference on Bioinformatics and Biomedical Engineering (iCBBE 2011)	2011	EI
90	周　凯	Ambient total suspended particulates at a traffic junction in Guangzhou, China	The 5th International Conference on Bioinformatics and Biomedical Engineering (iCBBE 2011)	2011	EI
91	周　凯	The Influence of Urbanization on Atmospheric Environmental Quality in Guangzhou	International Conference on Electric Technology and Civil Engineering (ICETCE, 2011)	2011	EI

（续）

序号	第一作者或通讯作者	论文题目	刊物名称	发表时间（年）	期刊类别
92	周瑞金	Credit Problem in E-Commerce	Advanced Research on Industry, Information System and Material Engineering	2011	EI
93	周秀梅	Determination of 14 Metal Elements in Different Aerial Parts of *Elsholtzia cypriani*	RSETE2012	2011	EI
94	周秀梅	Determination of Mineral Elements in the Embryos of Normal and Abnormal Embryo of Flare Tree Peony by ICP-AES	RSETE2011	2011	EI
95	刘用生	Darwin’s gemmules and oncogenes	Annals of Oncology	2010	SCI
96	刘用生	New insights into plant graft hybridization	Heredity	2010	SCI
97	杜晓华	Comparison of RSAP, SRAP and SSR for Genetic Analysis in Hot Pepper	Indian Journal of Horticulture	2010	SCI
98	乔丽芳	Application of Skechup in the Teaching od Landscape Design of Undergraduate College	2010 International Conference on Optics, Photonics and Energy Engineering	2010	EI
99	孙涌栋	Effects of $Ca(NO_3)_2$ stress on the root volume, root-shoot ratio and chlorophyll contents of cucumber seedlings	The 2nd Conference on Environmental Science and Information Application Technology	2010	EI
100	孙涌栋	Effects of exogenous hydrogen peroxide on germination characteristics of cucumber seeds under $NaHCO_3$ stress	The 4th International Conference on Bioinformatics and Biomedical Engineering	2010	EI
101	周瑞金	Detection of npt Ⅱ Activity in Transgenic Apple Fruit	Environmental Pollution and Public Health (EPPH 2010) Special Track within iCBBE2010	2010	EI
102	周瑞金	Design of the Image Retrieval Algorithm based on Entropy Properties	2010 2nd IEEE International Conference on Information Management and Engineering	2010	EI
103	乔丽芳	A Study on Urban Low-carbon Landscape Construction	Advanced Materials Research	2010	EI
104	孙涌栋	Effects of exogenous silicon on germination characteristics of cucumber seeds under $NaHCO_3$ stress	International Conference of CESCE	2010	EI
105	张毅川	Discussion on The Potential, Function and Reconstruction Method of Landscape In Urban Industrial Wasteland	Advanced Materials Research	2010	EI
106	扈惠灵	Rescue of hybrid embryos before their aborting in earlier stage in parthenocarpic “Mopanshi” persimmon by an ovule culture procedure	2009 Academic Conference on Horticulture Science and Technology	2009	EI

（续）

序号	第一作者或通讯作者	论文题目	刊物名称	发表时间（年）	期刊类别
107	刘用生	A New Light on Yarrell's Law?	Rivista di Biologia / Biology Forum	2009	SCI
108	齐安国	Tackling River Pollution Ecologically:A case study on the Ji River of Gansu province	2009 international conference on environmental science and information application technology	2009	EI
109	乔丽芳	assessment on the red-tourism developement potential in xinxian county of china	International conference on information and financial engineering	2009	EI
110	孙　丽	日光温室土壤温度环境边际效应	农业工程学报	2009	EI
111	孙涌栋	Effects of $Ca(NO_3)_2$ stress on the growth and physiological indexes of cucumber seedlings	2009 international conference on environmental science and information application technology	2009	EI
112	孙涌栋	Effects of hydrogen peroxide on the germination characteristics of cucumber seeds	2009 international conference on environmental science and information application technology	2009	EI
113	张毅川	Teacher Teaching Effectiveness Test on Landscape CAD Course	2009 international conference on education technology and computer	2009	EI
114	周秀梅	紫斑牡丹_书生捧墨_的体胚诱导与发生	北京林业大学学报	2009	EI
115	齐安国	AHP-based Investigation on Capacity Expectation of Teachers in Secondary Vocational Schools	2009 Pacific-Asia Conference on Knowledge Engineering and Software Engineering	2009	EI
116	刘会超	Cloning of Acc Oxidase Gene of Carnation and Construction of Its Plant Antisense Expression Vectors	Acta Hort	2008	SCI
117	刘用生	A new perspective on Darwin's Pangenesis	Biological Reviews	2008	SCI
118	刘用生	A novel mechanism for xenia?	HortScience	2008	SCI
119	周　建	原子吸收光谱法测定南瓜吸收铅的研究	光谱学与光谱分析	2008	EI
120	李贞霞	$AgNO_3$对枣叶片不定梢的促进作用	光谱学与光谱分析	2008	EI
121	乔丽芳	郑州黄河滩地景观可持续发展规划研究	重庆建筑大学学报	2008	EI
122	杜晓华	A model of suitability evaluation of tourism development for the suburban mining wasteland and its empirical research	Agricultural SCIence & Technology	2008	EI

（续）

序号	第一作者或通讯作者	论文题目	刊物名称	发表时间（年）	期刊类别
123	赵一鹏	Alterations in flower and seed morphologies and mEIotic chromosome behaviors of micropropagated rhubarb (Rheum rhaponticum L.) ‘PC49’.	Acta Horticulturae	2008	EI
124	周俊国	NaCl胁迫对中国南瓜自交系及其杂交种幼苗生长的影响	农业工程学报	2007	EI
125	赵一鹏	Current Status and Ornamental Potential of Endangered Dwarf Peony in China	Acta Horticulturae	2007	EI
126	贾文庆	大花红山茶花粉形态特征和培养条件及其储藏过程的生理动态分析	西北植物学报	2015	CSCD核心
127	周　凯	河南省水环境质量评价	生态环境学报	2015	CSCD核心
128	周秀梅	应用ARAP分析中原牡丹品种核心种质的多样性	华北农学报	2015	CSCD核心
129	周秀梅	香薷叶表皮腺毛及其分泌黄酮类物质的组织化学研究	西北植物学报	2015	CSCD核心
130	刘振威	不同光质及组合对番茄幼苗生长及生理特性的影响	华北农学报	2015	CSCD核心
131	李新峥	25个南瓜品种不同溶剂提取物抗氧化活性研究	食品工业科技	2015	CSCD核心库
132	李新峥	浙江七叶和汕美2号南瓜降血糖作用研究	食品工业科技	2015	CSCD核心库
133	刘志红	陇上之春、农家乐，木刻版画	艺术百家	2015	CSSCI核心
134	刘志红	天竺印象之一、二，中国山水画	艺术百家	2015	CSSCI核心
135	贾文庆	短毛紫荆花粉生活力测定及贮藏方法研究	资源开发与市场	2014	CSSCI
136	贾文庆	马蔺花粉生活力测定及贮藏特性研究	资源开发与市场	2014	CSSCI
137	马　杰	石楠不同季节除菌功能的调查与测定	资源开发与市场	2014	CSSCI收录
138	赵一鹏	菜用大黄染色制片技术优化及核型分析	华北农学报	2013	学校认定A
139	刘用生	重提达尔文的遗传学说——泛生论	遗传	2013	学校认定B
140	贾文庆	牡丹“乌龙捧盛”组培苗生根及生根解剖学研究	林业科学研究	2013	学校认定A

（续）

序号	第一作者或通讯作者	论文题目	刊物名称	发表时间（年）	期刊类别
141	刘会超	大花三色堇的核型分析	东北林业大学学报	2013	学校认定B
142	穆金艳	大花三色堇花粉生活力测定及贮藏方法	西北农业学报	2013	学校认定B
143	雒海潮	河南省推进工业化、城镇化和农业现代化“三化”协调发展的对策研究	农业现代化研究	2013	学校认定B
144	王少平	切花菊“四季白”9种营养元素的分布规律初探	光谱实验室	2013	CSCD核心
145	王广印	番茄种子及其萌发期化感作用分析	植物资源与环境学报	2013	CSCD核心
146	贾文庆	ICP-AES测定太行菊花中的矿质元素	光谱实验室	2013	CSCD核心
147	贾文庆	ICP-AES测定耐冬山茶花中的矿质元素	光谱实验室	2013	CSCD核心
148	李桂荣（通讯）	不同培养条件对红碧桃花粉生活力的影响	资源开发与市场	2013	CSSCI
149	张文杰	5个非洲菊品种9种营养元素的分布规律初探	光谱实验室	2012	CSCD核心
150	杜晓华	三色堇叶片叶绿素质量分数、气孔特征及光合特性	东北林业大学学报	2011	CSCD核心
151	李保印	中原牡丹品种资源的核心种质构建研究	华北农学报	2011	CSCD核心
152	李新峥	中国南瓜主要性状遗传特性的研究	华南农业大学学报	2011	CSCD核心
153	王广印	朝天椒新品种“安蔬三鹰椒”	园艺学报	2011	CSCD核心
154	王广印	大葱新品种“安蔬铁杆王”	园艺学报	2011	CSCD核心
155	周　凯	河南省由畜牧业大省向畜牧业强省跨越的优势和关键问题及政策支持	农业现代化研究	2011	CSCD核心
156	周秀梅	ICP-AES测定两种牡丹胚乳中矿质元素含量	光谱实验室	2011	CSCD核心
157	郝峰鸽	NaCl胁迫对喜树幼苗生长和叶片生理特性的影响	东北林业大学学报	2010	CSCD核心
158	贾文庆	ICP-AES测定红提葡萄叶片中矿质元素含量	光谱实验室	2010	CSCD核心
159	贾文庆	矮牡丹子叶节离体再生体系	东北林业大学学报	2010	CSCD核心

（续）

序号	第一作者或通讯作者	论文题目	刊物名称	发表时间（年）	期刊类别
160	刘会超	应用侧芽平切刻伤方法建立牡丹植株再生体系	园艺学报	2010	CSCD核心
161	刘会超	农杆菌介导的SeNHX1基因转化月季愈伤组织研究	林业科学研究	2010	CSCD核心
162	刘会超	魏紫牡丹腋芽组织培养的快速繁殖技术	核农学报	2010	CSCD核心
163	刘会超	镉胁迫对银条生物量及光和特性的影响	华北农学报	2010	CSCD核心
164	刘会超	ICP-AES测定银条不同部位重金属含量	光谱实验室	2010	CSCD核心
165	孙涌栋	Pb和NaCl胁迫对黄瓜幼苗生理生化特性的影响	干旱地区农业研究	2010	CSCD核心
166	孙涌栋	微波消解ICP-AES法测定苋菜的矿质元素	光谱实验室	2010	CSCD核心
167	王广印（通讯）	棚室型辣椒新品种“新乡辣椒4号”	园艺学报	2010	CSCD核心
168	王广印（通讯）	大葱新品种“新葱2号”	园艺学报	2010	CSCD核心
169	周俊国	NaCl胁迫下不同砧木对嫁接黄瓜叶片氮素代谢的影响	植物营养与肥料学报	2010	CSCD核心
170	周俊国	NaCl胁迫对不同砧木的嫁接黄瓜产量和品质的影响	核农学报	2010	CSCD核心
171	周俊国	中国南瓜F1砧木对黄瓜嫁接苗生长的影响	华北农学报	2010	CSCD核心
172	周　凯	菊花水浸液处理对其扦插生根的影响	西北植物学报	2010	CSCD核心
173	周　凯	河南省畜禽养殖粪便年排放量估算	中国生态农业学报	2010	CSCD核心
174	周瑞金	原子吸收光谱法测定金光杏梅花粉中矿质元素的含量	光谱实验室	2010	CSCD核心
175	孙　丽	日光温室边际区温度变化及其对茄子光和特性的影响	河南农大学报	2010	CSCD核心
176	陈碧华	番茄日光温室膜下滴灌水肥耦合效应研究	核农学报	2009	CSCD核心

（续）

序号	第一作者或通讯作者	论文题目	刊物名称	发表时间（年）	期刊类别
177	杜晓华	中国南瓜主要农艺性状的相关及灰色关联分析	江苏农业学报	2009	CSCD核心
178	郝峰鸽	NaCl胁迫对喜树幼苗生长和光合特性的影响	福建林学院学报	2009	CSCD核心
179	李保印	中原牡丹品种初级核心种质构建与代表性检验	华北农学报	2009	CSCD核心
180	林紫玉	原子吸收光谱法测定新乡百合中的微量元素	光谱实验室	2009	CSCD核心
181	林紫玉	原子吸收光谱法测定霍香花粉中微量元素的含量	光谱实验室	2009	CSCD核心
182	刘会超	矮牡丹子叶不定芽的诱导和生根	江苏农业学报	2009	CSCD核心
183	刘振威	南瓜亲本和杂交组合叶片净光合速率日变化的对比研究	华南农业大学学报	2009	CSCD核心
184	王广印	火焰原子吸收光谱法测定大葱中10种金属元素	光谱实验室	2009	CSCD核心
185	王广印	辣椒植株水浸叶对辣椒和番茄种子萌发的自毒作用	华北农学报	2009	CSCD核心
186	王广印	大白菜新品种“新早56”“新乡小包23”和“新早58“	园艺学报	2009	CSCD核心
187	杨和连	外源铬对豇豆幼苗生长及生理生化特性的影响	土壤通报	2009	CSCD核心
188	尤　扬	鹅掌柴叶片秋季光合特性	东北林业大学学报	2009	CSCD核心
189	尤　扬	黄栌叶片光合特性	东北林业大学学报	2009	CSCD核心
190	周　建	低温胁迫对广玉兰幼苗光合及叶绿素荧光特性的影响	西北植物学报	2009	CSCD核心
191	周　凯	菊花不同部位及根际土壤水浸液处理对光合作用的自毒作用研究	中国生态农业学报	2009	CSCD核心
192	周　凯	广州市不同功能区大气总悬浮颗粒物浓度变化及其与气象因子关系	地球与环境	2009	CSCD核心
193	宋利利	新乡市普通住宅价格空间分布特征研究	城市发展研究	2009	CSSCI核心

（续）

序号	第一作者或通讯作者	论文题目	刊物名称	发表时间（年）	期刊类别
194	刘志红	太行人家，太行风情（钢笔淡彩作品）	文艺争鸣	2009	CSSCI核心
195	乔丽芳	Evaluation and classification of residential greenbelt quality based on factor analysis & clustering analysis : An example of Xinxiang City, China	Journal of Forestry Research	2008	CSCD、核心
196	周　建	广玉兰嫁接幼树光合性能的测定与分析	东北林业大学学报	2008	CSCD、核心
197	周　建	碱胁迫对紫荆幼苗生长与光合作用的影响	东北林业大学学报	2008	CSCD、核心
198	周　建	紫玉兰幼树的光合特性	福建林学院学报	2008	CSCD、核心
199	陈碧华	华北地区日光温室番茄膜下滴灌水肥耦合技术研究	干旱地区农业研究	2008	CSCD、核心
200	齐安国	河道生态修复模式研究	干旱区研究	2008	CSCD、核心
201	周秀梅	抗寒耐旱的百里香属植物资源及其开发利用	干旱区资源与环境	2008	CSCD、核心
202	孙涌栋	南瓜发芽期对Na_2CO_3胁迫的生理响应及耐受性评价	核农学报	2008	CSCD、核心
203	孙涌栋	Cu^{2+}对黄瓜发芽期发育和生理特性的影响	核农学报	2008	CSCD、核心
204	刘遵春	干旱胁迫对金光杏梅叶片渗透调节物质和光合作用的影响	华北农学报	2008	CSCD、核心
205	孙涌栋	黄瓜果实CsEXP5基因片段的克隆与序列分析	华北农学报	2008	CSCD、核心
206	陈碧华	日光温室内膜下滴灌水肥耦合技术对番茄品质的影响	江苏农业学报	2008	CSCD、核心
207	王广印	辣椒植株水浸液对蔬菜种子发芽的化感作用	江苏农业学报	2008	CSCD、核心
208	周　凯	城市污染向农村地区转移和扩散的动因及其后果	农业现代化研究	2008	CSCD、核心
209	王广印	辣椒植株水浸液对4种蔬菜种子萌发的化感作用	农业现代化研究	2008	CSCD、核心
210	孙涌栋	黄瓜CsEXP10蛋白的结构构建和分析	生物技术通报	2008	CSCD、核心

（续）

序号	第一作者或通讯作者	论文题目	刊物名称	发表时间（年）	期刊类别
211	孙涌栋	黄瓜*CsEXP10*基因的电子克隆及生物信息学分析	生物信息学	2008	CSCD、核心
212	张毅川	Advance in the research of wetland tourism in china	湿地科学	2008	CSCD 核心
213	乔丽芳	Advance in Research of Ecology and Landscape Reconstruction of the River Floodplain In China	湿地科学	2008	CSCD 核心
214	陈碧华	转基因食品检测技术的应用与发展Ⅱ. 检测技术的分类、比较、应用及检测步骤	食品科学	2008	CSCD 核心
215	王广印	转基因食品的安全性及标识管理	食品科学	2008	CSCD 核心
216	王广印	转基因食品检测技术的应用与发展Ⅰ主要检测技术及其特点	食品科学	2008	CSCD 核心
217	周　凯	菊花不同部位水浸液自毒作用的研究	西北植物学报	2008	CSCD 核心
218	孙涌栋	Clone and analysis of expansin gene of cucumber fruit	西北植物学报	2008	CSCD 核心
219	孙涌栋	Na_2CO_3胁迫对黄瓜幼苗生长及生理指标的影响	西北植物学报	2008	CSCD 核心
220	刘遵春	“金光杏梅”叶片净光合速率与生理生态因子的关系	西北植物学报	2008	CSCD 核心
221	周俊国	氯化钠胁迫对南瓜根系游离态多胺含量和活性氧水平的影响	应用生态学报	2008	CSCD 核心
222	周　建	碱胁迫对合欢种子萌发及幼苗生理指标的影响	浙江大学学报（农业与生命科学版）	2008	CSCD 核心
223	王广印	萝卜种子萌发的逆温诱导研究	植物研究	2008	CSCD 核心
224	周俊国	NaCl胁迫下中国南瓜杂交种和黑籽南瓜植株离子吸收与积累特性研究	植物营养与肥料学报	2008	CSCD 核心
225	王广印	甘蓝种子萌发的逆温耐性诱导研究	中国生态农业学报	2008	CSCD 核心
226	周　建	湖南省生态经济系统的能值分析	中国生态农业学报	2008	CSCD 核心

（八）其他科研成果

1. 出版的主要著作

2007—2018年出版著作200余部。详见表3-29。

表3-29　2007—2018年期间出版的主要科技著作

序号	主要作者	著作名称	出版社	出版时间（年）
1	张文杰	园林规划设计	机械工业出版社	2007
2	王广印	有机蔬菜标准化良好操作规范	科学技术文献出版社	2007
3	雒海潮	中国城市群发育与中原城市群发展研究	中国社会科学出版社	2007
4	张百俊	无公害蔬菜生产技术	中原农民出版社	2007
5	张传来	园艺商品学	中国农业出版社	2007
6	张毅川	绿化种植设计	机械工业出版社	2007
7	雒海潮	县域工业发展规划研究	中国社会科学出版社	2007
8	扈惠灵	园艺植物生物技术原理与方法	中国农业出版社	2007
9	赵一鹏	植物生物技术进展	Stedum Press	2008
10	尤　扬	城市园林设计	中国农业大学出版社	2008
11	张文杰	景观规划设计	机械工业出版社	2008
12	张传来	果树栽培学各论	中国农业出版社	2008
13	张文杰	小区绿化维护与管理	机械工业出版社	2008
14	尤　扬	园林植物病害诊断与防治	中国农业大学出版社	2009
15	宰　波	经济法	中国计量出版社	2009
16	刘会超	新兴花卉200种	中国农业出版社	2009
17	乔丽芳	城市绿地系统规划	化学工业出版社	2009
18	周秀梅	花卉种苗学	中国林业出版社	2009
19	杨立峰	试验设计与统计分析	中国农业出版社	2009
20	王广印	辣椒生产技术百问百答（第2版）	中国农业出版社	2009
21	王广印	蔬菜嫁接百问百答（第2版）	中国农业出版社	2009
22	李保印	观赏园艺学	中国农业出版社	2009
23	杜晓华	安全辣（甜）椒高效生产技术	中原农民出版社	2010
24	杨鹏鸣	园林植物遗传育种学	郑州大学出版社	2010
25	李新峥	怎样种好高产菜园（北方本）	化学工业出版社	2011
26	李新峥	怎样种好高产菜园（南方本）	化学工业出版社	2011
27	李新峥	现代农业园区与新型蔬菜生产	化学工业出版社	2011
28	张传来	无公害果品高效生产技术	化学工业出版社	2011

（续）

序号	主要作者	著作名称	出版社	出版时间（年）
29	周秀梅	花卉知识问答	中国质检出版社与中国标准出版社	2012
30	扈惠灵	柿实用生产技术	金盾出版社	2012
31	苗卫东	水果类农产品安全知识讲座	中国质检出版社	2012
32	张传来	北方果树整形修剪技术	化学工业出版社	2012
33	周俊国	实用家庭养花入门	河南科学技术出版社	2012
34	姚连芳	园林生产经营	高等教育出版社	2012
35	姚连芳	园林施工养护	高等教育出版社	2012
36	王广印	36种引进蔬菜栽培技术	中国农业出版社	2012
37	陈碧华	有机黄瓜高产栽培流程图说	科学技术文献出版社	2013
38	陈碧华	有机蔬菜标准化高产栽培	科学技术文献出版社	2013
39	李新峥	大棚西瓜生产使用技术	金盾出版社	2013
40	沈　军	大棚番茄生产实用技术	金质出版社	2013
41	杨鹏鸣	甜瓜生产实用技术	金盾出版社	2013
42	李贞霞	有机茄子高产栽培流程图	科学技术文献出版社	2013
43	李贞霞	辣椒生产实用技术	金盾出版社	2013
44	王广印	有机辣椒高产栽培流程图说	科学技术文献出版社	2013
45	王广印	有机西红柿高产栽培流程图说	科学技术文献出版社	2013
46	杜晓华	园林植物遗传育种学	中国水利水电出版社	2013
47	周俊国	大棚黄瓜实用生产技术	金盾出版社	2013
48	苗卫东	核桃生产实用技术主	金盾出版社	2013
49	苗卫东	石榴生产实用技术	金盾出版社	2013
50	张传来	果树优质苗木培育技术	化学工业出版社	2013
51	扈惠灵	枣生产实用技术	金盾出版社	2013
52	王广印	无刺黄瓜优质高产栽培技术	金盾出版社	2014
53	王贤荣	中国樱花品种图志	科学出版社	2014
54	马　杰	彩叶植物生产栽培及应用	中国农业大学出版社	2014
55	刘遵春	核桃优质丰产高效栽培技术	中国农业出版社	2015
56	刘遵春	樱桃优质丰产高效栽培技术	中国农业出版社	2015
57	陈碧华	大棚西瓜栽培关键技术与疑难问题解答	金盾出版社	2015
58	杨鹏鸣	稀特蔬菜生产实用技术	金盾出版社	2015
59	王广印	有机蔬菜优质高效标准化栽培技术	中国农业大学出版社	2015
60	王广印	有机蔬菜优质高效栽培	金盾出版社	2015

（续）

序号	主要作者	著作名称	出版社	出版时间（年）
61	王广印	细说绿叶菜栽培	中国农业出版社	2015
62	王广印	有机蔬菜优质高效标准化栽培技术	中国农业大学出版社	2015
63	刘遵春	新疆野苹果核心种质及遗传图谱构建的研究	中国农业出版社	2016
64	尤　扬	盆景	中国农业出版社	2016
65	尤　扬	华北常见园林树木	中国农业出版社	2016
66	尤　扬	南太行习见观赏树木	中国农业出版社	2016
67	张文杰	园林发展简史	科学出版社	2016
68	周秀梅	香草栽培与应用	中国农业出版社	2016
69	周秀梅	切花月季优质高产高效栽培与营销	中国农业出版社	2016
70	郭卫丽	茄子栽培新技术	中国科学技术出版社	2017
71	杨鹏鸣	甜瓜栽培新技术	中国科学技术出版社	2017
72	杨鹏鸣	稀特蔬菜优质栽培新技术	中国科学技术出版社	2017
73	李桂荣	枣高产栽培新技术	中国科学技术出版社	2017
74	李桂荣	山楂优质栽培技术	中国科学技术出版社	2017
75	李贞霞	辣椒优质栽培新技术	中国科学技术出版社	2017
76	陈碧华	西瓜实用栽培技术	中国科学技术出版社	2017
77	刘遵春	金花梨变异单系生物学特性调查比较及RAPD多态性分析	中国农业出版社	2017
78	陈碧华	种植年限对蔬菜大棚菜田土壤环境质量的影响	中国农业出版社	2017
79	孙涌栋	黄瓜CsEXP10基因的克隆、表达及功能分析	中国农业出版社	2017
80	扈惠灵	柿丰产栽培新技术	中国科学技术出版社	2017
81	苗卫东	石榴丰产栽培新技术	中国科学技术出版社	2017
82	沈　军	番茄栽培新技术	中国科学技术出版社	2017
83	沈　军	生菜优质栽培新技术	中国科学技术出版社	2017
84	李桂荣	园艺产品质量分析	中国农业出版社	2017
85	杜晓华	园艺植物种类识别	中国农业出版社	2017
86	陈碧华	种植年限对蔬菜大棚菜田土壤环境质量的影响	中国农业出版社	2017
87	郑树景	农业园区规划建造	中国农业出版社	2017
88	陈碧华	园艺植物生产技术	中国农业出版社	2018
89	陈碧华	蔬菜的抗性栽培及耐镉机理研究	中国农业出版社	2018
90	苗卫东	核桃优质栽培关键技术	中国科学技术出版社	2018

（续）

序号	主要作者	著作名称	出版社	出版时间（年）
91	姜立娜	萝卜肉质根形成性状的分子生物基础研究	中国农业出版社	2018
92	李桂荣	无核葡萄杂交胚挽救新种质的研究	中国农业出版社	2018
93	刘振威	芹菜优质栽培新技术	中国科学技术出版社	2018
94	杨鹏鸣	染色体组加倍后水稻抗旱机理及品质性状形成的研究	中国农业出版社	2018
95	杨鹏鸣	饲料型同源四倍体刺槐生殖特性的研究	中国农业出版社	2018
96	张毅川	城市绿地典型下垫面的雨水特征及优化—以新乡市为例（理论及土壤篇）	中国农业出版社	2018
97	张毅川	城市绿地典型下垫面的雨水特征及优化—以新乡市为例（植物及对策篇）	中国农业出版社	2018
98	周瑞金	草莓优质栽培新技术	中国科学技术出版社	2018
99	周瑞金	园艺产品贮藏运输	中国农业出版社	2018
100	周俊国	蔬菜实用栽培技术指南	中国科学技术出版社	2018
101	王广印	马铃薯优质高产栽培	中国科学技术出版社	2018
102	毛　达	基于多重功能网络分析的平原城市开放空间系统研究——以新乡市主城区为例	河南大学出版社	2018

2. 编写的行业标准

学院教师参与编写的行业标准详见表3-30。

表3-30　2007—2018年期间编写的行业标准

序号	主持人	全部完成（参与）人	名称	类别	发布时间（年）
1	王广印	王广印　陈碧华　李贞霞　沈　军　李新峥　周俊国　刘　蕾　和卫新	无公害食品　日光温室越冬茬黄瓜生产技术规程	新乡市市级地方标准	2013
2	王广印	王广印　陈碧华　李贞霞　沈　军　李新峥　周俊国　张泽洪　赵玲丽	无公害食品　日光温室越冬茬番茄生产技术规程	新乡市市级地方标准	2013
3	王广印	王广印　原连庄　原让花　曹前辉　陈碧华　李贞霞　沈　军　和卫新	无公害食品　设施西葫芦生产技术规程	新乡市市级地方标准	2013
4	王广印	王广印　陈碧华　李贞霞　孙涌栋　沈　军　周俊国	瓜类蔬菜集约化育苗技术规程	新乡市市级地方标准	2015
5	李海真	李海真　周俊国　张国裕　贾长才　张　帆　姜立纲	植物新品种特异性、一致性、和稳定性测试指南 南瓜（中国南瓜）	国家行业标准	2015

（续）

序号	主持人	全部完成（参与）人	名称	类别	发布时间（年）
6	王广印	王广印等	控制设施蔬菜连作障碍的土壤处理技术规程	新乡市市级地方标准	2016
7	陈碧华	陈碧华 王广印 沈 军 李贞霞 郭卫丽 孙涌栋 孙 丽 邹 莉 张 静 王诗闵	无公害食品 大棚秋番茄生产技术规程	新乡市行业标准	2016
8	陈碧华	陈碧华 郭卫丽 杨和连 沈 军 王广印 吴崇行 申战士 秦世伟 冯丽芳 韩相文	无公害食品 春季马铃薯生产技术规程	新乡市行业标准	2016
9	杨和连	杨和连 陈碧华 王广印 郭卫丽 李新峥 许 伟 马 磊 苏 艳 王 芸	棚室蔬菜水肥一体化技术规程	新乡市行业标准	2017
10	李桂荣	李桂荣 朱自果 路宁海 姜立娜 蔡祖国 扈惠灵	无公害食品鲜食葡萄生产技术规程	新乡市行业标准	2017
11	李桂荣	李桂荣 翟凤艳 蔡祖国 姜立娜 穆金艳 周瑞金 扈惠灵	无公害食品鲜食樱桃生产技术规程	新乡市行业标准	2017
12	王广印	王广印 陈碧华 李贞霞 沈 军 郭卫丽	绿色食品 水果型番茄生产技术规程	新乡市市级地方标准	2018

（九）科技服务

园艺园林学院教师积极参与科技服务及“三下乡”工作，2007—2018年间，共承担科普传播工程项目95项；2014—2018年间，共承担国家“三区”科技人才服务项目86项，在济源市、辉县市、长垣县、兰考县、原阳县、淮阳县、卢氏县、范县、民权县、封丘县、正阳县、泌阳县、汝南县、商水县等30个市县开展科技服务，为推动当地的科技进步，农民的增产增收，做出了突出贡献。主持承担的主要科技服务项目详见表3-31。

表3-31 2007—2018年承担的主要科技服务项目

序号	主持人	项目名称	项目类别	立项时间（年）	经费（万元）
1	李新峥	蔬菜产业化生产与产品附加值的提高	河南省科普传播工程	2007	2
2	苗卫东	日本甘柿	河南省科普传播工程	2007	1.5
3	宋建伟	优质核桃种植技术推广	河南省科普传播工程	2007	2
4	王广印	西洋南瓜和樱桃番茄的无公害生产技术	河南省科普传播工程	2007	2

（续）

序号	主持人	项目名称	项目类别	立项时间（年）	经费（万元）
5	姚连芳	月季出口繁育基地	河南省科普传播工程	2007	1.5
6	张百俊	种养结合生态型蔬菜高效栽培技术引进示范	河南省科普传播工程	2007	2
7	张传来	冬枣无公害综合栽培技术	河南省科普传播工程	2007	2
8	张建伟	辣椒及西瓜高效生产技术	河南省科普传播工程	2007	2
9	周俊国	志康绿色蔬菜开发园	河南省科普传播工程	2007	1.5
10	周秀梅	无公害大葱生产基地项目	河南省科普传播工程	2007	1.5
11	李新峥	蔬菜产业化生产与产品附加值提高技术服务	河南省科普传播工程	2008	2
13	宋建伟	薄壳核桃树种植管理技术推广	河南省科普传播工程	2008	2
14	孙涌栋	日光温室大棚管理及丰产技术推广	河南省科普传播工程	2008	2
15	王广印	芦笋及朝天椒种植技术	河南省科普传播工程	2008	1.5
16	张百俊	无公害蔬菜种植技术培训	河南省科普传播工程	2008	1.5
17	张建伟	无公害辣椒生产技术推广	河南省科普传播工程	2008	1.5
18	周俊国	中华钙果种植示范基地	河南省科普传播工程	2008	1.5
19	周　凯	早春大棚西瓜优质高产技术指导	河南省科普传播工程	2009	1.5
20	苗卫东	薄皮核桃示范园	河南省科普传播工程	2009	1.5
21	扈惠灵	红枣引种高接推广及生产管理技术	河南省科普传播工程	2009	1.5
22	张传来	万亩桃树无公害综合栽培技术	河南省科普传播工程	2009	1.5
23	李新峥	日光温室蔬菜无公害可持续生产技术	河南省科普传播工程	2009	1.5
24	王广印	蔬菜“三位一体”种植模式示范与推广	河南省科普传播工程	2009	1.5
25	孙涌栋	蔬菜生产产业化发展模式示范推广	河南省科普传播工程	2009	1.5
26	姚连芳	设施蔬菜高效栽培茬口安排与技术培训	河南省科普传播工程	2009	1.5
27	王少平	无公害蔬菜种植技术培训	河南省科普传播工程	2009	1.5
28	李新峥	保护地蔬菜高效栽培及病虫害防治	河南省科普传播工程	2010	1.5
29	宋建伟	薄皮核桃品种引进及优质丰产栽培技术推广	河南省科普传播工程	2010	1.5
30	孙涌栋	日光温室蔬菜无公害可持续生产技术	河南省科普传播工程	2010	2
31	王广印	名特优蔬菜设施栽培科普培训系统工程	河南省科普传播工程	2010	1.5
32	赵兰枝	日光温室大棚蔬菜种植技术	河南省科普传播工程	2010	1.5
33	周俊国	万亩瓜果试验基地建设	河南省科普传播工程	2010	1.5
34	周　凯	大棚西瓜嫁接栽培技术推广	河南省科普传播工程	2010	1.5
35	陈碧华	大棚蔬菜栽培新技术	河南省科普传播工程	2011	1.5
36	扈惠灵	葡萄的高效栽培管理技术	河南省科普传播工程	2011	1.5

（续）

序号	主持人	项目名称	项目类别	立项时间（年）	经费（万元）
37	李新峥	蔬菜优良品种引进与优质高效栽培技术	河南省科普传播工程	2011	1.5
38	李贞霞	日光温室高产优质栽培技术及铁棍山药病虫草害防治技术	河南省科普传播工程	2011	1.5
39	林紫玉	大棚西瓜无公害栽培新技术	河南省科普传播工程	2011	1.5
40	刘　弘	大棚蔬菜种植（淇县西岗镇）	河南省科普传播工程	2011	1.5
41	苗卫东	高档爱宕梨、无核枣生产及冷藏保鲜技术	河南省科普传播工程	2011	1.5
42	宋建伟	石榴基地建设及技术推广	河南省科普传播工程	2011	1.5
43	孙涌栋	棚室蔬菜优质高效可持续生产技术	河南省科普传播工程	2011	1.5
44	王广印	裴村香葱产业化开发	河南省科普传播工程	2011	1.5
45	张传来	核桃无公害综合栽培技术推广	河南省科普传播工程	2011	1.5
46	周俊国	早熟大棚西瓜新品种	河南省科普传播工程	2011	1.5
47	周　凯	河南省科普工程“冬枣坐果及丰产栽培技术推广”	河南省科普传播工程	2011	1.5
48	赵兰枝	无公害朝天椒高产栽培及病虫害防治技术研究与推广	河南省科普传播工程	2012	2
49	杜晓华	温室番茄产业化开发	河南省科普传播工程	2012	2
50	王广印	香葱产业化开发	河南省科普传播工程	2012	2
51	李贞霞	有机蔬菜生产技术研究与推广	河南省科普传播工程	2013	2
52	周俊国	高产双低油菜栽培技术示范与推广	河南省科普传播工程	2013	2
53	扈惠灵	设施葡萄栽培技术推广	河南省科普传播工程	2013	2
54	孙涌栋	日光温室大棚种植蔬菜技术	河南省科普传播工程	2013	2
55	李新峥	日光温室蔬菜优质高效关键技术推广应用	河南省科普传播工程	2013	2
56	苗卫东	千亩优质高效棚架梨栽培技术	河南省科普传播工程	2013	2
57	张传来	红富士6苹果种植管理技术	河南省科普传播工程	2013	2
58	林紫玉	绿色蔬菜生产技术	河南省科普传播工程	2013	2
59	宋建伟	中药材杜仲高产栽培先进适用技术推广	河南省科普传播工程	2013	2
60	赵兰枝	露地蔬菜高产栽培技术	河南省科普传播工程	2013	2
61	杜晓华	蔬菜制种技术指导	河南省科普传播工程	2013	2
62	王广印	温室番茄产业化开发	河南省科普传播工程	2013	2
63	李保印	塑料大棚温室葡萄生产技术示范与推广	河南省科普传播工程	2014	2
64	李新峥	绿色蔬菜种植规划与新技术应用	河南省科普传播工程	2014	2
65	刘　弘	辉县张村乡蔬菜优质丰产技术	河南省科普传播工程	2014	2
66	王少平	切花香石竹栽培技术	河南省科普传播工程	2014	2

（续）

序号	主持人	项目名称	项目类别	立项时间（年）	经费（万元）
67	周俊国	豫艺天龙西瓜无公害种植推广应用研究	河南省科普传播工程	2014	2
68	周　凯	特色水果冬枣栽培新技术推广	河南省科普传播工程	2014	2
69	周秀梅	花卉产业基地建设及技术人员培训指导	河南省科普传播工程	2014	2
70	王广印	温室番茄产业化开发	河南省科普传播工程	2014	2
71	赵一鹏	枸杞栽培新技术	河南省科普传播工程	2014	2
72	周　凯	特色水果冬枣栽培新技术推广	河南省科普传播工程	2015	2
73	李新峥	芦笋病虫害综合防控与综合加工利用	河南省科普传播工程	2015	2
74	王广印	温室番茄产业化开发	河南省科普传播工程	2015	2
75	刘振威	大棚蔬菜高产优质栽培技术	河南省科普传播工程	2015	2
76	杜晓华	蔬菜日光温室栽培新技术	河南省科普传播工程	2015	2
77	李贞霞	林果树病虫害防治及修剪技术	河南省科普传播工程	2015	2
78	宋建伟	晚秋黄梨的种植技术研究及推广	河南省科普传播工程	2015	2
79	孙涌栋	温室大棚蔬菜管理技术推广	河南省科普传播工程	2015	1.5
80	陈碧华	日光温室蔬菜优质高效新技术推广应用	河南省科普传播工程	2016	3
81	李新峥	温室绿色蔬菜生产技术	河南省科普传播工程	2016	3
82	林紫玉	峪河镇生态旅游发展规划及技术人员培训指导	河南省科普传播工程	2016	5
83	刘振威	特种蔬菜高产高效生产新技术	河南省科普传播工程	2016	3
84	宋建伟	日光温室葡萄、桃、草莓栽培技术推广	河南省科普传播工程	2016	5
85	王广印	有机蔬菜高产高效栽培技术推广	河南省科普传播工程	2016	3
86	周　凯	特色水果冬枣栽培新技术推广	河南省科普传播工程	2016	3
87	周秀梅	食用玫瑰无公害种植及深加工技术研究及应用推广	河南省科普传播工程	2016	3
88	周　凯	果树无公害栽培及病虫害防治技术推广	新乡市科普传播工程	2016	1
89	周　凯	果树优质栽培新技术	新乡市科普传播工程	2016	2
90	杜晓华	蔬菜栽培技术	新乡市科普传播工程	2016	2
91	贾文庆	蔬菜大棚新技术推广	新乡市科普传播工程	2016	2
92	李新峥	大棚蔬菜高产高效栽培技术	新乡市科普传播工程	2016	1
93	李新峥	塑料大棚蔬菜优质高效生产技术	河南省科普传播工程	2017	5
94	刘振威	蔬菜优质高效栽培新技术推广	河南省科普传播工程	2017	5
95	李保印	日光温室油桃高效种植技术提升与示范	河南省科普传播工程	2017	5
96	周秀梅	药用芍药、油用牡丹栽培管理技术示范与推广	河南省科普传播工程	2017	5
97	李桂荣	果树丰产优质栽培关键技术及推广	河南省科普传播工程	2017	5
98	张毅川	泌阳瓢梨节水、高产新技术推广	河南省科普传播工程	2017	5

（续）

序号	主持人	项目名称	项目类别	立项时间（年）	经费（万元）
99	周　建	林下空间生态种植技术示范与推广	河南省科普传播工程	2017	5
100	李桂荣	果树丰产优质栽培关键技术及推广	河南省科普传播工程	2017	5
101	李新峥	大棚蔬菜绿色种植模式与茬口安排	河南省科普传播工程	2018	5
102	刘振威	蔬菜优质高效栽培新技术推广	河南省科普传播工程	2018	5
103	王广印	温棚瓜菜栽培连作障碍减缓技术推广	河南省科普传播工程	2018	5

七、学术交流

（一）教师外出或邀请专家的学术交流活动

1.教师外出的学术交流活动

2007—2018年间，全院共有200多人次外出参加了各项学术交流活动。详见表3-32。

表3-32　2007—2018年教师外出参加的主要学术交流活动

时间（年）	参会人	会议名称	主办单位	地点
2007	扈惠灵　苗卫东	第二届全国柿生产和科研进展研讨会	中国园艺学会柿分会	陕西富平
2008	李新峥　周俊国 李贞霞　杨和连	全国现代设施园艺技术交流会	中国园艺学会	云南昆明
2008	王广印	第五届食品科学国际年会	昆明市	云南昆明
2008	周瑞金	首届中国枣业大会暨第一届国际枣属植物研讨会	国际园艺学会、中国园艺学会	河北保定
2008	赵一鹏	第六届植物离体培养与园艺育种国际学术研讨会	国际园艺学会	澳大利亚昆士兰州布里斯班(Brisbane)
2008	王广印　陈碧华	果蔬贮运与加工新技术论坛	张家界	湖南张家界
2008	扈惠灵　宋建伟 苗卫东	第三届全国柿生产和科研进展研讨会	中国园艺学会柿分会	广西恭城
2008	张文杰　彭兴芝	北京大学第六届景观设计学教育大会暨2008中国景观设计师大会	北京大学景观设计学研究院	北京
2008	杜晓华　杨鹏鸣	中国遗传学会第八届全国代表大会暨学术讨论会	中国遗传学会	重庆
2008	王广印　陈碧华 沈　军	2008中国设施园艺工程学术年会	中国农业工程学会设施园艺工程专业委员会	北京

（续）

时间（年）	参会人	会议名称	主办单位	地点
2008	王少平　李保印　林紫玉	第三届风景园林教育年会	上海同济大学	上海
2008	扈惠灵	第四届国际柿学术研讨会	国际园艺学会柿分会	意大利佛罗伦萨Faenza Caserta
2008	王广印　周　凯　王智芳	第五届全国青年生态学工作者2008年学术研讨会	中国生态学会青年工作委员会	广东广州
2009	李新峥　周俊国　李贞霞　孙涌栋	西南地区南瓜产业化发展研讨会暨第三届会员代表大会	中国园艺学会南瓜分会	四川成都
2009	扈惠灵　苗卫东　周瑞金	第四届全国柿生产和科研进展研讨会	中国园艺学会柿分会及北京市园林绿化局	北京
2009	周瑞金	2009国际园艺科学与技术学术会议	国际园艺学会、中国园艺学会	北京
2010	李保印	河南省牡丹芍药协会年会	河南省牡丹芍药协会	河南洛阳
2010	周俊国　李新峥	全国南瓜新品种展示及产业化研讨会	安徽省长丰县人民政府与中国园艺学会南瓜分会	安徽长丰
2010	李保印　周秀梅	第十四届学术年会暨BGCI珍稀濒危植物保护经验交流会	中国林学会树木学分会	湖北恩施
2010	赵一鹏	第28届国际园艺学大会	国际园艺学会	葡萄牙里斯本
2010	苗卫东	全国第五届柿生产和科研进展研讨会	中国园艺学会柿分会	四川成都
2011	姚连芳	国际花卉博览会-洛阳之春	河南省花卉协会	台湾台北
2011	周秀梅　李保印	2011RSETE国际会议	南京信息工程大学	江苏南京
2011	周秀梅　李保印	中国树木学第15届学术年会暨海峡两岸植物多样性保护与利用研讨会	中国林学会树木学分会	福建福州
2011	周瑞金	第七届全国梨科研、生产与产业化学术研讨会	中国园艺学会梨分会	河南郑州
2011	王广印	中国园艺学会2011年学术年会	中国园艺学会、安徽省农业科学院	安徽合肥
2012	王广印　李贞霞　沈　军	2012中国园艺学会设施分会年会	中国农业工程学会设施园艺工程专业委员会	江苏南京
2011	周秀梅　李保印	第三届园艺关键技术学术会议	中国园艺学会	辽宁沈阳
2012	王广印　陈碧华	中国园艺学会2012学术年会	中国园艺学会	陕西杨凌
2012	王广印　陈碧华	2012全国十字花科蔬菜学术研讨会暨新品种展示会	中国园艺学会十字花科蔬菜分会	天津
2013	周秀梅　李保印　尤　扬	中国林学会树木学分会第二次会议	中国林学会树木分会	甘肃兰州

（续）

时间（年）	参会人	会议名称	主办单位	地点
2013	李保印　刘会超	中国观赏园艺学会2013年学术年会	中国园艺学会观赏园艺分会	河南郑州
2013	周　凯　李　梅　马　珂	中国2013城乡规划学科专业指导委员会年会	中国城乡建设专业指导委员会	黑龙江哈尔滨
2013	尤　扬	中国花卉协会桂花分会第五届理事会第二次理事会议	桂花分会	江苏扬州
2013	沈　军	中国园艺学会设施园艺分会2013学术年会、蔬菜优质安全生产技术研讨会暨现场观摩会	中国园艺学会设施园艺分会、国家大宗蔬菜产业技术体系	广东广州
2014	李保印　周秀梅	中国观赏园艺学2014年学术年会	中国观赏园艺分会、国家花卉工程技术研究中心	山东青岛
2014	王广印　陈碧华　沈　军　李新峥　周俊国	2014中国设施园艺学术年会	中国农业工程学会设施园艺工程专业委员会、中国园艺学会设施园艺分会、国家大宗蔬菜产业技术体系	新疆乌鲁木齐
2014	毛　达	中国地理学会2014年年会	中国地理学会	四川成都
2014	周俊国	中国园艺学会南瓜分会年会	中国园艺学会南瓜分会	云南昆明
2014	王广印	第12届十字花科蔬菜学术研讨会暨新品种展示及国家大宗蔬菜产业技术体系十字花科蔬菜育种成果展示会	中国园艺学会十字花科蔬菜分会和国家大宗蔬菜产业体系	辽宁沈阳
2014	姜立娜　穆金艳	第二届全国植物组织培养与快速繁殖技术交流论坛	中国科学院植物研究所	北京
2014	王广印　孙涌栋	中国园艺学会2014年学术年会	中国园艺学会	江西南昌
2014	王广印	中国园艺学会设施园艺分会2014年学术年会暨太阳能光伏温室现场观摩会	中国园艺学会设施园艺分会、国家大宗蔬菜产业技术体系	山东青岛
2014	周秀梅	花卉优质、高产、高效标准化栽培技术交流会	中国园艺学会	云南昆明
2014	周秀梅	园艺治疗专业学部第一次工作会议	清华大学	北京
2015	王广印　陈碧华	全国农用塑料设施大棚、温室栽培技术交流会	中国园艺学会、中国农用塑料应用技术学会设施园艺专业委员会	黑龙江哈尔滨
2015	毛　达	2015中国城市地理学术年会	中国地理学会	辽宁大连
2015	刘会超　贾文庆	2015年中国观赏园艺学会年会	中国观赏园艺学会	福建厦门

（续）

时间（年）	参会人	会议名称	主办单位	地点
2015	陈碧华　孙　丽	中国温室园艺行业2015年会、郑州市花卉协会、郑州陈砦花卉服务有限公司	中国温室网	河南郑州
2015	宋利利　王　瑶	2015年城市规划年会	中国城市规划学会	贵州贵阳
2015	王广印　孙涌栋	2015中国园艺学会年会	中国园艺学会	福建厦门
2015	姚正阳　马　珂	中国风景园林学会2015年年会	中国风景园林学会	北京
2015	李新峥　沈　军　苑丽彩	中国园艺学会设施园艺分会学术年会	中国园艺学会设施园艺分会	山西太原
2015	张文杰　赵梦蕾	第五届国际园林景观规划设计大会暨2015中国苏州国际城市生态与园林景观产业博览会	北京林业大学教育基金会	江苏苏州
2016	李新峥　周俊国　刘振威　鲁晓晓　郭言言	中国园艺学会南瓜分会学术年会	中国园艺学会南瓜分会	山东淄博
2016	张文杰　赵梦蕾　姚正阳	中国风景园林学会城市绿化专业委员会2016年年会	中国风景园林学会城市绿化专业委员会	河南郑州
2016	郑树景　姚正阳	“生态文明建设与现代农业发展”理论研讨会	中共河南省委员会宣传部	河南郑州
2016	刘会超　杜晓华　李保印　周秀梅	2016中国观赏园艺学术研讨会	观赏园艺专业委员会	湖南长沙
2016	李保印	2016园艺疗法与康复景观年会	亚洲园艺疗法联盟	重庆合川
2016	刘会超　毛　达	中国风景园林学会2016年年会	中国风景园林学会	广西南宁
2016	沈　军	2016中国设施园艺学术年会	中国园艺学会设施园艺分会	天津
2016	刘会超　杜晓华	2016年度植物新品种保护学术年会	植物新品种保护工作委员会	陕西杨凌
2016	陈学进　姜立娜	第三届园艺植物染色体倍性操作与遗传改良学术研讨会	中国园艺学会	江苏南京
2016	刘砚璞	中国园艺学会压花分会2016年会	中国园艺学会压花分会	云南玉溪
2016	周　建　周　凯	首届国际森林城市大会	中国国家林业总局	广东深圳
2016	李保印	第一届中国芳疗行业年会和中国玫瑰产业高峰论坛	中国食品土畜进出口商会	上海
2017	李新峥　刘振威　刘润强　梅沛沛　郭卫丽	设施蔬菜化肥农药减施增效技术专家、企业对接交流会	中国植物营养与肥料学会	山东潍坊
2017	王广印	2017年中国蔬菜产业大会	中国蔬菜协会、云南省农业厅	云南玉溪

（续）

时间（年）	参会人	会议名称	主办单位	地点
2017	李新峥　陈碧华　陈学进　姜立娜　郭卫丽	中国园艺学会南瓜研究分会2017年学术年会	中国园艺学会南瓜研究分会主办	山西太原
2017	张毅川　毛　达	中国风景园林学会2017年会	中国风景园林学会	陕西西安
2017	刘会超　毛　达　张文杰　刘砚璞　赵梦蕾	河南省风景园林学会2016年年会	河南省风景园林学会	河南郑州
2017	王广印	第二届全国植物生物技术发展与植物逆境生理研究前沿动态研讨会	中国农业发展与科技交流中心	青海西宁
2017	刘会超　李保印　王少平　杜晓华　王艳丽	中国观赏园艺学年会	中国园艺学会观赏园艺专业委员会	四川成都
2017	王广印	第六届全国设施园艺产业发展与安全高效栽培技术交流会	中国园艺学会、中国农用塑料应用技术学会设施园艺专业委员会	新疆乌鲁木齐
2017	刘志红　贺　栋	2017年中国高等学校城乡规划教育年会	中国高等学校城乡规划学科专业指导委员会	内蒙古呼和浩特
2017	王广印	中国园艺学会设施园艺分会2017年学术年会	中国园艺学会设施园艺分会、中国农业工程学会设施园艺工程专业委员会	内蒙古宁城
2017	王广印　刘会超	中国园艺学会第十三次会员代表大会暨2017学术年会	中国园艺学会	云南昆明
2017	张毅川　周　建	第九届中国景观生态学学术研讨会	国际景观生态学会中国分会	广东广州
2017	陈学进　杜晓华	“反向遗传学及基因功能研究”青年科学家论坛	中国农学会	湖北武汉
2018	李新峥　周俊国　李庆飞　潘飞飞　任希城	中国园艺学会南瓜研究分会2018年年会暨南瓜新品种展示会	中国园艺学会南瓜研究分会	江苏苏州
2018	赵梦蕾　张文杰	中国风景园林学会城市绿化专业委员会2018年会	中国风景园林学会城市绿化专业委员会	广东珠海
2018	刘会超　周秀梅　王少平　杜晓华　王艳丽　朱小佩　米兆荣	2018年中国观赏园艺学术研讨会	中国园艺学会观赏园艺专业委员会	黑龙江哈尔滨
2018	刘会超　毛　达	河南省风景园林学会2017年年会	河南省风景园林学会	河南郑州
2018	杜晓华　王艳丽　朱小佩	中国园艺学会分子育种分会第一届学术年会	中国园艺学会分子育种专业委员会	黑龙江哈尔滨

（续）

时间（年）	参会人	会议名称	主办单位	地点
2018	姜立娜	中国园艺学会黄瓜研究分会第八届学术年会	中国园艺学会黄瓜研究分会	江苏南京
2018	沈　军	2018中国设施园艺学术年会	中国农业工程学会设施园艺工程专业委员会、中国园艺学会设施园艺分会	山东烟台
2018	杜晓华　刘会超	第六届全国花卉资源、育种、栽培及应用技术交流会	中国园艺学会观赏园艺专业委员会	贵州贵阳
2018	郑树景　曹　娓	2018年度中国城市规划学会乡村规划与建设学委会年会	中国城市规划学会乡村规划与建设学术委员会	湖南长沙
2018	王广印	“设施蔬菜‘两减’优质高效栽培技术集成应用”高级研修班	中国农业科学技术出版社咨询培训中心	内蒙古呼伦贝尔
2018	王广印	第七届全国设施园艺产业发展与安全高效栽培技术交流会	中国农用塑料应用技术学会设施园艺专业委员会	内蒙古呼和浩特
2018	王广印	2018中国设施农业产业大会	中国农业机械化协会	山东泰安
2018	王广印	2018中国设施园艺学术年会	中国农业工程学会设施园艺工程专业委员会、中国园艺学会设施园艺分会	山东烟台
2018	王广印	中国园艺学会2018年学术年会	中国园艺学会	山东青岛

2. 邀请专家的学术交流活动

2007—2018年间共邀请90多位国内外知名专家来校讲学交流。详见表3-33。

表3-33　2007—2018年邀请专家来校讲学与学术交流情况

时间（年）	专家	职务	所属单位	交流内容
2007	李迪华	教授、副院长	北京大学景观设计学研究院、中国生态学会城市专业委员会	从园林设计到景观设计——北京大学景观设计硕士研究生赴德国、法国学习看景观设计学的发展方向
2007	明　军	教授	中国农业科学院蔬菜花卉研究所	中国大陆花卉产业的现状、技术需求与发展策略
2007	申晓辉	博士生导师	上海交通大学	“蔷薇园三杰”鉴赏
2008	姚士谋	博士生导师、研究员	中国科学院南京地理与湖泊研究所	国外城市规划历史和中国城市规划现状
2009	王跃进	副校长、博士生导师	西北农林科技大学	园艺产业现状及发展趋势
2009	陈劲枫	副院长、博士生导师	南京农业大学	黄瓜育种研究进展

（续）

时间（年）	专家	职务	所属单位	交流内容
2009	陈发棣	教授	南京农业大学	菊花种质创新与新品种选育
2010	侯喜林	院长、博士生导师	南京农业大学园艺学院	我国园艺产业的现状、趋势和园艺学优先发展领域
2011	孙　楠	科技处副处长	西北农林科技大学	国家自然科学基金申报指导
2011	徐　炎	国家自然科学基金评审专家、果树学硕士生导师	西北农林科技大学	国家自然科学基金申报指导
2012	姚士谋	教授、博士生导师	中国科学院南京地理研究所	国外城市化发展动态与我国城乡一体化建设问题研究
2013	李　欣	主任、教授级高级工程师	郑州市绿化工程管理处	现代中式园林浅析
2013	周庆生	客座研究员	日本东洋大学	日本安全农业运作模式与留日生活
2014	高俊平	博士生导师	中国农业大学	我国花卉产业与科研现状分析
2014	刘君璞	所长	中国农科院郑州果树所	园艺科研、项目申报、科研合作等进行了交流
2014	佐藤久泰	教授	日本	马铃薯栽培新技术
2014	金新富	总农艺师	商丘市	专业是成功的基础
2015	丛日晨	总工程师	北京市园林科学研究院	当前我国城市绿化的几个核心问题
2015	史济华	高级农艺师	周口市农业局	果树技术应用实践与产业启示
2015	王金虎	局长、高级工程师	新乡市园林绿化管理局	园林产业现状及发展前景
2015	刘继红	博士生导师、学校特聘教授	华中农业大学	柑橘低温应答分子基础及抗寒基因鉴定
2016	周　军	博士生导师	西南林业大学	梨花色素苷合成调控研究进展
2016	白玉玲	研究员	荷兰瓦赫宁根大学	荷兰农业与植物育种
2016	杨　勋	副教授	深圳公园管理局	深圳园林绿化管理与就业市场漫谈
2016	尚　立	高级工程师	新乡市规划设计院	区域经济与城镇化发展
2017	原连庄	所长、研究员	新乡市农科院蔬菜研究所	园艺新优品种选育、扩繁及推广
2017	王忠杰	高级工程师	中国城市规划研究院	新型城镇化背景下风景园林专业探索与思考
2017	王向荣	教授、博导	北京林业大学	城市内外的自然系统
2018	丁自立	董事长、博士、研究员	北京诚邦科技服务有限公司	2018年度国家自然科学基金申报指导
2018	李宝聚	研究员、博导	中国农业科学院	蔬菜病虫害研究的体会

（续）

时间（年）	专家	职务	所属单位	交流内容
2018	孙治强	教授、博导	河南农业大学	新时期蔬菜产业发展的思考
2018	杨其长	副所长、研究员、博导	中国农科院都市农业研究所	设施园艺科技进展
2018	房玉林	院长、教授、博导	西北农林科技大学葡萄酒学院	我国葡萄与葡萄产业发展现状
2018	傅松玲	教授、博导	安徽农业大学	观赏林木种质资源创新与利用
2018	Stephen shermack	副总经理	合肥DVL公司	Landscape in North America
2018	刘用生	校特聘教授	河南科技学院	重新发现达尔文的遗传理论

（二）主办或参加的重要学术会议

2007—2018年间，学院共主办了3场重要会议：

（1）2007年，主办了第二届全国高校毕业生景观设计作品全国巡展“河南科技学院站”开幕式。出席开幕式的有北京大学景观设计研究院副院长李迪华教授、学校和新乡其他高校的师生300余人，此次展览会共持续6天。

（2）2016年，成功举办了园艺专业和规划设计类专业的校地合作办学工作会议，会议对人才培养方案进行了广泛论证，对教学工作提出了宝贵建议。

（3）2018年，与新乡市经济作物站共同举办了“大棚黄瓜化肥农药减施增效技术模式示范观摩会”。参会人员有中国农业科学院蔬菜花卉研究所李宝聚研究员，河南农业大学孙治强教授等，参会人数达200人。

（三）学术兼职

2007—2018年，共有9名教师担任了各类学术兼职。详见表3-34。

表3-34　2007—2018年教师学术兼职情况统计

时间（年）	姓名	学术名称	单位
2007—2018	扈惠灵	常务理事	中国园艺学会柿分会
2009—2018	李新峥	常务理事	中国园艺学会南瓜分会
2010—2018	周俊国	理事	中国园艺学会南瓜分会
2012—2018	李新峥	编委	《中国瓜菜》杂志社
2012—2018	李新峥	委员	新乡市名牌农产品评审委员会
2012—2018	王广印	委员	新乡市农业标准编审委员会
2012—2018	李新峥	委员	新乡市农业标准编审委员会委员

（续）

时间（年）	姓名	学术名称	单位
2013—2018	李保印	专家组副组长	中国天香联盟
2014—2018	周瑞金	理事	中国园艺学会柿分会
2014—2018	周秀梅　李保印	理事	河南省花卉协会芍药牡丹分会
2014—2018	李保印	华中区主任	中国园艺疗法协会
2015—2018	刘会超	常务理事	河南省风景园林协会
2017—2018	刘会超　李保印 王少平	常务理事	新乡市花卉协会
2018—2018	李保印	成员	中国玫瑰联盟专家委员会
2018—2018	何松林	委员	教育部林学类专业教学指导委员会
2018—2018	刘会超	委员	教育部高等植物生产类教学指导委员会
2015—2018	王广印	常务理事	河南省园艺学会
2015—2018	王广印	常务理事	河南省园艺协会

（四）合作项目

2007—2012年，教师承担了5项横向合作项目。

表3-35　2007—2018年横向合作项目

时间（年）	主持人	项目名称	合作单位
2013	朱自果	猕猴桃抗溃疡病基因功能研究及抗病猕猴桃新种质创建	陕西省农村科技开发中心
2014	李新峥	中日南瓜种质资源DUS测试标准评价与交流	河南省对外科技交流中心
2014	李新峥	中韩有机蔬菜生产标准示范	河南省对外科技交流中心
2016	杨鹏鸣	不同条件下酶对茶叶籽油脂体膜的影响	贵州师范学院
2018	李新峥	南瓜优良资源创新利用与新品种选育	河南农业职业学院

八、学生工作

（一）历届学生名册

1.2007级学生名单

（1）园艺071（2007.9—2011.6）

王云飞　吴金元　张军海　冯志杰　池　浩　索苏伟　张志红　曲欢欢
张赛莉　李　姣　高丹美　张　灿　栗经鹏　李培培　尚湾湾　吉瑞花

陈光娟　冯延霞　郭曼曼　李文爽　张　娜　张　娟　张贺生　王　阳
张　欢　郭晓彦　王林风　苏　宁
(2) 园艺072（2007.9—2012.6）
朱青盈　王付强　王燕威　肖成龙　买佳林　陈　磊　石俊刚　杨晓瑞
郭亚力　徐世宏　王　晗　刘香婷　杜丽芳　余　丹　叶利敏　毕小倩
申保珍　赵福娟　靳姗姗　朱全美　郭慧敏　秦　晶　王　俊　郑钫丽
梁春平　柴月娥　蒋春玲　李　贺
(3) 园艺073（2007.9—2012.6）
徐　斌　李雪峰　张杨泉　刘光明　张海龙　韩晓云　桑梦林　于瑞敏
涂少冉　李永芳　赵丹丹　杨惠芳　周花蕊　闫爱民　陈　静　刘国辉
姜　瑑　郭　莉　王维维　屈田田　成金妮　陈茂敬　邱会云　张荣丽
程召阳　李　兴　郝美玲　陈　莉　武飞飞　欧阳彦朝
(4) 园林071（2007.9—2011.6）
张高磊　李晓波　岳耀森　韩建军　常晓菲　李祥祥　王　鹏　余　琦
周　飞　李　昌　崔文龙　余彦俊　姚　瑞　郝应得　刘少康　张红倩
周晶晶　赵淑艳　朱君君　董丹丹　时婷婷　付会会　王智灵　张桂英
陆春霞　蔡娜丽　林丽芳　张娜娜　张静静
(5) 园林072（2007.9—2011.6）
刘　帅　李永正　张晓凯　王国辉　周豪杰　张　报　杨　舟　余西华
沈　凯　董文龙　雷　松　刘　畅　李　彪　李东辉　陈　龙　马海霞
赵白华　马新娟　张　科　张秋雨　薛艳梅　王月芳　孙菊华　史亚娟
赵美丽　李小美　郭向卡　曹明盼　王　爽
(6) 园林073（2007.9—2012.6）
邓小龙　崔红光　刘朋与　王站稳　杨　潘　牛海松　任伟刚　王见波
曹　瑞　桑　军　晁国伟　王志民　牛改霞　张宵梅　张小凡　赵克克
郭平丽　杨金苗　王文娟　王暖暖　王　乐　张晓敏　游素珍　王方方
苑冰心　李　星　张红兰　胡凤珠　靳　杨　徐晓慧
(7) 园林074（2007.9—2012.6）
司士强　赵文彬　翟树国　张灿民　秦广超　陈德厚　成正亮　张建利
耿　立　王电杰　杜家威　王俊阳　张文丽　罗　洁　陈　翠　陈琳娟
靳海燕　王青青　刘佳佳　未丽娟　闫宗平　朱中秋　单延芳　程玉珍
王娜娜　唐玉莹　高腾腾　郭祥娟　常青华　乔国风
(8) 园林075（2007.9—2012.6）
成传奇　叶希久　符金辉　杨俊广　王永明　李　记　李伟峰　杨晓明
程小明　管小龙　薛华磊　张程锋　李海霞　侯金鱼　师兰春　董沁沁
段　慧　秦晓峰　梁云云　冯志英　张永奋　魏君婕　夏冉冉　刘露露

司闪闪　宋　娟　李　艳　张佳妮　张玉平　张双芹

（9）城规071（2007.9—2011.6）

牛云志　李亚州　安韶卫　刘佳佳　路　淇　宋志浩　高文博　孟　旭
耿智慧　刚长山　郭荣民　周　伟　曹军祥　陈　坤　苗红涛　于海波
马国栋　商曼曼　李沙沙　杨　宏　刘红林　骆泽秀　王森森　蔡金娟
高　芝

（10）城规072（2007.9—2011.6）

曹　斐　姜守法　张　超　张　振　曾　军　雷朋朋　冯　帅　付文良
韩　琰　尹绪禄　何晓勇　张国晨　朱哲华　刘　鑫　石秀平　杜明凯
张　阳　张军强　马维峰　李图南　李晓芳　王影影　刘　娟　孙洪云
卢华峰　孔肖兴　黄　倩　刘　鸽　郭　琼

（11）城规073（2007.9—2011.6）

王晨光　原培杰　艾立宁　张志彬　许宁宁　丁大超　袁　鹏　范有信
潘龙飞　高　屹　邵亚峰　王　哲　段海红　马培钧　李默然　刘　洋
马　永　宋　朋　丁梦蝶　王丽丽　白　霜　张　晶　王肖肖　栗利琴
葛素红

2.2008级学生名单

（1）园艺081（2008.9—2012.6）

高迎兵　汤俊杰　张玉园　高　滨　代　阳　林志亮　闵子扬　黄　超
刘俊年　郑　健　周超杰　靳晶豪　张西洋　付佳宁　吴　醒　张　娅
刘真真　李宁宁　蒋琳琳　马玲玲　杜文青　李鹏鹤　郭锡莎　于　迪
殷雨薇　李　丹

（2）园艺082（2008.9—2012.6）

陈理军　阮　晨　何　超　张坤鹏　王红全　孙蓬勃　马子龙　郑青峰
刘　飞　宋文杰　陈德波　靳高超　郭超群　孙　科　冯鹏飞　吕茜茜
王楠楠　杜林洋　冯海燕　陈梦莹　韩树英　赵庆霞　陈雪荣　杨萌超
刘淑颖　雷清丽　张　双

（3）园艺083（2008.9—2013.6）

陆天龙　殷祥辉　党保超　胡卫国　黄园园　余美鲜　张　丹　司慧玲
王欢欢　何倩倩　何献花　段林娜　郭慧平　张庆丽　杨　双　李丁丁
李晓红　郭子娟　石　月　崔进丽　文晓进　杨晶晶　张亚亚　高亚飞
李会会　张　甜　申　兰　马慧慧　郝水莲　和颖颖

（4）园艺084（2008.9—2013.6）

刘　辉　吴炎培　冯　冬　刘石刚　王羽修　吕兰兰　杨景云　杜清叶
陈双凤　刘　芳　张琳琳　王晓静　李月丽　朱小丽　刘晓娟　尚　杨

李晓珍 赵志汝 伦 丽 郭 爽 李秋平 史亚楠 桑慧芳 张千千
肖亚娟 武姗姗 李艳华 辛 琴 王媛媛 袁明丽

（5）园林081（2008.9—2012.6）

杨 磊 张朝松 王 震 朱振德 孙 涛 李学磊 孙东阳 王林峰
马 旭 扈岩松 马文超 吉亚鹏 于卫月 王剑锋 刘晓杰 田晓鑫
刘 静 白锦锦 王红英 刘 静 孙星琳 殷 良 廖 双 韦丽帆
韩静静 耿红兰 李 峥 康利平

（6）园林082（2008.9—2012.6）

王如赵 仝磊磊 白岳峰 杨 磊 刘 鹏 曹 坤 董 果 马军峰
李清丰 王彦顺 万彦飞 武胜男 徐振江 冯培举 庞智广 谭闪闪
冯 云 周 丹 王丹丹 李书勤 包艳杰 黄欣欣 张明会 孟焕美
谢潞璐 李闪闪 杨静思 冉孟利 卫 莹 张 利

（7）园林083（2008.9—2013.6）

刘 洋 朱新亮 王胜奇 赵 震 段东圻 刘滑斌 方春霞 夏雪梅
郑 霞 周双歌 徐莉莉 刘英英 申凯歌 申 飞 肖丽杰 杨军红
栗晓智 付灵杰 孟 鑫 赵慧荣 桑立红 杨 丽 刘丽丽 李阳阳
靳莹莹 蒋利娜 申会苹 韩俊晓 石焕真 李孟云

（8）园林084（2008.9—2013.6）

袁大淼 方 朋 许 斌 党付启 王 震 张 震 张利斌 余文雪
孙东方 李 甜 张守利 王 妮 魏湾湾 夏明丽 徐雪洋 邢艳婷
李文娟 张 梦 未永丽 韩琳培 李刘霞 吕桂芳 郭耀岚 郭伟伟
张丽君 尚晶晶 孙文婷 王慧娟 王清艳 薛燕燕

（9）园林085（2008.9—2013.6）

王熙阳 李 鹤 汤 军 康 伟 李彬会 李鹏翔 刘 梅 李远远
孙 臻 袁闪闪 马满香 夏蕊蕊 王钰清 吕银银 李晓晓 刘小贯
张利新 李 艳 董赛赛 孙士咏 李晓芬 孙亚亚 付欢歌 丁艳艳
韩 文 刘卫华 韩 娅 刘 欢 任利娟

（10）园林086（2008.9—2013.6）

叶 超 彭乐乐 吕子华 王振东 张五九 邹 一 向 红 闫 娟
李桂卓 张娜娜 汪俊珺 李 妍 崔 玲 孟丛芳 郭林梅 陈会丽
李渊媛 周群杰 李京豫 王梅绘 王佳梅 尹雯雯 尚变变 王 珊
刘珍珍 薛秋艳 贾文娟 耿俊俊 张君君 段俊红

（11）城规081（2008.9—2012.6）

石庭红 陈少树 孟 征 张文学 建 剑 喻栋楠 陈向涛 柴军威
张鹏飞 李 阳 岳宗臣 赵帅刚 关江超 崔荣辉 朱振华 魏士海
郭向普 杨俊涛 李延召 马五龙 张 琪 李 盼 武营营 范小蒙

窦欢欢　罗亚敏　苏轶昀　王　敏　杜荣华　江文杰　李梦阳　皇甫昆仑

（12）城规082（2008.9—2012.6）

李维波　尹沛然　王景钊　宋乃银　陈凯南　罗　晌　张书宝　梁　凯
王开放　周科科　李　扬　郭亚林　徐东方　呼　骞　叶　飞　李风歧
汤晓飞　郭　璐　赵慧杰　马海彦　陈　曦　杨　静　张春蕾　夏彩霞
毋志云　刘蒙蒙　丁丽娟　王利利　石好为

3.2009级学生名单

（1）园艺091（2009.9—2013.6）

黄　振　马光辉　刘金朋　张阳阳　刘容池　户如龙　胡定辉　高宗卫
肖晓磊　李　峰　冯自洋　叶佳明　贾　彪　宋兰兰　杨银娜　卢爱晓
赵凤莉　刘志冰　样弯弯　王彦青　高　璐　李坤展　潘雪珍　刘　盼
朱　佩　盛丽萍　冯晓燕　王　卓　张佳佳　司马亮亮

（2）园艺092（2009.9—2013.6）

尹　晓　杨　刚　张永强　周海泉　闫彦涛　郭旭辉　殷　恒　刘文杰
邢雪豪　刘冬冬　瞿顺龙　汪　洋　陈宏志　付　杭　周黎辉　贾真珍
王瑞华　于利娟　赵桂琴　徐韶丽　员梦梦　娄腾雪　荆　华　黄海娜
李　斐　杨　新　关晓弯　贾娜娜　李国凤　付　婷

（3）园艺093（2009.9—2014.6）

周　帅　郭见华　赵东波　郭昌盛　扶新锋　赵　凯　刘亚玲　王红霞
于玉芳　郭素红　蒋秀芳　牛雪艳　严　妍　李倩云　刘晓莉　杨艳红
王　静　范晓晴　金红安　陈密鸽　梁红飒　王艳丽　许　瑞　鞠晴晴
蒋向红　张　芳　焦慧杰　张金凤　赵慧玲　尹秋萍

（4）园艺094（2009.9—2014.6）

岗晓洋　鲁晓晓　张国莉　郭巧燕　李军丽　冯相红　郭玉波　徐凯歌
李建飞　齐阳阳　刘君丽　熊玉燕　闫芳芳　崔婉莹　董　敏　李丹萍
孙媛媛　温欠如　王慧玲　朱春霞　郭红晓　王　茹　钱　玉　胡　芳
安　旭　元长松　王振宇　杨锦锦　王金坤　黄　贺

（5）园艺095（2009.9—2014.6）

段高鹏　张五升　崔保磊　秦小朋　董向向　胡　鑫　赵　华　郑小党
杜丹华　郭永霞　温亚楠　常珍珍　宋瑞平　张利贤　张海芹　王会平
杜亚巧　王　新　王娟芳　郝艳艳　毕菊花　王　琳　赵秋芝　李　爽
王　帆　朱艳辉　张文静　张晓艳　时　贤

（6）园艺096（2009.9—2014.6）

蒋熠晖　张金娜　骆蒙蒙　刘晒晒　刘闪闪　黄闪闪　米　艳　卫白鸽
郝晓华　倪　蕾　闫朝辉　张亚敏　王胜楠　张玲玲　代青云　王　慧

顾新新 简小娟 黄 伟 路银丽 李蕊丽 曲志慧 栗菲菲 崔朝华
米泽元 马宇强 郑 巍 吴亚运 张 亮

(7) 园林091（2009.9—2013.6）

李佩付 何长焱 岳喜杰 赵广要 曹 坤 彭川川 王希昌 齐镇镇
孙光勤 闫民静 朱苗苗 侯淑娜 赵亚平 胡雪灵 李兵阳 张艺苑
刘二信 高中辉 毛文龙 王旭锋 刘家家 陈 更 张 林 牛怀胜
李皓洁 郭 双 马 杰 赵晶晶 韩 璇 李 绅

(8) 园林092（2009.9—2013.6）

李伟杰 尚伟珅 刘 宏 赵 晨 张建国 李大卫 李延飞 魏 雷
姚 超 秦 凯 张云晖 尚小会 赵美净 宋 妍 肖 红 陆金伟
冯泽宇 丰 焱 张少朋 张 震 汤德虎 王 正 王后朋 马 杰
郭聪聪 张盼盼 晁艳星 张笑晨 任海飞

(9) 园林093（2009.9—2014.6）

李 会 胡伟云 张 威 周玲敏 贺丹丹 史蒙娟 张志颖 黄长叶
魏秀元 牛清清 钟永娟 王晓阳 马九萍 马焕玲 丁文文 田 甜
彭艳玲 王苡然 李非凡 张 款 任俊峰 丁 勇 牛志鹏 王 震
冯雨龙 曹磊兵 于雪城 鲁 伟 郑 建 魏志发

(10) 园林094（2009.9—2014.6）

宋军超 刘宝财 郭晓亮 郭文亮 景振华 高长文 冉彬彬 王 勇
芦家柱 樊文江 刘继红 高丽敏 杨丹丹 张 琳 张小艳 李艳君
牛余静 齐雪真 郭红霞 魏 青 李小霞 程俊利 刘路路 黄佳敏
马雨梅 李葵花 闫晓楠 李方针 代春兰 后鸿宇

(11) 城规091（2009.9—2013.6）

代天仪 冷祖兵 吴亚洲 胡刘成 李金涛 乔 恒 周 松 王涤新
王博文 赵 欣 赵久华 杜 攀 柴二林 宋 晓 方 松 杨恒佳
严攀科 张长城 常 征 沈希宝 罗双双 马 帅 王影影 刘 敬
韩 佩 朱晓乐 霍晓娟 梅文燕 向音音

(12) 城规092（2009.9—2013.6）

任鹏飞 徐 鹏 马少谱 丁祥祯 田文路 程振坤 奚 亮 陈士丰
李晓新 刘丹凤 李文豪 吕周杰 李建华 赵天龙 吴昊勋 余雪峰
张 迪 郑 毅 雷志强 茹珊珊 徐少囡 常飘飘 邱 晨 石桂华
马 冰 蔡慧诘 杨明月 寇香丽 王 瑞

4.2010级学生名单

(1) 园艺101（2010.9—2014.6）

郭成斌 邵珠田 张一磊 韩高奎 喻 辉 王若飞 张亚林 杨 静

丁圆席　赵景华　赵艳秋　常鹏荣　崔庆慧　朱方方　井肖迪　宋　翠
王艳萍　袁奕平　汤小美　冯婷婷　刘田田　晋丽珍　刘　凤　沈　雁
丁体玉

（2）园艺102（2010.9—2014.6）

杨献朝　魏一鸣　许帅领　吕　涛　史　鹏　王　璇　付燕娇　李　霜
徐佳乐　杨小杰　徐　爽　郭娇娇　周雅秋　洪　芳　栾逍南　刘婉君
王红伟　詹林玉　杨玲玲　赵倩云　杨绪敏　郑　凤　晋瑞芝　邵美乐
刘　洁　夏霜慧

（3）园艺103（2010.9—2015.6）

李倩云　李　超　孙　甫　杨春雷　冯　贝　郭威涛　韩　建　韦玉龙
宋小可　陶翠翠　宋伟平　王梦叶　刘贝贝　魏志娟　马梦瑶　郝文慧
杨婉利　蒋艳丽　张俊俊　卜璐璐　李　腊　顾彩彩　徐变变　张丽娜
耿馨如　卢冬梅　夏艳芳　胡　莉　吴长柳　褚　柯

（4）园艺104（2010.9—2015.6）

赵　耕　李相飞　张冲冲　张伟伟　张　龙　黄林强　李国朋　汪亚芳
刘　丹　贾宝玉　韩欢欢　刘　向　贾志慧　郭彩平　段佩岚　郭小婧
李换荣　李永丽　刘园园　郭海风　刘稳稳　刘叶婵　何婉婉　李亚丽
田晓玉　李美灵　张　芳　刘萍萍　王亚丽

（5）园艺105（2010.9—2015.6）

姚天增　张明举　崔向南　郭　彪　王思安　张贞冉　万圆圆　王玲玲
张梦杰　康开心　刘晓芳　马超燕　傅咏贤　付玲玲　郝梅荣　李新荣
李俊园　杨　棋　张彩彩　屈倩倩　闫弯弯　陈　爽　顾慧环　闫剑璞
王迎春　陈　佳　李岩峰　余清波　许小燕

（6）园艺106（2010.9—2015.6）

曲志鹏　张　剑　孔帅兵　王伟涛　孙金龙　尚　博　田坤红　张书玲
刘建红　张肖亚　郭亚男　刘　丽　许家瑜　牛桂红　杨娜娜　郭小绢
李　欢　邢鹏娜　任洁茹　葛如岳　鲁静静　司丽丹　张　玲　许玉娟
房隔夏　仲莉莉　田彩芳　刘　芳

（7）园林101（2010.9—2014.6）

苏有朋　高栋渊　耿帮来　季泽峰　张灿智　李江涛　郭　磊　李永康
张　超　梅可可　肖之强　沈　豪　李　俊　刘　浩　姚利红　郑存住
李秋生　李　晓　周广鹤　闫勇惠　赵　凡　常名莉　韩醒沛　赵一军
陶　文　李　楠　陈　曦　丁秋红　胡彩云

（8）园林102（2010.9—2014.6）

王晓武　牛孟南　付晓亮　刘天豪　刘久帅　曹广涛　李兆丰　李向阳
朱保全　梁　坤　李春阳　魏文彬　薛江涛　刘权威　张惠苹　梁巧会

王田歌　周炳均　张趁巧　王俊铭　王　月　路军芳　王凯月　王祥慧
李菲讯　孙梦鹤　丁　丹　王维晓　何明霞　张　慧

（9）园林103（2010.9—2015.6）

李艳领　聂　艳　蒋　笑　朱玲稳　宋文芳　李亚谨　李玲艳　徐梦梦
张　萍　马九萍　何冬梅　陈建进　宋满仓　申曼曼　和军红　方　娜
宋亚峰　贺　妍　曾祥文　刘莉娜　杨宝丽　易善涛　李晓青　景玉锋
陈晓晓　杨启乐　梁飞田　贺　闪　郭　涛　叶文欠　秦燕芳

（10）园林104（2010.9—2015.6）

李振华　巴世超　牛伟峰　崔斌斌　李会召　李明阳　陈风娟　耿瑞丽
李亚方　卢珊珊　王月萍　韩利平　田芸溪　石方方　王佳佳　付娇娇
王雪丽　郭晓霞　张红霞　王玉培　张红红　孙志云　李燕楠　高海侠
闫红侠　朱雪洁　秦伟英　郭慧珍

（11）城规101（2010.9—2014.6）

刘义博　刘潘星　刘　鹏　赵　帅　朱少彬　韩懿玢　庞合想　杜贤帅
周成刚　赵红军　杨立甲　张　鸣　付红培　李亚飞　王义友　郇亚宁
史翔飞　杨玉坤　姚　红　徐　浩　周　茜　梁梦莹　陈　津　王青青
杨美佳　刘松鹃　李霞辉

（12）城规102（2010.9—2014.6）

杨　洋　梁志刚　张　豪　李　锋　郭　斌　姚二垒　张二帅　郭竹林
李　岩　郭晓振　金　潇　许士胜　刘诗芳　薛　飞　张　飞　付方其
张　浩　胡晖浩　毛义坤　余　昂　赵艳丰　阎唯唯　石丽楠　崔文竹
王　梦　钱美琪　李玲君　黄　岩　王倩倩　王泽民

5.2011级学生名单

（1）园艺111（2011.9—2015.6）

陈增举　李　丹　李姣姣　葛　倩　刘淑侠　孙梓峰　王红征　聂建满
李晓静　杨道印　宋　申　丁慧霞　郑光辉　郭言言　王璟祎　杨香玉
郑妍妍　臧　杰　许　丽　徐素娟　王珊珊　洪励伟　王佳宾

（2）园艺112（2011.9—2015.6）

符　伟　郭玉鹏　李　刚　刘红乾　刘银辉　宋子文　王齐旭　杨晓东
陈　举　陈莎莎　董婷婷　霍文雨　金新开　卢磊丽　芦志红　王年年
王新芳　杨向阳　张晨辉　张　丽　张孟茹　张　一

（3）园艺113（2011.9—2016.6）

郭玲廷　付玉凯　郭顺杰　李　强　李亚广　李　友　王安龙　程江艳
崔林林　董惠青　范春燕　郭晓桐　韩国平　胡凌捷　吉澄澄　李彩哲
李珊珊　马静文　牛艳美　齐晓阳　秦钰晶　史小艳　童瑞丽　王玉凤

吴焕霞　吴利园　杨玉姣　元柳绘　张　科　赵军华

（4）园艺114（2011.9—2016.6）

常耀栋　何元东　王前进　武鹏飞　赵洪刚　陈扬扬　冯臣飞　付　羽
郭佳佳　郭腾飞　郝春歌　江亚榕　李雅娇　李志慧　刘梦秋　鲁学敏
陆　焕　祁广俊　秦艳沙　王凤云　王梦梦　王雪霞　于艳艳　袁艳贝
张　丹　张利娜　张杏荣　郑　兰

（5）园艺115（2011.9—2016.6）

程宇通　李威亚　马俊伟　王永乐　杨　赛　董如梦　韩林艳　黄　铃
李春慧　刘利娟　刘晴晴　罗芳芳　马　晴　牛小芳　裴林香　曲海玉
王佳佳　王简简　王静静　徐冰冰　杨豆豆　杨会佳　杨雅萍　于　晴
原东月　张碧晖　张莲莲　张　倩　张志利　朱英英

（6）园艺116（2011.9—2016.6）

董　涛　黄明君　刘　思　宋晓东　杨明明　邓晓玉　冯蒙蒙　郭俊丽
郭亭亭　韩慧慧　贾玉洁　李凤玲　李运彩　刘海燕　彭　芳　任若男
孙俊藏　王丽影　王笑凯　徐辉红　杨冬佩　杨林芳　杨小会　袁丽莎
张飞艳　张　可　郑清清　邹晶晶

（7）园林111（2011.9—2015.6）

董　科　李云橙　刘　锋　刘　欧　王付满　王　强　邢金森　曾　露
朱　明　胡绍彬　陈红艳　陈　莹　崔春英　崔　敏　胡晓晴　贾　珍
孔倩倩　李晶晶　刘虹麟　刘俊娟　刘赛楠　刘　霞　申　梦　申　星
王巧玉　王晓雅

（8）园林112（2011.9—2015.6）

彭怀勇　高得森　郭朋飞　胡旭可　雷卫坤　刘　聪　刘宁涛　史文强
司委川　孙雨照　徐　恒　代利婷　郜素含　胡　段　李　灿　李斯佳
李　亚　梁垚鑫　罗旭歌　裴亚蒙　孙申申　王彩玉　王小菊　吴长虹
张蓓蕾　张利阁　张梦弟　郑笑簿

（9）园林113（2011.9—2016.6）

高小波　胡　锋　梁　浩　吕文康　钱富贵　吴建华　肖汉文　朱新建
陈士英　陈向向　崔梦迪　董惠林　洪燕贞　李凤丰　李姿慧　梁丽娜
刘　婷　龙　飞　苗玉叶　裴方方　尚　婷　时　冉　王　莉　田莉莉
王　茹　王文琳　魏梦飞　张　艳　左亚娟　郭保霞

（10）园林114（2011.9—2016.6）

郝明亮　李　超　李　炎　霍志龙　魏宏亮　杨志涛　赵成海　李云芳
高祥云　刘会君　李明霞　李晓芳　岑　敏　刘　敏　刘　丹　杨晶晶
张砚华　盛培培　张聪玲　乔芳芳　孙慧月　宋春亚　张乐乐　柳　芳
石晓风　王晓华　吴雪萍　闫冰洁　张湾湾

（11）城规111（2011.9—2015.6）

丁　闯　郭　闯　韩　一　胡德继　李金阳　蒋志成　孙至锋　莫刘杰
张宗义　王大桥　周意林　王晨阳　王琳翔　赵　志　徐　成　种祥坤
朱志宾　徐俊珂　杨恒佳　李琳琳　梁　贝　刘先颖　潘　静　史永娜
王　芳　杨露娜　李紫君　张燕宇

（12）城规112（2011.9—2015.6）

崔　强　樊建毅　韩梦飞　韩帅义　韩中耀　何东交　贾　彬　李继榜
李　胥　路振明　齐　欣　王少伟　许杰凯　杨刘海　于　水　喻志高
赵帅岭　周道兴　曹杨丽　崔良茹　郝晓雅　孙　玉　田真真　王梦慧
王晓梦　王晓阳　王　妍　岳小华　张　雪　赵志峰　周玉萌　周萌波

6.2012级学生名单

（1）园艺121（2012.9—2016.6）

喻　辉　李帅豪　李　强　李权权　米乾雷　梁乐乐　翟　江　梁家昌
宋学良　王运动　周洋洋　晋延蕊　李慧子　裴利菲　张义帆　孙洁丽
王晓晓　解惠敏　何淑敏　高　静　张琳娜　艾义婉　张　凌　王　婷

（2）园艺122（2012.9—2016.6）

吕志伟　李思明　杭林枫　梁晓亮　陈长春　金　整　吕本尚　黄永明
郭亚楠　王雅馨　陈艳艳　冯雪锋　葛晓宁　孙梦利　豆美美　马亚萍
曹亚洁　袁方芳　崔香丽　肖　静　王　敏　王朋月　杨青青

（3）园艺123（2012.9—2016.6）

王奇宜　李　闯　郝永亮　李孟真　韩亮亮　李　敏　陈　汐　董双娜
陈金婉　张新军　孙文静　高健玮　尤柯方　李慧芳　刘　俐　黄慧娟
王　婷　任小吉　李　婷　卢聪聪　高　芳　王晓贯　侯孟兰　刁单丽
王　玲　李　娜　韩艳粉

（4）园艺124（2012.9—2016.6）

徐　闯　鄢立跃　岳　生　刘立果　石仁坤　范赛男　陈典典　刘继颖
张林清　刘红艳　李　琳　郭香玉　魏真珍　张明明　崔小青　逯婷婷
李俊巧　高晶晶　陈瑞雪　孟凡茹　程明明　张景景　沈晓晓　孙莹莹
苏　茹　李军艳　汪　迎　董　芳　訾毛凤

（5）园艺125（2012.9—2016.6）

李　剑　陈相有　吕瑞峰　程明明　刘康康　杨冬丽　高二娟　孙亚格
徐莹莹　吴要许　魏志芳　刘　瑾　傅曦曦　许世芳　于雪峰　王梦杰
葛晓敏　张慧茹　关红娜　骆慧慧　姜　珊　随小妮　张向向　白雪莲
张　琴　田　蕾　杨腊梅　邱坤坤　江　毅

（6）园艺126（2012.9—2016.6）

顾许超　李　超　赵　隆　张　浩　张良玉　王丹丹　李闪闪　陈倩倩
黄清瑞　申军瑞　郭英姿　王　丹　魏良倩　路惠珍　侯林汝　牛刘静
郑孟菲　张会敏　牛杨莉　张晓晓　王妍妍　韩莹莹　代惠惠　霍梦杰
秦　雯　王冰婷　彭孟凡　杨真真

（7）园林121（2012.9—2016.6）

朱烨范　何鹏飞　邬宇明　孙国宇　路国顺　闫　帅　柴煜歌　李　帅
苗铁鹏　王富强　李彦鹏　张　乐　潘全志　刘　宾　王仕冲　王　科
巩　博　轩寒风　王迎丹　郜点点　李　娴　宋雪冰　王晓艳　陈阿丽
李　琦　曾　亚　陈春阳

（8）园林122（2012.9—2016.6）

王　兢　王俊凯　王双全　王瑞东　张洪华　刘伟杰　贾益兴　李　宁
武志天　辛炎峰　爨宁丹　能玉娟　张艳伟　王林园　刘一鸣　刘文莉
张保萍　杨钧钧　王书华　郑巧巧　刘信号

（9）园林123（2012.9—2016.6）

王俊男　杨子斌　郝朝宇　宋松峰　郭朋辉　潘明皓　裴　鋆　程晓军
曹璐露　何晓南　杜灿灿　王瑞琪　郭蓉燕　于林冉　呼芳慧　杨晓丽
王垲鲜　王瑞丽　牛安香　郝梅何　靳静静　陈缓缓　何宗香　陈嫣粉
穆晓莉　陈英杰　张　婷　林　婧　汪　琴　吴小双

（10）园林124（2012.9—2016.6）

刘少君　石永辉　陈林虎　杨何庆　刘成龙　朱满新　黄成军　王思成
曲莹莹　王艺静　刘巧丽　张毓晋　刘　倩　郭玲玲　李霞丽　张梨云
王雪苗　牛艳芬　魏淑红　崔丁尹　刘娇娇　王献梅　刁莹莹　张满菊
张　帅　韩　燕　高　静　雷　樱　孙梦萍　吴少娟

（11）城规121（2012.9—2016.6）

张伟鹏　郑培林　张华辉　刘志勇　魏　彬　柴军峰　刘剑峰　刘明阳
姚松强　孙盼龙　刘亚博　张自魁　崔常远　徐淑贤　钟　浩　郝　桂
刘　通　解秉功　苑抱抱　李雪丹　司　炜　丁　洁　张雅贤　岳莉莉
陈建兰　杨继萍　梁　爽　黄　静　张贵君　韩海俊

（12）城规122（2012.9—2016.6）

邵寒玉　赵海涛　李亚飞　魏易昌　刘帅杰　司　凯　秦　凯　朱红灿
王培任　葛　豪　王盈智　王　建　何翔飞　王书峰　罗志恒　曹学宇
田虹霖　田利民　谢元超　丁　祎　张　倩　田亚婷　杜雪薇　张文洁
陈雷鸣　张慧欣　倪娇娇　赵郝楠　胡秋杰　束可可

7.2013级学生名单

(1) 园艺131（2013.9—2017.6）

牛延斌　朱秋楠　王文博　娄航通　马建伟　申子昂　王　楷　陈　帅
袁留强　常怀成　韩　东　杨云鹏　黄远博　彭　飞　朱加丽　暴会会
王　云　王亚磊　姜文倩　丁利平　李洋洋　张璐瑶　许国芳　陈爱茹

(2) 园艺132（2013.9—2017.6）

金荣昌　陈延超　崔　灿　王电卫　赵　洋　刘　丹　王海宾　孙银辉
胥超奇　王世奇　郑任申　朱明沪　王　克　郑　伟　姚小珍　白艺博
张　蓓　仝豪杰　曹可丽　张静祎　蔡姗姗　范东东　方婷婷　晏　雯
朱玲玲　许倩倩

(3) 园艺133（2013.9—2017.6）

李明强　李学林　王　雷　王宣富　曾　强　赵　雄　甘　霖　刘明丹
王　莹　董文杰　孟亚辉　尚娜娜　汤苗苗　秦巧丽　张景茹　桑云香
岳慧欣　李烨烨　李　锦　王　爽　张利利　王瑞敏　蔡海雪　王　婷
叶艳丽　张园园　程萍萍　张麦叶　李　倩　李　元

(4) 园艺134（2013.9—2017.6）

张　帅　井自航　周冠豪　杨　涛　刘文杰　程永琦　李先朋　张素霞
员苗苗　连艳会　乔亚鹏　鲁岩岩　郭媛媛　顾　倩　庞弯弯　牛彩凤
郭金竹　黄丽君　宋如慧　姜　申　张香香　周明明　王国英　李　静
吴海燕　陈梦姣　杨　楠　张　琪　罗月琴　张丽君　赵亚丽

(5) 园艺135（2013.9—2017.6）

王东军　赵红阳　胡少华　徐连海　郝成刚　辛董董　蒋晨哲　张文清
王彦格　王晴晴　任鑫鑫　范欣欣　郭潮宇　郭慧敏　牛瑞芬　李青芳
刘倩汝　栗青丽　朱若男　张雅丽　豆风霞　余前丽　黄姣云　曹　配
蒋丹丹　李艳雯　宋　巍　叶　萌　杨　楠

(6) 园艺136（2013.9—2017.6）

张志恒　郭　鹏　王润圃　王宁宁　陈永丰　王东磊　余　飞　任海霞
潘璐璐　樊微微　谢莉莉　宋凯迪　陈　悦　刘逍肖　王　莹　刘丹丹
王美丽　王　艳　陈亚丹　齐梦迪　赵孟媛　陈金鸽　宋慧娟　郭荣莉
谢雨婷　班　爽　张　玉　江春丽　周　星　李姗姗　孙凤粮

(7) 园林131（2013.9—2017.6）

齐浩乾　闫帅飞　秦全有　李金辉　彭超峰　牛永博　吴刘帅　邱根麒
白天军　王　意　李　飞　冀蒙蒙　曹琴影　王珊珊　韦明娟　刘云洁
申　萃　王启慧　张淑莹　段林林　寇明杰　刘　媛　黄丽英　位玉娜
郑秋莉　周　岩　赵芝荟　刘　引　任　雨

（8）园林132（2013.9—2017.6）

孙浩旭　刘会峰　李梦晨　林作栋　李育栋　李海洋　赵志全　王　鑫
成　鑫　陈　帅　李金俐　毕　骄　王金环　郝军利　范翠云　赵璐玥
时慧芳　任红红　谢慧敏　乔艳玲　赵东丽　陈扣梅　张金萍　崔金凤
张丽霞　张诗悦　李倩雯

（9）园林133（2013.9—2017.6）

王晏雨　代路博　段进阳　郑一伟　夏小康　杨继生　胡志娟　潘小盼
任会莹　刘　怡　黄艳培　李雁飞　余婉婷　杨星星　谢添添　李欢欢
纪笑语　张　利　东　涛　李培艳　郭跃宁　陈林芳　赵佳敏　张亚娟
程明明　王培培　张　林　黄香巧　张荣鑫　朱　雅　张丹丹

（10）园林134（2013.9—2017.6）

李鹏祥　高　宁　张凯栋　苗永涛　韩晓东　刘书敏　耿　露　张君鹏
张慧敏　张　优　薛晓静　赵　崴　魏平平　张苗会　姜艳芳　王云霞
杨小会　王彩云　陈闪闪　谢晓敏　叶伟伟　李南南　付　盼　徐　琴
张　红　欧阳翠玉　李　敏　代委委　李凤岚　赵　颖

（11）城规131（2013.9—2017.6）

朱　迪　练一帆　任　健　李　旭　王星火　宋国旗　平　珂　王东波
王志超　朱营军　石雷猛　袁　灿　阮先琪　杨　满　张俊峰　樊保刚
章清贤　袁　恪　李维康　李文智　胡凯雄　金　芋　王　雨　徐森垚
王萌萌　王孟丽　李梦可　李艳美　齐亚静

（12）城规132（2013.9—2017.6）

巩宜盟　金　磊　李沛昊　李曙光　李振宇　张耀东　谢新潮　冯晴晴
朱智超　朱容鑫　张　昊　何硕硕　王　涛　白文举　袁　野　陈　晨
郭　强　王向哲　王梦杰　陈雪娇　石彬丽　张南南　王　凡　刘金枝
王　淦　乔慧茹　皇甫鹿坤

8.2014级学生名单

（1）园艺141（2014.9—2018.6）

李梦雨　王春相　赵银龙　宋志超　岳元召　刘进万　房大顺　于海涛
张玉博　胡少杰　贺少杰　吴海胜　徐欢欢　候慧芳　郝明明　梁梦迪
刘　歌　轩　耐　谢小杰　关方博　王　雁　王　静　郅梦瑶　张婷婷

（2）园艺142（2014.9—2018.6）

卢含乐　孟高杨　胡少强　郝张良　王亚飞　袁国振　韩　喊　丁显印
王俊强　付　洋　李娇娇　许媚琳　张晓华　李文娟　张慧娜　陈朝黎
王　灿　孙瑞瑞　邹玉玲　郑银萍　马元宵　贾子尼

（3）园艺143（2014.9—2018.6）

贺金哲　陈　奎　武帅强　刘世豪　殷梦雪　李　想　李照轩　刘召怡
王梦瑶　常婉婉　沈欢欢　黄莹莹　李晓慧　郝明悦　郭玲玉　辛苗慧
杨淑煜　薛晓庆　褚常雨　陈超霞　朱文杰　胡宏赛　高苗苗　潘　青
朱珊珊　张　昆　张开霞　胡彩珠　江青变　张慧聪

（4）园艺144（2014.9—2018.6）

李作斌　王国伟　槐高瞻　李尧尧　张　鹏　贾鹏飞　周群生　毕淑瑞
郝思洁　王梦梦　闫小林　张　月　吕瑞婷　赵梅茹　李玉香　常禾青
张振丽　路鑫鑫　陈　影　于诗如　聂青青　马超凡　张闪闪　张震华
褚春霞　李炎贝　赵　歌　王　培　张　盼　白娇阳

（5）园艺145（2014.9—2018.6）

付　情　张冬冬　王银杰　张振东　刘　备　陈宏文　陈英豪　荆梦雅
陈园圆　董芳淑　任亭亭　董林洁　杨梦娜　李　晗　刘欢欢　邢艳敏
史美玲　周　佳　段薇薇　姜新爱　郭晓庆　郭志平　郭红贤　陈金金
贾　豆　王璐璐　曹仙童　罗　梅　姚　艳

（6）园艺146（2014.9—2018.6）

张　洋　侯行行　王稼叶　张文昊　何保军　柯　诚　付　强　樊雪靖
陈　瑞　江月仙　李婷婷　杜可新　任紫薇　尚方剑　陈思文　白金慧
胡高雨　李小娴　徐帅飞　张奥缺　杜艳军　谢春丽　葛亚芳　余雪霞
李桂梅　胡晓慧　肖海环　聂凤玲　马小蛇

（7）园林141（2014.9—2018.6）

董小垒　底高伟　李　龙　刘　超　崔晨亮　马怀钦　冯　强　宋鹿音
徐清斌　张存良　贾永豪　娄贵友　汪继韦　闫文浩　滕付有　刘　芝
陈柯帆　陈春丽　陈喜娟　于楚楚　马艳莹　周秀如　张妍妍　马　华
李海鹏　王　灿

（8）园林142（2014.9—2018.6）

方浩然　孟庆华　聂中辉　柴兵阳　韦晨光　栗增耀　马　壮　关朝阳
李智茂　李　辉　余　翔　曹世晓　王　朕　宋婷婷　贾媛媛　卢晓培
张晓月　徐丹丹　李晓璐　周　双　任彦臻　王冉冉　田锦宇　祝孔馨

（9）园林143（2014.9—2018.6）

王凯瑞　郭文成　张珉铖　杨文杰　王延康　李翔宇　张　康　王谱正
王潘利　王欢欢　吕梦林　王丹丹　闫晨雨　王艳慧　侯向飞　陈梦洁
张丁月　杨　进　常铭倩　路阎帅　刘金凤　罗君艳　王　贺　李亚亚
张　凯　华金霞　杨娇娇　褚灵灵　周慧芳

（10）园林144（2014.9—2018.6）

郝召雷　王　帅　陈　奇　韩文超　化收乐　王　俊　魏家恩　吕芳芳

荆凤鸽　程珊珊　刘瑶瑶　李高洁　张萌杰　沈珊珊　陈梦林　吕晓芸
石秀丽　呼坪慧　王　微　陈珍珠　王萌萌　许方方　段禹倩　杨云珠
邵美幸　栗宁娟　齐　庆　陈佩佩　杨　慧　刘戏戏

（11）城规141（2014.9—2018.6）

曹文龙　李超辉　陈　宇　宋瑞武　邹　强　崔　飞　刘壮壮　王在在
郭　涛　张思伟　赵明阳　王佰亿　刘　昊　胡文浩　任永耀　常慧颖
胡亚萍　庞梦来　刘美灵　杨倩倩　舒秀美　杨振华　曹凯丽

（12）城规142（2014.9—2018.6）

郭永昌　张跃锋　李　科　闫晓鹏　李碧元　杨冰冰　余　根　许峻铭
徐纪辉　陈　庚　王四正　李龙龙　杨正桥　赵豪崇　李　蕾　白玲月
李　芳　刘梦茹　刘聪慧　李智远　冯晓晴　王　燕　司文静　王梦云

（13）风景141（2014.9—2018.6）

马鹏飞　王英豪　李新伟　赵振宇　逯建航　葛威威　宋东昌　苏江涛
张松伟　王伟耀　王　萌　李甲玄　胡泽森　张贵豪　胡　魁　刘雪强
易成相　姚新治　游志刚　吴海洋　李　阳　杨玉鑫　高悦萌　杨　韩
张瑞华　李莹莹

9.2015级学生名单

（1）园艺151（2015.9—2019.6）

张朋涛　王文秋　陈培雯　王佳靓　王杰春　吴德正　全　冉　王丹丹
蔡加辉　郭龙龙　王小芬　何浩东　彭陕陕　侯茂林　祝伟伟　张　真

（2）园艺152（2015.9—2019.6）

秦宏坤　张翔宇　曹猛猛　马　冬　张　洁　王　平　张良召　邓梦月
尚梦杰　卢欢欢　曹　磊　刘富群　陈高路　郝宇航　叶佳净　金　俊
王　虎　洪艳阳　康　芮　廖　露　王赛赛　赵思琪

（3）园艺153（2015.9—2019.6）

李　想　沈彩莲　刘春梅　郭梦茹　刘矿霞　魏兰波　秦小蕾　乔丹丹
刘　莹　杨　港　郭慧清　韩庆芳　杨　亮　李家斌　李　聪　马凯杰
郭林鑫　李郑华　朱婷婷　李瑞静　尚卓卓　高雅美　祁雅馨　祁　姣
袁胜男　张春诗　汪　静　刘渊博　余　迪　杨　洋

（4）园艺154（2015.9—2019.6）

杨　涛　钟庆灵　宋　玉　徐美美　徐　青　张海宁　王佳敏　曹恒福
刘素平　任婉利　李林晓　石江玉　杨佳惠　焦国扬　梁羽婷　贺珍珍
朱　雨　马军辉　袁闪闪　付姣姣　胡胜平　许江英　王少阳　李　宁
杜　倩　郭　静　王晓甜

（5）园艺155（2015.9—2019.6）

刘月月　潘依玲　刘　林　张露露　杨赛赛　王志博　王雪佳　唐婷婷
赵彬彬　郭慧敏　孙俪菲　梁　栋　金小燕　周艳芳　秦佳敏　台亚楠
苗晨阳　邱明星　原千千　成志杰　李雪文　王强强　谷亚飞　孙巧玲
马村艺　廉雪菲　王　娜

（6）园艺156（2015.9—2019.6）

胡银双　邱　明　夏文磊　张晓静　黄丹丹　张蔓蔓　彭　萍　李　林
化紫薇　王培培　唐莹莹　焦园园　栗甜莹　杨林儒　吴梦丹　郭建余
原筱简　常亚丽　常艺红　陈　冲　祖韶坤　王俊峰　董丹丹　吴倩倩
周紫羽　祁雪姣　汤　帆　李婷婷　吴朋朋

（7）园林151（2015.9—2019.6）

张　旭　王　凯　李超锋　刘慧江　朱琳琳　高娇娇　刘　海　田彬彬
周　涛　陈梦月　雷露露　闫改各　张　轩　代月蒙　陈　静　贾明喆
赵　倩　刘路通　焦文明　吴梦园　赵　佳　张　兰　李易霖　毛长乐
陈毛毛　刘　欢

（8）园林152（2015.9—2019.6）

刘　超　吴　琼　徐赛赛　江小羊　王惠惠　贺一珍　陈明珠　孙梦沙
张艺潭　黄蕴迪　毛　汝　夏珍珠　常贝贝　姚　南　任文芳　杨　畅
安伟莉　王　昊　刘　康　石好琪　栗启航　孙路坤　董文琦

（9）园林153（2015.9—2019.6）

杨　闯　何豪强　胡云飞　徐　帅　张　霞　程燕姣　田　帅　刘晓阳
徐　聪　袁雪姣　于帅雷　李　雪　王宁宁　潘振宇　陈小会　田飞凡
曾亚南　拜　瑶　刘江珊　张　悦　张婉青　蒋芯雨　王金堆　黄宾芯
方冰冰　李艳红　王彦青　王士欢

（10）园林154（2015.9—2019.6）

郝召雷　魏家恩　李军妹　黄志宽　程兰花　程　浩　张应新　石付强
郝翠柳　李柯静　杨一丹　韩永振　丁路路　林海军　刘　珊　陈一鸣
孙胜夏　张亚平　张明新　张梦雪　张妍妍　刘春艳　朱牛牛　王彬彬
代丹丹　路芳芳　董国涛　王瑞丽

（11）城规151（2015.9—2019.6）

杨旭东　王　昆　张玉雯　宋函优　郭锦潇　尹春亮　文　毅　丁萌萌
赵腾远　董倩倩　孙　倩　陈立彬　罗文硕　王骏奇　唐伟涛　陈文举
李沛羽　刘晋伶　张晶晶　武　兵　宋亚静

（12）城规152（2015.9—2019.6）

祁永超　聂宏龙　李　闯　陈浩东　栾欣宇　王培锦　杨　攀　张婷婷
荆冬阁　杨阁文　杨林鹏　杨化云　穆文龙　栗楠楠　张冰钰　冯瑞杰

赵振乾　石佳敏　王继儒　高　航　李耀威

（13）风景151（2015.9—2019.6）

郑　杰　单梦月　景千琪　冯紫旖　杨丹丹　李书琪　杜苏晨　夏红艳
张明佳　刘　东　邓帅康　韩可可　于海敏　查艳丽　王亚南　贺亚东
王晓婉　王　鑫　蒋梦浩　牛苗苗　王晓睿　马　兰　高青青　孙温成
张　岩　李苗苗

10.2016级学生名单

（1）园艺161（2016.9—2020.6）

霍雨来　郑万通　徐正辉　刘同光　翟浩文　杨洪辉　孟琦深　徐冠楠
樊佳豪　董序纯　高苏南　贾国宽　董乐乐　王晓博　张向争　冯继鹏
胡　刘　董玉树　周子涛　白　婕　史璐瑶　史亚文　赵春雨　柳维娟
郭银银　王倩文　潘佳佳　黄德慧　穆　娟　袁　月

（2）园艺162（2016.9—2020.6）

方海瑞　李高威　刘　勇　胡万里　张梦成　孔伟康　刘东辉　石明坤
宋俊杰　李晓飞　赵阳阳　王世界　于　涵　薛小棚　赖亚迪　肖高建
寇克豪　霍亚兰　李　蕊　彭　鸽　侯慧芳　李彤彤　唐依桐　张莹莹
薛新如　王克秒　闫曼文　肖晓燕　马巧莉

（3）园艺163（2016.9—2020.6）

王　亮　袁　博　郑逢杰　李　豪　许有元　吕海旋　程文彬　刘　帅
谭寅青　田　锟　司金生　马　鑫　褚智业　汤梦月　崔文娟　李　冉
王艳珂　宋园园　张　苗　吴婷婷　王　馨　赵　玲　闫晓文　陶博允
郭玉琪　龚丽娟　孙秋雨　汤靖文　苏妮妮　魏红丽

（4）园艺164（2016.9—2020.6）

陈宏昊　赵果玉　吴书民　熊志强　游宏建　赵鹏飞　李林超　杨海棒
吕诏谕　张佳欣　甄晓然　张军霞　崔阳慧　徐巧巧　秦艳萍　徐桂玲
李小荷　韩娜娜　岳细云　岳　聪　黄珊珊　司凡可　张鑫钰　王梦伟

（5）园艺165（2016.9—2020.6）

邢致远　岳强磊　陈昊炜　刘剑峰　胡兴欢　曹　文　黄京诚　刘佳珲
邢文帅　冯晨阳　翟慧颖　杨晨晓　林南方　孟凯悦　何　晴　吕安瑞
靳桂华　周婷婷　张科香　钱沛沛　刘　婷　江落雁　张新杰　耿晓雨
陈　凡　冯亚亭　宋盛莲　刘　敏

（6）园艺166（2016.9—2020.6）

赵起恩　吴易阳　罗建珂　王钲彭　杨　锴　徐鹏程　杨志龙　肖洋洋
刘泽宇　郭长林　朱松沈　杨慧茹　侯李丹　张亚丽　朱秀丽　韩淑婕
孙　帅　徐文敏　程星月　孟娇艳　严　云　窦　瑞　毕毅晓　韩雨晴

武　艳　王晓阳　朱丽萍　孔红娜　孙瑞雪

(7) 园艺专升本161（2016.9—2018.6）

董　晨　张臣胜　张志超　李恺琳　张文佳　李晶晶　史　珍　李　颖
徐　盼　梁晓芳

(8) 园林161（2016.9—2020.6）

张前坤　张　毅　夏圣许　王　森　张乐乐　赵建明　彭霄帆　董　武
徐江涛　杨李勇　张　帅　张少华　湛　峰　徐大帅　刘铭洋　秦　怡
张贝贝　刘莹杰　吕　慧　王文月　华巾帼　刘瑞华　聂雪婷　宋　怡
李红丽　齐玉杰　谢佳静　贾紫坤　李睿琪　王梦珂

(9) 园林162（2016.9—2020.6）

张耀峰　王寅波　侯相寅　张圣海　周长剑　王鸿涛　王　举　王有志
丁宝杰　闫鸿飞　肖　松　何　督　梁　泽　李志坤　慎艳丽　闫　瑞
夏甜甜　何水莲　武闪闪　李梦珂　谢鑫鑫　乔付花　肖　雪　陈晓叶
陈洪彩　樊思敏　黄若竹　李雪雨　邓玲玲

(10) 园林163（2016.9—2020.6）

芦贤博　梁俊欢　王鹏飞　郝静伟　胡　磊　陈庆涛　杨海波　程海洋
陈曈晖　王岩岩　刘桃利　王玉倩　徐胜兰　申迎欣　元方慧　王　瑶
张银雪　苗呈好　侯　佳　袁　芳　毋程琳　朱露丹　聂　蕊　屈依梦
刘　瑶　周　梦　张雪艳　卢苗苗　汪玲玲　陈思琪　王欢欢

(11) 园林164（2016.9—2020.6）

吴迎坤　周崟峤　郭文豪　谢少波　杜超凡　索帅帅　赵爱宣　闫晓龙
符钰蔷　刘晓晓　叶茹梦　张子君　孔琳琳　胡会芳　王润柳　王孟霞
张愉飞　江　钰　胡　缓　蔡　月　肖　欢　李静芳　张玉芳　吕梦岩
范丽花　王梦园　田　甜　张巧巧　张玉洁

(12) 园林专升本161（2016.9—2018.6）

崔彦龙　张一晗　史亚龙　李坤鹏　宋浩然　王骏铭　王岩文　张紫叶
靳晓梦　马盈盈　郭　红　杨晓培　刘　欢　王晓燕　宋莉茹　黄　阳
王茹楠　刘志红　路晨阳　王倩南

(13) 城规161（2016.9—2020.6）

朱啸天　杨昊天　鲁晨洋　孟祥举　戴欣昊　吴敬文　徐　陈　孙　正
胡国庆　师　航　杨成龙　张琪剑　赵鹏豪　张　彪　陈帅军　李见营
蔡永坤　王孟帝　朱永傲　朱周伟　李帅博　杨义明　李姗姗　李艳丽
宋凤玲　刘稳颜　陈　红　薛冰喜　李莹莹

(14) 城规162（2016.9—2020.6）

李　帅　韩苗壮　段晨辉　李荣建　王　杰　丁鹿豪　王庭宇　郜扬扬
陈新宇　王宏伟　唐东宇　陈　龙　刘加成　刘　鹏　李金灿　李　耀

范艺璇　乔振峰　张振雷　余　海　邵利鹏　党光辉　尹王曼　陈姚彤
刘　婷　赵姣楠　居秀荣　张梦姣　苏明慧

（15）风景161（2016.9—2020.6）

孙家文　王金涛　王振伟　梁　远　王帅杰　祝玉飞　蒋振山　任彦申
张亚南　杨晓静　赵雅惠　余　娇　程婉荣　赵钰珊　纪雯丽　王莹莹
王雨晴　范琳子　曹君妍　庞聪聪　朱沿沿　刘芳芳　何莉莉　王小月
申蕊娜　李婉逸　程智丽

（16）种植卓越161（2016.9—2020.6）

王　盼　吴艳艳　石艳艳　张华芳　李鹏辉　杨梦杰　贾凤芹　梁宝娟
王　雪　宁芹芹　李　欢　许雯雯　贾晓丽　赵明明　王莹莹　李小利
晏新琰　陈　甜　孙亚瑞　余立业　张青青　侯文婷　黄传秘　王俊莹
焦凯杰　邱　可　王明珠　王　远　赵振翔

11.2017级学生名单

（1）园艺171（2017.9—2021.6）

魏鹏磊　李晓刚　刘泽义　刘龙康　黄　展　文基成　杨春雨　苏思明
王延翔　朱占华　程　龙　张康康　黄嘉宝　王　辉　陈　阳　孟　瑶
苏　雪　唐家琪　卫瑞瑞　杨文慧　严　丽　赵明月　史盈盈　杨　倩
王　楠　刘　淼

（2）园艺172（2017.9—2021.6）

张浩然　王成林　李　帅　李子恒　魏文豪　余振原　马驰昊　王明慧
程方涛　张曼楠　夏志磊　杨文龙　王　豪　郭　凯　付国政　刘　航
程亚普　耿佳慧　张玉静　董丽婷　刘佳燚　崔亚会　李逍瑶　赵亚非
胡玉林　白亚娟

（3）园艺173（2017.9—2021.6）

范玉博　王晨晨　于群星　魏一杰　马远飞　夏亚辉　慎玉杰　关　啸
李秉龙　宋　憬　赵亚辉　魏慧丽　白爽爽　王香月　闫梦苑　张莹莹
邢小婷　翟玉珂　吴绍婷　谭　斌　杨雅婷

（4）园艺175（2017.9—2021.6）

吴　柯　雪艳旭　周文举　曾庆桐　李永康　李道涵　王　磐　常森崇
张慧菊　王　静　孙梦薇　肖晓荣　张梦蝶　谢怡乐　张修月　王庆翊
韩　鑫　王心怡　张冬勤　杜春玲　韩菲菲　庞　淼　毕金燕　李婷婷
孙晶晶　樊晓萱　李随格　杨盼盼　郝佳华　董　然

（5）园艺专升本171（2017.9—2019.6）

刘　洋　崔晨光　冯　凯　乔帅磊　王　珂　王梓豪　郭　彪　闫志文
田理源　张贝贝　徐文政　张　俊　蔡　伦　冀益民　杨改玲　尹雷雨

栗温新　张之睿　马晓茜　郑晓燕　牛　倩　田亚茹　熊凌云　梁金方
张瑞杰　刘希楠　黄晶晶

(6) 园林171（2017.9—2021.6）

白二文　陈正祥　吕帅磊　张　宝　王鑫博　石桂芳　郁　壮　贺文轩
黄坤堂　张永帅　朱庆寅　张凯奕　宿燕清　鲁亚博　李扬威　熊鹏辉
付　悦　李文静　高　星　王慧敏　解春艳　李迎澳　申笑情　葛倩倩
王　菲　潘冬梅　范冬冬　高兴兴

(7) 园林172（2017.9—2021.6）

鲁高杰　董钧远　任传豪　卫远昌　刘　磊　徐　跃　苏冰冰　焦程扬
李鑫洋　朱朝近　池　凯　王治彬　焦前进　罗　铠　章志强　杨智伟
郭晓坤　崔栋辉　杨　瑞　张依濛　胡青青　姚若楠　刘钰莹　张　赫
刘莹莹　常诗雨　张心甜　冯国平　王　冰　薛佳慧

(8) 园林173（2017.9—2021.6）

张松彦　荣开阔　赵长星　杨瑞康　罗礼波　刘昌胜　曹子铭　武　康
任欣欣　黄英会　冯慧芳　王　猛　郭明月　任丹丹　张　迪　王珊珊
侯芳珂　胡倩倩　张明茹　崔　品　赵亚男　杨　丹　丁　玲　刘晓雯
李文娟　李　凡　余　萍　鲁文静　易　兵　陈镜方

(9) 园林174（2017.9—2021.6）

李梦雨　李　俊　闫蒙恩　张克为　孙路祥　陈　朋　马现斌　靳晓东
史　龙　王　凯　何紫薇　张佳佳　杨贺月　李玉秀　曹梦茹　余　琦
任胜寒　叶伟娜　王　聪　樊　博　宋晨阳　李梦瑶　王　丹　王　婷
张　瑞　贺瑞娟　王娅静　王　琰　葛亚男　谷金双

(10) 园林专升本171（2017.9—2019.6）

杨　航　王维航　王海蛟　王川凤　刘亚心　李高远　张文月　周晓晨
张红丽　张玥琳　侯越霞　黄雪姣　王　岩　朱盼盼　秦亚仙　郭兴杰
冯丹阳　薛晓琳　张文凡　马慧贞

(11) 园林专升本172（2017.9—2019.6）

孙书贵　徐奔流　李倩楠　常玉杰　李紫瑶　屈雨晨　巩明洋　崔欢勤
耿宏盼　李　静　文宇琪　邓　君　崔洋洋　黄　梅　马千阁　张　琦
朱秋香　侯亚兰　付娜梅　王桥亚

(12) 城规171（2017.9—2021.6）

张　威　孙福晨　宋立博　石玉凡　王宇航　王基准　黄圣棋　李争杰
潘　登　段国涛　南晓腾　杜海涛　曹琛琛　王意坤　黄非凡　郝龙鑫
杨世钢　董春喜　贾帅奇　李荣光　王露露　杜一冉　王秋灵　刘　爽
赵金炆　崔新鸽　郭　青　王新月　黄　灿　马向飞　麻东坡

（13）城规172（2017.9—2021.6）

门梓渊　赵浩飞　季会璇　侯世灿　付澳华　赵松松　秦文涛　罗帅飞
闫书扩　魏荣勋　赵亚辉　马　亮　马昊楠　袁方远　王弘毓　吴恒康
马鹏举　邵世浩　任晓振　薛　壮　张梦晴　赵丹阳　李艺琳　杨安琪
章冉冉　徐明玉　王美月　邵　晴　余晓琳　柳露露

（14）风景171（2017.9—2021.6）

温茗博　付云鹏　陈关屹　王志豪　郭志强　单鸿轩　王东泽　刁云翔
孙成硕　陈馨豪　吕海龙　马清清　豆爽爽　郑松锋　贾　颖　陈晓宁
曲静雯　乐　乐　武孟艳　宋怡霏　张　艳　郭梦瑶　庞瑞莹　翟洋镇
采淑雨　段如月

（15）风景172（2017.9—2021.6）

焦梦豪　曲志远　陈亚东　代　鹏　杨帅航　张玉奇　闫亚东　余浩航
王天乐　周俊策　周平西　蒋新雨　黄江楠　盛园园　宋桂漾　连金果
任一凡　王孟佳　王　巧　闫　语　黄梦灵　陈菲菲　王明跃　孟慧影
雷艳芳　苏　畅　苏换喜　罗　秋

（16）卓越171（2017.9—2021.6）

贾胜辉　李宗义　田　源　魏鸿基　凌孝波　郑克乐　尹　睿　韩明轩
冯梦雨　许娇杰　徐慧霞　张梦源　周　婷　段伟杰　郭喜亚　马雨欣
袁　琪　刘开心　陈静丽　赵心如　高　蝶　崔丹丹　师云梦　刘　珊
苏梦绮　王巧巧　徐田田　袁　慧　代巧丽　周倩雯

12.2018级学生名单

（1）园艺181（2018.9—2022.6）

喻帅帅　彭　朋　李　欣　张　奎　李辰方　胡尔康　秦柳杨　李兴龙
王童童　白龙飞　王旭源　陈　卓　贾明豪　张泳鑫　张欣欣　杨　稳
董聪颖　胡晓悦　胡雪宁　曹梦琦　姜慧慧　肖宁静　师春蝶　赵帅静
郭茜茜　董晓霞　杨艳艳　杨婉婷

（2）园艺182（2018.9—2022.6）

张　鹏　刘　洋　张定昂　梁广波　任浩然　刘　博　陈瑞祥　罗文全
朱永辉　马　闯　刘正响　李少东　冯晓龙　朱永岩　庄浩然　贾新意
李　潇　白　蕾　郑萍萍　卢秋晨　雷肖肖　姚凤鸽　李昭瑾　张　雨
王方静　宋恩慧　武慧敏　李新茹　闫　杰　余亚楠

（3）园艺183（2018.9—2022.6）

冯昊龙　宋　宇　张传颂　李义萍　侯　鑫　郑启超　徐宏洲　别书沛
井朋伟　刘智超　李　钺　宋长江　张新宇　刘珍宇　张洪亮　鲁粤高
任金医　王静雯　马红娟　朱超然　刘芳明　徐宇阳　张园园　王高霞

安亚琦　赵小雨　田梦琪　于梦凡　毕思雨　赵俏俏

(4) 园艺184（2018.9—2022.6）

李晓鹏　韩　宁　刘银豪　耿永琪　杨　欢　王旭东　李浩楠　赵伊凡
赵绍贺　朱成龙　郭朗臣　栗亚鹏　王　卉　李新慧　李　颖　张　坛
陈佳慧　王　萌　孙营博　韩霏霏　李一林　张梦瑶　马红钰　李　萌
陈　蓉　王康妹　杜金梦　吕甜甜　叶　婷　宋慧霞

(5) 园艺185（2018.9—2022.6）

秦琪腾　张伟豪　刘俊俊　孙　壮　杨振瑜　张继文　杜凯阳　黄　战
杨世康　郑林拴　吴少博　郭小丹　侯姣姣　万江雪　李梦瑶　徐明月
毛露露　季雪莹　柴丽霞　刘亚蝶　赵慧茹　王世瑶　郭梦晓　辛艳荣
孟　孟　任雨佳

(6) 园艺专升本181（2018.9—2020.6）

孟亚超　张　盼　王　宇　宋智煜　赵文静　吴姗姗　李一鸣　刘雪怡
李赵瑞　宋妍莉　郑　斌　逯　雪　夏少颖　段利香　徐艺菲　贾奇奇
陈文静　娄　夏　翟蒙蒙　欧阳雪珂

(7) 园林181（2018.9—2022.6）

李长超　魏士坤　孟苏超　张　炎　马驰骋　张子铮　赵文康　王恒勇
张亚欣　高　源　杨瑾元　韩云飞　胡泽众　张　岩　暴玉康　张守华
孙　上　闫业壮　曹肖双　张湘婷　侯娟娟　王浩南　孙梦轲　刘晓晴
苑鹏莉　程千慧　韩亚博　熊婉君　陈　萌

(8) 园林182（2018.9—2022.6）

尤亚飞　王嘉鑫　冯志浩　杨万里　侯福鹏　钟晨晖　朱容晖　黄有权
孔子尚　武萌飞　郭九亿　孟庆峰　彭升龙　张梦辉　徐存鹏　郝时雨
王盼盼　袁钰涵　白云芝　韩梦月　邓宇蕊　孙冬梅　苏金玉　李书慧
滑辰晰　李苏苏　王　航　李金灿　杨　娜

(9) 园林183（2018.9—2022.6）

王　进　王文明　孟振宇　常　江　裴宇航　李一帆　赵玉强　于浩宇
吉高飞　王焱磊　李兴华　赵强惠　张　鑫　王莹莹　王　菲　李梦倩
李淑妍　李　琳　王梦圆　尚　潜　靳永仪　刘梦娟　张　苗　付梦艳
程智慧　郭移苗　祁龙雪　王智慧　魏海真　王　欣

(10) 园林184（2018.9—2022.6）

时　浩　李佶轩　王立帅　张相炀　王发展　秦少敏　杨　帆　王冬庆
任佳飞　薛淑涛　李国旗　柏林林　刘佳慧　袁珍珍　王艺琳　闫浩杰
仝俊菲　李淑婷　李梦丽　靳艳玲　黄　敏　郭玲茹　秦瑞娟　韩赛赛
耿若宣　雷莹晓　徐　荷　马欣欣　穆真真　刘沁竺

（11）园林专升本181（2018.9—2020.6）

刘　安　岳　凡　张泽鹏　王　鑫　宋焱豪　王斌豪　张钧硕　王雪锋
董佳燕　李　珍　仝喜盼　张　北　张苗苗　张孟蝶　雷素嘉　李燕飞
李　欣　关双琪　郭　婧　郝　婉　邓婷婷　马勃红　秦金娜　张　雪
王玲玉　彭　洁　何秋香　谢晓玉　朱慧珊　袁子悦

（12）城规181（2018.9—2022.6）

张清松　沈威龙　韩少魁　张金林　张尚豪　王玉清　袁志雨　程依凡
刘路洋　张可为　刘琼华　田江峰　柏方豪　郭志远　王东格　孙璐兵
王　兵　赵知音　符润景　孔祥瑜　王焕平　梁宁丽　张　硕　刘家铭
杜婷婷　周梦瑶　吕佳佳　汤玉茹　袁新玲　李　平

（13）城规182（2018.9—2022.6）

邓兴宇　谢卓洋　孙旭旭　王家昌　刘志成　王济柯　吴亚涛　魏铭炜
胡小超　张清波　滑一江　马俊峰　陈景宛　吴子楚　张　龙　栗　行
王天知　杨　敏　丁阳田　王子诺　曹焕然　吕岩岩　孙佳音　陈春静
冯月霖　申战美　许　静　杨　菲　何佳慧　常春香

（14）风景181（2018.9—2022.6）

钟　威　冯明明　刘敬辉　贾凯彬　刘　硕　梁洪满　杜明俊　赵千龙
刘帅强　陶瑞波　彭明珠　田　莉　杨鹏翼　许文华　卢纪文　杨琪琪
薛露芋　孙梦妍　曹可馨　于倩倩　陈诗茜　宋林静　王海玲　张梦杰
万志娟　李盼静　张淑珂　周　晶

（15）风景182（2018.9—2022.6）

贺精诚　鲍豪楠　杨欣亚　王硕硕　林书宇　车家祥　苏　杨　许峻超
堵正阳　吴明原　童倩楠　吴雨合　李　丰　李盼盼　赵雪宁　张一冰
左青青　李　曼　尹璐璐　侯明遥　李庭超　杨环阁　王紫薇　谢梦瑶
李文芳　刘　洁　邱啸云　高　煜　孟佳伟

（二）毕业生考研情况

园艺专业毕业生考取硕士研究生的情况见表3-36

表3-36　园艺专业2014—2019届毕业生考取硕士研究生情况

学校名称	2014届（23人）	2015届（28人）	2016届（32人）	2017届（30人）	2018届（32人）	2019届（43人）
中国农科院郑州果树所	丁体玉					
中国林科院			葛晓宁		丁显印 陈朝黎 邹玉玲	刘　莹

（续）

学校名称	2014届（23人）	2015届（28人）	2016届（32人）	2017届（30人）	2018届（32人）	2019届（43人）
中国农业大学		董婷婷				
西北农林科技大学	闫芳芳		吴利园	孙银辉		成志杰
南京航空航天大学	马宇强					
南京农业大学		杨向阳　霍文雨	马亚萍　侯孟兰　汪　迎　路慧珍	陈　帅　王亚磊　丁利平　王海宾　白艺博　王　爽	王　静　袁国振　许媚琳	
华中农业大学	丁圆席　郑　凤	李晓静　王红征　杨香玉　郑光辉	刘梦秋　冯雪峰	朱玲玲	胡少强　王俊强	
广西大学		王齐旭　顾彩彩	高　芳　张会敏	赵　雄	梁梦迪　谢小杰	胡胜平
大连海洋大学	赵景华					
宁夏大学			刘　思	姜文倩		陈高路　马村艺
四川农业大学			杭林枫			赵思琪　祁雅馨
西南大学		张　丽　金新开	常耀栋　徐冰冰	李洋洋　赵　洋　张　蓓　方婷婷	侯慧芳　王　灿	
云南大学				赵孟媛		祁　娇　王少阳
青海大学						李　聪
西南大学						卢欢欢　吴梦丹
海南大学						王佳靓　李郑华
贵州大学						李婷婷
海南大学			祁广俊　孙梦利　陈艳艳		李　晗　尚方剑	
西藏大学					王国伟	
浙江农林大学				栗青丽	王梦瑶	
华南农业大学	杨艳红　刘　凤　魏一鸣	洪励伟　陈增举　丁慧霞	王朋月	朱秋楠　黄远博	卢含乐　郝明悦　路鑫鑫　李晶晶	
西南林业大学		李　丹				

（续）

学校名称	2014届（23人）	2015届（28人）	2016届（32人）	2017届（30人）	2018届（32人）	2019届（43人）
安徽农业大学	蒋向红 汤小美	田坤红		陈爱茹　晏　雯		
山东农业大学	史　鹏	葛　倩　刘淑侠	翟　江	崔　灿	李玉香	
青岛农业大学				王　莹		
沈阳农业大学	黄闪闪 董向向 詹林玉		牛刘静			
云南农业大学		卜露露	高　静　张琳娜	暴会会　黄姣云	于诗如 张　琪	谷亚飞
云南林业大学		杨春雷				
山西农业大学				郭慧敏		董丹丹
云南财经大学	王若飞					
长春理工大学		符　伟				
河北农业大学		徐变变			辛苗慧	魏兰波
西藏农牧学院		王玲玲				
河南财经政法大学	杨　静					
郑州轻工业学院		臧　杰	霍梦杰			
中南林业科技大学				李　静		
福建农林大学			何淑敏		武帅强 张　月 白金慧	廖　露
湖南农业大学			郑孟菲			
湖南农业大学						廉雪菲
河南农业大学			冯臣飞　梁乐乐		刘世豪 陈思文	康　芮　郝宇航 杨　亮　周紫羽 张蔓蔓　焦园园 祁雪姣　王梓豪
赣南师范大学						马　冬
新疆农业大学						张春诗　杨佳惠 牛　倩
新乡医学院						杨　涛
河南科技大学					董　晨	

（续）

学校名称	2014届（23人）	2015届（28人）	2016届（32人）	2017届（30人）	2018届（32人）	2019届（43人）
天津农学院					董林洁	
河南科技学院	齐阳阳 倪蕾 闫朝辉 王胜楠 邵珠田 鲁晓晓	郭言言 郭威涛 王梦叶 闫弯弯	杨雅萍 江毅 郭英姿 陈倩倩 牛杨莉	常怀成 连艳会 辛董董 陈悦	王梦梦	全冉 王虎 叶佳净 张翔宇 张良召 乔丹丹 李瑞静 周艳芳 张露露 张晓静

园林专业毕业生考取硕士研究生的情况见表3-37。

表3-37　园林专业2014—2019届毕业生考取硕士研究生情况

单位名称	2014届（14人）	2015届（2人）	2016届（34人）	2017届（20人）	2018届（25人）	2019届（36人）
中国林业科学研究院	沈豪 王晓阳 高栋渊	崔敏	李明霞	王彩云		
中南大学	王俊铭					
西北农林科技大学		胡段	陈阿丽 闫帅 李彦鹏	秦全有 毕骄	刘芝 方浩然 周双	王凯 张艺潭
西南交通大学	周广鹤					
南昌大学			肖汉文	谢慧敏 郭跃宁 欧阳翠玉		
青海大学				陈扣梅		
长江大学						栗启航
东北林业大学			刘一鸣 曾亚 轩寒风		宋婷婷	闫改各 黄蕴迪
苏州大学			曹璐露 李琦 陈春阳 吕文康			
郑州大学			李凤丰			
西南大学			路国顺 李娴			赵佳
华中农业大学			王富强		刘瑶瑶	朱琳琳 徐帅 刘晓阳 陈一鸣
中国传媒大学			邬宇明			
广西大学				杨继生		

（续）

单位名称	2014届（14人）	2015届（2人）	2016届（34人）	2017届（20人）	2018届（25人）	2019届（36人）
浙江农林大学	王　震		糵宁丹 刘会君 张乐乐	吴刘帅 韦明娟	李智茂 李晓璐	郝召雷
湖南农业大学						杨　闯
福建农林大学			杨钧钧　郑巧巧 王俊男	林作栋	韩文超	
山东农业大学					徐丹丹	
扬州大学				张苗会		
黑龙江大学						石好琪
长江大学					宋莉茹	
华南农业大学			张兵兵 潘全志 高祥云 贾益兴	黄丽英	马　华	
西南林业大学	苏有朋　张灿智 肖之强　胡彩云 朱保全　魏文彬				李高洁	
河南科技大学						杨　畅　张婉青
中南林业科技大学					关朝阳 卢晓培　杨　进	张　兰
烟台大学						王　昊　常贝贝
南京林业大学			王献梅　韩　燕 李　超			
西安建筑科技大学			王　茹			
山西农业大学				张　红 李金俐		
云南农业大学			郭鹏辉			
河北农业大学					吕晓芸	袁雪姣
中央司法警官学院						

（续）

单位名称	2014届（14人）	2015届（2人）	2016届（34人）	2017届（20人）	2018届（25人）	2019届（36人）
北京农学院						李紫瑶
新疆农业大学						李　雪
河南农业大学			孙国宇	冀蒙蒙　郑秋莉	李　龙　闫晨雨　王　帅	杨　航　刘亚心　陈　静　陈明珠　徐赛赛　王惠惠　江小羊　吴　琼　黄宾芯
湖北大学						刘　海　杨一丹　林海军　张应新
中南科技大学			魏淑红			
江西农业大学				白天军　王珊珊　王　鑫	侯向飞　王　俊	
仲恺农业工程学院	张　琳					安伟莉
河南科技学院	路军芳				程珊珊　石秀丽　齐　庆　王岩文	陈小会

风景园林专业毕业生考取硕士研究生的情况见表3-38。

表3-38　风景园林专业2018—2019届毕业生考取硕士研究生情况

单位名称	2018届（9人）	2019届（4人）
浙江农林大学	张贵豪	
福建农林大学	王伟耀	于海敏
西南林业大学	吴海洋	
湖北大学		王晓睿　张明佳　冯紫旖
山东农业大学	高悦萌　杨　韩	
河南农业大学	刘雪强　易成相　姚新治	
安徽农业大学	建　航	

城乡规划专业毕业生考取硕士研究生的情况见表3-39。

表3-39　城乡规划专业2014—2019届毕业生考取硕士研究生情况

单位名称	2014届（13人）	2015届（3人）	2016届（1人）	2017届（6人）	2018届（8人）	2019届（9人）
大连理工大学				王向哲	刘聪慧	
郑州大学				任 健		
西南交通大学						张晶晶
北京工业大学						张玉雯
武汉理工大学				袁 野		
长安大学	杨 洋					
云南大学	黄 岩					
西北大学	刘诗芳					
贵州大学					庞梦来	
西安建筑科技大学	刘潘星	田真真			李龙龙	穆文龙 赵振乾
浙江农林大学	郭竹林					
吉林建筑大学	王青青	李琳琳				
	李 锋					
	张 浩					
沈阳建筑大学				王 凡	王梦云 李 科	郭锦潇 王骏奇
湖南工业大学	李 岩					
兰州理工大学						杨阁文
天津城建大学						宋函优
湖南科技大学					胡亚萍	
西南科技大学	韩懿玢					
苏州科技学院	杨美佳 李霞辉 李玲君					

（续）

单位名称	2014届（13人）	2015届（3人）	2016届（1人）	2017届（6人）	2018届（8人）	2019届（9人）
昆明理工				练一帆		
桂林理工大学					司文静	罗文硕
河南大学			刘剑峰	李文智	常慧颖	
河南科技学院		韩　一				

（三）学生工作主要活动

2010年6月，承办河南科技学院大学生诗歌朗诵赛；11月，河南科技学院大学生篮球比赛获第三名，王月芳同学获压花作品国际大奖，受到新乡电视台《直播新乡》的宣传报道；12月，举行园艺园林学院2011届毕业生就业洽谈会，受到新乡电视台、平原晚报的采访报道，举行“园艺园林学院育英奖学金”发放仪式，受到新乡电视台的采访和报道。

2011年5月，举办首届花卉艺术文化节；11月，河南科技学院第二届红歌合唱节获得一等奖。

2012年4月，河南科技学院大学生足球联赛获第三名；11月，举行“园艺园林学院育英奖学金发放仪式暨学术报告会”。

2013年2月，河南科技学院大学生足球联赛亚军；9月，举行园艺园林学院“话成才·求成长”报告会，学院优秀校友徐炎、李玉川、郭帅为2013级新生作报告；11月，举办第二届花卉文化艺术节。园林132班刘会峰在2013年大学生文化艺术月“我的青春梦想”校园诗歌朗诵大赛获得二等奖；12月，举行奋励奖助学金暨国家励志奖学金发放仪式。

2015年3月，新华网等媒体报道学院学生的创业活动；4月，河南科技学院大学生足球联赛获季军，《直播新乡》报道学院大学生创业事迹；6月，举行2015届毕业生考研表彰暨经验交流会，举办第三届花卉文化艺术节。

2016年6月，举办考研经验交流暨表彰大会；8月，学院作品在“创青春”河南省大学生创业大赛中获奖；10月，组织“与爱同行，让生命得以延续！”师生为重症同学募捐活动。

2017年1月，“红色追忆”获批“河南省思想政治工作优秀品牌”；3月，举办第一期“文化沙龙”。

2018年1月，召开第二届校企合作论坛，举行2017年度“优秀班主任”表彰会；5月，举行首届“艺林学霸”表彰会；6月，举办首届园艺植物种类识别大赛；7月，暑期大学生社会实践团队“2018村级土地利用规划编制”受到新乡县新闻、新乡日报等媒体宣传报道。

九、优秀毕业生

（一）园艺专业部分优秀毕业生代表

（1）陈玲娟，女，河南洛阳人，1984年出生。2007年毕业于河南科技学院园艺专业；先后在荣盛实业发展有限公司和华夏幸福基业股份有限公司担任成本经理；现任中国宏泰发展成本总监。

（2）解松峰，男，河南虞城人，1983年出生。2007年毕业于河南科技学院园艺专业；2010年硕士毕业于西北农林科技大学农学院；2016年9月在西北农林科技大学农学院作物学专业攻读博士学位。

（3）刘全峰，男，河南南阳人。2007年毕业于河南科技学院园艺专业；现任河南省平顶山银行劝业支行行长。

（4）魏续伟，硕士，国家一级篮球裁判员，河南中牟县人。2007年毕业于河南科技学院园艺专业；现就职于新疆喀什大学体育学院，担任喀什地区篮球协会秘书长。

（5）荆书芳，2007年毕业于河南科技学院园艺专业；2010年毕业于福建农林大学园林学院园林植物与观赏园艺专业，获硕士学位；2010年7月以来在黄淮学院艺术设计学院环境设计专业任教师；2017年7月攻读西南大学生态学专业博士研究生。曾获“河南省先进设计工作者”荣誉称号。

（6）苗明军，男，1983年出生，中共党员。2007年毕业于河南科技学院园艺专业；2007至2010年在西南大学获得蔬菜学硕士；2015起在四川农业大学攻读蔬菜学博士学位；现就职于四川省农业科学院园艺研究所，现任四川省蔬菜创新团队高山蔬菜岗位专家，科技扶贫万里行甘孜州高山蔬菜服务团首席专家，理县（院县）高山蔬菜试验站站长。

（7）王新娟，女，硕士，副编审，国家新闻出版广电总局记者。2007毕业于河南科技学院园艺专业；2007至2010年，在西北农林科技大学获园艺学硕士学位；2010至2011年，在南京农业大学园艺学院工作；2011至2018年，在西南大学、中国农业科学院柑橘研究所工作，主要从事中国果树信息及农业学术期刊等方面的工作和研究；2018年至今，在西南大学期刊社工作，主要从事高校学术期刊编审及科技期刊方面的工作和研究。曾获“全国学术期刊优秀编辑”荣誉称号。

（8）余义和，男，博士，副教授，副主任，硕士研究生导师，河南科技大学青年学术带头人。2007毕业于河南科技学院园艺专业；2007至2013年在西北农林科技大学分别取得园艺学硕士、园艺学博士学位；2016至2018年在美国宾夕法尼亚大学开展博士后研究。目前在河南科技大学主要从事园艺植物果实发育与逆境胁迫相关的研究。2015年获陕西省优秀博士学位论文，2017年获河南省科技进步奖1项。主持国家自然科学基金2

项、国家重点研发计划（子课题）1项。在New Phytologist、The Journal of Experimental Botany、Horticulture Research、BMC Plant Biology、Planta、Scientia Horticulturae等杂志上发表研究论文20余篇。

（9）韩国辉，博士，副研究员，河南太康人。2007年毕业于河南科技学院园艺专业；2007年起硕博连读，2012年毕业于西南大学园艺园林学院果树专业并获博士学位，被评为“西南大学优秀毕业生”和“重庆市优秀博士毕业生”；现为果树研究所柑橘研究室副主任，重庆市农业科学院百名博士引进工程人才、青年创新团队带头人，重庆市柑橘学会理事。先后主持、主研重庆市科委、国家自然基金等各类项目30余项。

（10）蒋素华，女，1983年11月出生，河南漯河人。2007年毕业于河南科技学院园艺专业；在河南农业大学获硕士学位；现任郑州师范学院教师，副教授。工作以来一直从事花卉分子育种的科研工作，曾获得授权国家级发明专利2项。

（11）陈银，男，河南信阳人。2007年毕业于河南科技学院园艺专业；毕业后先后在美国富美实（FMC）（中国）公司、先正达（中国）投资有限公司河南办事处任业务代表；2015年5月至今就职于先正达（中国）投资有限公司河南办事处，先后任职见习销售代表、销售代表。

（12）陈进洁，2008年毕业于河南科技学院园艺专业；毕业后任洛阳市伊川县江左镇石张庄村大学生村干部，党支部副书记。任大学生村干部期间获得“河南省优秀农村实用人才”“河南省优秀大学生村干部”“河南省十大杰出大学生村干部创业之星”“洛阳市大学生村干部创业标兵”等荣誉称号；2016年3月至今，任伊川县江左镇人民政府扶贫开发领导小组办公室主任（2018年6月调整为副科级干部）。在乡政府工作期间获得“最美伊川人”“伊川县五一劳动奖章”“伊川县脱贫攻坚先进个人”等荣誉称号。

（13）孙川川，女，2008年毕业于河南科技学院园艺专业；2011年毕业于贵州大学农学院果树学专业，获硕士学位；2011年7月至今，在贵州省毕节市农业产业办公室工作；2014至2015年以访问学者的身份在美国北卡罗来纳州进行为期一年的设施花卉学习；2017年12月获得高级农艺师资格；2018年4月获得高级农艺师聘任。

（14）武知知，女，2008年毕业于河南科技学院园艺专业；毕业后到禹州市第五高级中学任教一年；2009年10月至今，在郑州自主创业，开设洪思教育；2014年底开设爱心幼托；2015年初开设洪思教育学前班。

（15）程振国，2008年毕业于河南科技学院园艺专业；毕业后在商丘市夏邑县李集镇乡政府工作，任镇政府扶贫开发领导小组办公室主任。

（16）张政伟，2008年毕业于河南科技学院园艺专业，2013年2月到通许县厉庄乡第一初级中学负责教务处工作；2016年创办“通许起点教育”。

（17）李艳艳，女，河南襄城人，1984年出生。2008年毕业于河南科技学院园艺专业；2008年至2011年就读于华南农业大学生命科学学院，获得硕士学位；2011年至2015年就读于中国林业科学研究院林业研究所，获得博士学位；2015年至今在平顶山学院工作。主讲《药用植物学与生药学》《天然药物化学》等课程，主持国家自然科学基金1项

“转录因子TcLBD15对红豆杉韧皮部分化、发育的调控机理研究（31700597）”。获得“河南省教育厅学术技术带头人”“平顶山市学术技术带头人”等荣誉称号。

（18）陈曦，男，中共党员，1984年7月出生。2008年毕业于河南科技学院园艺专业；2008年至2011年就职于开封市园林菊花研究所，负责菊花科研生产工作；获得河南省花卉协会“先进个人”、开封市“先进个人”等荣誉称号；2011年8月至今，就职于郑州大学后勤集团，现任新校区校园环境服务中心副主任，负责郑州大学主校区绿化养护工作，先后获得郑州大学后勤集团“先进个人”“优秀党员”等荣誉称号。

（19）胡强，男，1986年出生，河南省信阳市人，中共党员。2009年毕业于河南科技学院园艺专业；2009年至2014年，任北京奥瑞金种业股份有限公司任区域经理；2014年至2016年，任河南天之坊商贸有限公司总经理；2016至今，担任阿里巴巴（中国）软件有限公司资深运营工作。

（20）李新安，男，1986年出生，河南省封丘县人，中共党员。2009年毕业于河南科技学院园艺专业；2009至2012年，在河南科技学院资源与环境学院昆虫与害虫防治专业攻读农学硕士学位；2012年至今，任河南科技学院资源与环境学院正科级辅导员，现为福建农林大学在读博士。

（21）李珊珊，女，1986年出生，河南洛阳人，中共党员。2009年毕业于河南科技学院园艺专业；2009年11月至今，在中共洛阳市委工作，现任洛阳市委巡察领导小组办公室科级干部。

（22）王坤，男，1985年出生，河南郸城人，中共党员。2009年毕业于河南科技学院园艺专业，现任新疆吐鲁番市公安局公共大队大队长。

（23）田永振，男，1985年出生，河南淮阳人，中共党员。2009年毕业于河南科技学院园艺专业；2012年9月至2014年6月，在华南农业大学农村与区域发展专业攻读硕士学位；2017年6月至2018年12月，任周口市林业局科员；2019年1月至今，任周口市自然资源和规划局副主任科员。

（24）徐玲，女，1986年出生，中共党员。2009年毕业于河南科技学院园艺专业，就职于河南省现代种业有限公司，现任行政副总、人力资源部经理和基建处总负责人。

（25）常亚丽，女，1986年出生，河南开封人，中共党员。2009年本科毕业于河南科技学院园艺专业；2009年至2012年，就读于西南大学食品科学学院，获得农学硕士学位；2013年至2017年，就读于韩国济州国际大学园艺学院，获农学博士学位；2018年至今，于信阳农林学院茶学院任教。

（26）徐小博，男，1986年出生，河南漯河人，中共党员。2009年本科毕业于河南科技学院园艺专业；2012年获得河南科技学院蔬菜学硕士学位；2012年至2015年，就读于中国林业科学研究院，获得理学博士学位；2015年至今，于新乡学院生命科学技术学院任教。

（27）杨小振，男，农学博士，1988年出生，河南安阳人，中共党员。2010年毕业于河南科技学院园艺专业；2014年毕业于西北农林科技大学，获农学硕士学位；2019年毕业于西北农林科技大学，获农学博士学位。参与国家西甜瓜产业技术体系、国家自然科学基金、陕西省重点项目和重点研发计划等研究项目4项。获国家发明专利1项。获西北农林科技大学“优秀共产党员”“优秀研究生”“优秀团干部”“社会实践先进个人”等荣誉称号。

（28）李凤梅，女，农学博士，1987年10月生，河南安阳人，中共党员。2010年毕业于河南科技学院园艺专业；2013年毕业于广西大学农学院，获农学硕士学位；2018年毕业于中国农业大学，获农学博士学位。参与国家自然科学基金1项。

（29）穆运奕，男，1986年出生，河南辉县人，中共党员。2010年毕业于河南科技学院园艺专业；2012年至今在腾讯河南从事营销工作，现任腾讯商业独家运营板块营销总经理。

（30）耿朝阳，男，1988年出生，河南滑县人，中共党员，2010年毕业于河南科技学院园艺专业；2010年12月参军入伍，服役于武警新疆总队喀什支队，2012年6月作为优秀大学生被提干，历任排长、副中队长、中队长，现任武警喀什支队执勤二大队执勤六中队政治指导员，上尉警衔。

（31）穆金艳，女，1986年出生，河南中牟人。2010年本科毕业于河南科技学院园艺专业；2013年7月毕业于河南科技学院园艺园林学院，获蔬菜学硕士学位；2013年9月留校工作。工作以来获校“文明教师”“先进女职工”等荣誉称号。

（32）张国付，男，1984年出生，河南省中牟县人，中共党员。2010年本科毕业于河南科技学院园艺专业；2013年获河南农业大学植物学硕士学位；2016年至今在郑东新区建设开发投资总公司从事市政绿化工程工作，任工程师。

（33）申小雨，女，1986年出生，2010年毕业于河南科技学院园艺专业；毕业后回到家乡中牟种植大棚葡萄，现种植规模有5个大棚，单棚平均收入近5万元。带动全村10余户种植大棚葡萄，切实增加了农民收入，是村里小有名气的“大学生农民”。

（34）杨旭东，男，1987年出生，河南沈丘县人。2011年毕业于河南科技学院园艺专业，同年考入广西大学攻读硕士研究生；2014年取得硕士学位；现就职于安徽理工大学土木建筑学院，担任学生专职辅导员。2017年获安徽省大中专学生“三下乡”社会实践活动“优秀团队”称号；曾获团中央网络影视中心大学生与大学生村官保险扶贫志愿服务活动“优秀指导教师”、团中央学校部2017年“镜头中的三下乡”“优秀指导教师”。

（35）郭小菲，男，2011年毕业于河南科技学院园艺专业；2014年河南科技学院硕士研究生毕业并取得硕士学位；现就职于河南省林州市桂林镇总工会。

（36）魏玲玲，女，河南林州人，1987年出生。2011年毕业于河南科技学院园艺专业；2014年河南农业大学硕士研究生毕业并取得硕士学位；现就职于武汉大学模式动物研究所。

（37）元晓房，女，河南林州人，1988年出生。2011年毕业于河南科技学院园艺专业；2014年沈阳农业大学硕士研究生毕业并取得硕士学位；现就职于沈阳博佳科技有限公司。

（38）张丽婷，女，河南林州人，1988年出生。2011年毕业于河南科技学院园艺专业；2014年河南农业大学硕士研究生毕业并取得硕士学位；现就职于中国移动新郑分公司。

（39）万里波，女，1988年出生，河南林州人。2011年毕业于河南科技学院园艺专业；2014年青岛农业大学硕士研究生毕业并取得硕士学位；现就职于青岛市即墨区北安街道办事处。

（40）张凤娟，女，河南濮阳人，1987年出生。2011年毕业于河南科技学院园艺专业；2014年广西大学硕士研究生毕业并取得硕士学位；现就职于信阳市罗山县罗山高级中学。

（41）张琨琨，女，河南修武人，1988年出生。2011年毕业于河南科技学院园艺专业；2015年广西大学硕士研究生毕业并取得硕士学位；现就职于河南心连心化肥有限公司。

（42）张学全，男，河南濮阳人，1988年出生。2011年毕业于河南科技学院园艺专业；2015年海南大学硕士研究生毕业并取得硕士学位；现就职于贵州省六盘水市钟山区都市型现代农业产业园区管理委员会，派驻犀牛村驻村第一书记，曾获"钟山区脱贫攻坚优秀共产党员"荣誉称号。

（43）李青风，女，河南林州人，1988年出生。2011年毕业于河南科技学院园艺专业；2014年西南大学硕士研究生毕业并取得硕士学位；现就职于贵州省农业科学院，任助理研究员。

（44）刘露颖，女，河南信阳人，1988年出生。2011年毕业于河南科技学院园艺专业；2014年河南师范大学硕士研究生毕业并取得硕士学位；现就职于中国平安保险股份有限公司信阳分公司。

（45）高丹美，女，河南长垣县人，1989年出生，中共党员。2012年毕业于河南科技学院园艺专业；2015年东北农业大学硕士研究生毕业并取得硕士学位；2019年东北农业大学博士研究生毕业并取得博士学位。

（46）池浩，男，1989年出生，河南省信阳市人，现居重庆市江津区。2012年毕业于河南科技学院园艺专业；2015年西南大学蔬菜学专业硕士研究生毕业并获硕士学位；现在重庆市江津区农业农村委农业技术推广中心工作，农艺师主任助理。

（47）陈磊，男，1987年出生，河南夏邑县人，现居住浙江省温州市。2012年毕业于河南科技学院园艺专业；毕业后一直致力于童装行业渠道管理及销售管理工作，2016年任温州红蜻蜓儿童用品有限公司副总经理；2018年被聘任为红蜻蜓儿童用品公司温州、郑州分公司总经理，现管理江浙和华北地区70余家店铺，年销售额0.8亿。

（48）靳晶豪，男，河南平顶山人。2012年毕业于河南科技学院园艺专业；2015年硕士毕业于西北农林科技大学蔬菜学专业；2015年至今于西北农林科技大学攻读博士。

（49）郑健，男，河南商丘人。2012年毕业于河南科技学院园艺专业；2012年3月至今于洋河股份（上市500强）工作；现任洋河股份河南大区总经理助理。

（50）张玉园，男，河南淮滨人。2012年毕业于河南科技学院园艺专业；2015年硕士毕业于河南科技学院蔬菜学专业；现在新疆和田地区洛浦县阿其克乡工作，任乡政府党委委员、副乡长、农村经济发展办公室主任。

（51）闵子扬，男，河南驻马店人。2012年毕业于河南科技学院园艺专业；2015年硕士毕业于湖南农业大学蔬菜学专业，同年进入湖南省农业科学院蔬菜研究所工作；2017年于湖南农业大学在职攻读博士。

（52）张坤鹏，男，河南驻马店人。2012年毕业于河南科技学院园艺专业；2015年硕士毕业于沈阳农业大学蔬菜学专业；2015至2018年就职于辽宁省乐之农业有限公司；2018年至今于沈阳农业大学攻读全日制博士。

（53）陈梦莹，女，河南许昌人。2012年毕业于河南科技学院园艺专业；2015年硕士毕业于西南大学蔬菜学专业；2015年9月至2016年7月于河南省农业科学院园艺研究所从事科研助理工作；2016年7月至今于河南牧业经济学院任辅导员。

（54）靳高超，男，河南许昌人。2012年毕业于河南科技学院园艺专业；2017年4月开始供职于中国平安人寿股份有限公司，任汝州支公司销售主管。

（55）王红全，男，河南周口人。2012年毕业于河南科技学院园艺专业；2018年12月创办郑州优宠宠物用品有限公司，任联合创始人。

（56）杜文青，河南濮阳人。2012年毕业于河南科技学院园艺专业；2015年硕士毕业于华中农业大学蔬菜学专业；2015年7月至2018年6月于河南省农业科学院植物保护研究所从事科研助理工作；2018年7月至今于开封市蔬菜科学研究所从事番茄育种工作。

（57）陈理军，河南南阳人。2012年毕业于河南科技学院园艺专业；2015年硕士毕业于广西大学植物学专业；2015年7月至今于云南省林业调查规划院从事林业调查规划设计工作。

（58）于迪，女，河南新安县人。2012年毕业于河南科技学院园艺专业；2015年硕士毕业于河南农业大学设施栽培专业；2017年7月任新安县仓头镇人民政府科员。

（59）阮晨，男，安徽合肥市人。2012年毕业于河南科技学院园艺专业；2015年硕士毕业于西南科技大学核废物与环境安全国防重点实验室；2019年博士毕业于华中科技大学鄂州工业技术研究院；目前在美国梅奥医学中心从事博士后工作。

（60）刘石刚，男，河南商丘人，中共党员。2013年毕业于河南科技学院园艺专业；2017年4月创立上海卓淑服饰有限公司，注册资金100万元；2018年年销售额达500万元，现为上海卓淑服饰有限公司总经理兼法定代表人。

（61）石俊刚，男，河南林州人，1989年出生。2013年毕业于河南科技学院园艺专业。2013年创立苏州誉天下劳务派遣有限公司，共计创造农村剩余劳动力转移15000余人次；2018年1月创立河南温县誉兴农业种植合作社，流转承包土地900余亩，并与北京味道网达成战略合作。

（62）陈宏志，男，1990年出生，河南南阳人，中共党员。2013年毕业于河南科技学院园艺专业；2016年河南科技学院观赏园艺学硕士研究生毕业并取得硕士学位；2017年至今中国林业科学研究院林木遗传育种博士研究生在读。

（63）刘文杰，博士，男，河南商丘人。2013年毕业于河南科技学院园艺专业，后考入沈阳农业大学硕博连读，于2019年6月获得博士学位；2019年4月进入中国科学院遗传与发育生物学研究所田志喜研究员课题组，开展博士后研究工作。

（64）王瑞华，女。2013年毕业于河南科技学院园艺专业；2015年西北农林科技大学硕士研究生毕业并取得硕士学位；现就职于郑州市农林科学研究所，从事蝴蝶兰花卉育种工作。

（65）尹晓，1990年出生，河南省平舆县人，中共党员。2013年毕业于河南科技学院园艺专业，2013年9月西北农林科技大学果树学硕博连读至今。

（66）周黎辉，2013年毕业于河南科技学院园艺专业；2016年6月至今任海南省白沙县政府政策研究室科员。

（67）赵凤莉，2013年毕业于河南科技学院园艺专业；2016年西北农林科技大学硕士研究生毕业并取得硕士学位；2016年至今在郑州果树研究所工作。

（68）冯自洋，2013年毕业于河南科技学院园艺专业；2016年河北农业大学硕士研究生毕业并取得硕士学位；2016年至今，任北京世纪文新教育科技集团昌平校区理科教学主管。

（69）潘雪珍，2013年毕业于河南科技学院园艺专业；2015年西南大学硕士研究生毕业并取得硕士学位；2015至今在许昌市林业工作站工作。

（70）马光辉，2013年毕业于河南科技学院园艺专业；毕业后成立舞阳县光辉鲜切花玫瑰种植园，获得舞阳县“大学生科技创业示范点”称号；2015年创建舞阳县日红园艺有限公司，采用“公司+农户+互联网”的模式，发展农户数十家，规模扩大至百亩，为当地经济发展作出贡献。先后获漯河市“创业之星”，漯河市首届“农村青年致富带头人”，舞阳县“十大杰出青年”，舞阳县“劳动模范”等荣誉称号。

（71）冯晓燕，2013年毕业于河南科技学院园艺专业；2016年南京农业大学园林植物与观赏园艺专业硕士研究生毕业并取得硕士学位；现任职于深圳市铁汉生态环境股份有限公司风景园林中级工程师，担任公司研发工程师。

（72）马宇强，男，1990年出生，中共党员。2014年毕业于河南科技学院园艺专业；2017年研究生毕业于南京航空航天大学人文与社会科学学院社会工作专业；现任南京市江宁区住房和城乡建设局办公室科员，先后获得“南京市江宁区住房和城乡建设局先进个人”“南京市江宁区住房和城乡建设局优秀共产党员”等荣誉称号。

（73）丁体玉，女，1991年出生，河南省邓州市人。2014年毕业于河南科技学院园艺专业；2017年研究生毕业于中国农业科学院郑州果树研究所并取得硕士学位；2017年考入中国农业科学院郑州果树研究所攻读博士学位。

（74）汤小美，女，1989年生，河南省周口市淮阳县人。2014年毕业于河南科技学院园艺专业；2017年安徽农业大学果树专业硕士研究生毕业并取得硕士学位；2017年9月考入华中农业大学攻读果树学博士学位。

（75）丁圆席，女，1990年出生，河南省杞县人。2014年毕业于河南科技学院园艺专业，2017年研究生毕业于华中农业大学果树学专业并获硕士学位，毕业后先后任广州缤纷园艺有限公司组培研发技术员和武汉伯远生物科技有限公司水稻转基因技术支持职务。

（76）王艳萍，女，1989年出生，河南省淮阳县人。2014年毕业于河南科技学院园艺专业；后任鑫隆食品有限公司现金会计、曙光中学初三数学老师、环球雅思教学部主管等职；2016年创立树恒教育，任校长。

（77）郭成斌，男，1991年出生，河南省新乡市人。2014年毕业于河南科技学院园艺专业毕业；先后任新乡市获嘉县住建局绿化处科员、迪拜三益食品国际有限公司（Tri-benefits foodstuff International LLC）副总经理等；2019年至今，任阿联酋阿吉曼海关和记黄埔港口（Hutchison Ports Ajman）高级销售经理。

（78）宋翠，女，1989年出生，河南省夏邑县人。2014年毕业于河南科技学院园艺专业；先后任萧然书院销售、京翰教育学导主管、学才教育校长、虹越教育销售组长。

（79）魏一鸣，男，1992年出生，河南林州人。2014年毕业于河南科技学院园艺专业；2017年华南农业大学园艺产品采后科学专业硕士研究生毕业；2017年7月至2018年8月，任郑州郑氏化工产品有限公司药效师；2018年9月至今，任林州市农商银行客户经理。

（80）鲁晓晓，女，1991年出生，河南延津人。2014年毕业于河南科技学院园艺专业；2017年毕业于河南科技学院蔬菜学专业并取得硕士学位；2019年6月于中国农业科学院攻读博士学位。

（81）卜璐璐，女，1992年出生。2015年毕业于河南科技学院园艺专业，2018年研究生毕业于云南农业大学蔬菜学专业；现任职于山东鲁望农业发展集团有限公司。

（82）房隔夏，女，1991年出生。2015年毕业于河南科技学院园艺专业；毕业后以合伙人身份加入宁陵县新省教育集团，任生物课教师，先后获得“宁陵县优质课教师”“新省集团优秀教师”“最具创造力教师”等荣誉称号。2018年9月荣升为新省集团教研组组长。

（83）郭威涛，男，1991年出生。2015年毕业于河南科技学院园艺专业；后考入河南科技学院蔬菜学专业攻读硕士研究生，2018年研究生毕业并获得硕士学位。2018年7月份入职国有控股上市公司中化国际（控股）股份有限公司的全资子公司中化作物保护品有限公司，任华中区销售代表。

（84）田坤红，女。2015年毕业于河南科技学院园艺专业；同年考入安徽农业大学茶与食品科技学院的茶学专业攻读硕士研究生；2018年硕士研究生毕业并获得硕士学位；2018年7月起在一家公司从事科技论文的撰写工作。

（85）杨春雷，男，中共党员。2015年毕业于河南科技学院园艺专业；2018年云南农业大学果树学硕士研究生毕业并取得硕士学位。2018年6月获得“云南省省级优秀毕业生”荣誉称号；2018年6月入职山东鲁望农业发展集团有限公司，任鲁望农业平原农场的农场经理。

（86）张伟伟，男，1990年出生。2015年毕业于河南科技学院园艺专业；毕业后任职于河南心连心化肥有限公司；2016年9月19号正式加入新中盟股份有限公司；2019年

1月被公司聘任为新中盟股份有限公司重庆地区总经理。

（87）李晓静，女，1992年出生。2015年毕业于河南科技学院园艺专业；2018年华中农业大学蔬菜学硕士研究生毕业并取得硕士学位；2018年8月进入中国科学院植物研究所攻读博士学位。

（88）徐素娟，女，1992年出生，河南驻马店市人。2015年毕业于河南科技学院园艺专业；2019年南京农业大学观赏园艺学专业研究生毕业并取得硕士学位。2019年6月考入南京农业大学观赏园艺学专业攻读博士研究生。

（89）郑光辉，1990年出生。2015年毕业于河南科技学院园艺专业；2015年9月进入华中农业大学进行硕博连读，目前博士在读。

（90）董婷婷，女，1992年出生，河南濮阳人。2015年毕业于河南科技学院园艺专业；2017年中国农业大学农学院硕士研究生毕业并取得硕士学位；2018年1月至2019年5月，任北京市农林科学院蔬菜研究中心外聘科研助理；2019年考入中国农业大学攻读观赏园艺专业博士，目前博士在读。

（91）金新开，女，1992年出生，河南周口人。2015年毕业于河南科技学院园艺专业；2018年西南大学蔬菜学专业硕士研究生毕业并取得硕士学位；2018年5月考取重庆大学生物工程学院生物学博士，目前博士在读。

（92）张一，女，1994年出生，河南项城人。2015年毕业于河南科技学院园艺专业；2016年9月进入南京农业大学攻读观赏园艺学硕士学位；2018年转博，现为南京农业大学观赏园艺学专业在读博士。

（93）张孟茹，女，1992年2月生，河南周口人。2015年毕业于河南科技学院园艺专业；2017年9月考取南京农业大学蔬菜学专业硕士研究生；2019年转博，现在南京农业大学蔬菜学专业博士在读。

（94）霍文雨，女，1992年出生，河南项城人。2015年毕业于河南科技学院园艺专业；2015年9月至2018年6月在南京农业大学和上海市农业科学院（联合培养）读农学硕士，获蔬菜学硕士学位；2015年9月至12月赴日本千叶大学交流学习；2018年5月通过上海市事业单位招考，现在中荷农业部上海园艺培训示范中心工作。

（95）王齐旭，男，1990年10月生，河南周口人。2015年毕业于河南科技学院园艺专业；2018广西大学蔬菜学硕士研究生毕业并取得硕士学位；2018年5月起在上海市农业技术推广服务中心蔬菜科工作至今。

（96）李闯，2015年毕业于河南科技学院园艺专业；2015年7月至2018年5月任四川露西花卉北京分公司业务主管；2018年6月返乡创业，从事精品多肉植物生产和销售，目前有自建连栋温室大棚一栋2000平方米，年收入10万，作为返乡青年代表受多次表彰。

（97）顾彩彩，女，1991年出生。2015年毕业于河南科技学院园艺专业；2018年硕士研究生生毕业于广西大学植物学专业，并获硕士学位；现就职于华中师范大学附属息县高级中学。

（98）葛晓宁，女，1993年出生，河南濮阳人，中共党员。2016年毕业于河南科技学院园艺专业；2019年研究生毕业于中国林业科学研究院森林培育专业，同年7月留院，在科研岗位工作。

（二）园林专业部分优秀毕业生代表

（1）腰政懋，男，1986年3月出生，河南邓州人，中共党员，农学博士。2007年毕业于河南科技学院园林专业；2010年毕业于河南农业大学森林培育专业，获农学硕士学位；2015年毕业于北京林业大学森林培育专业，获农学博士学位。目前任河南科技大学学报编辑部责任编辑。

（2）陈璐涛，男，1983年10月出生，2007年毕业于河南科技学院园林专业；2008至今就职于洛阳文昌古建园林工程有限公司，任副经理。

（3）杨铁磊，男，1983年7月出生，中级工程师，南阳市唐河县人，中共党员。2008年毕业于河南科技学院园林专业。2014年12月注册成立郑州星博教育咨询有限公司，任法人、总经理。

（4）马豫，女，1985年12月出生，硕士研究生，河南省济源市人。2008年毕业于河南科技学院园林专业；2014年毕业于京都府立大学研究生院，获建筑学研究生学位。2014年至今，任职于日本大和住宅工业株式会社，做养老院及医院的建筑设计工作。

（5）脱颖，男，1985年7月出生，硕士研究生，河南省郑州市人。2008年毕业于河南科技学院园林专业；2012年获日本滋贺县立大学建筑学研究生学位。2015年京都大学博士课程中途退学。2015至2018年在Tecriver株式会社从事贸易与旅游相关行业工作。2018年取得日本建筑师资格证，并于同年进入积水住宅株式会社从事公寓楼设计工作至今。

（6）杨中宁，男，1984年10月出生，硕士研究生，河南省内黄县人，中共党员。2008年毕业于河南科技学院园林专业；2011年毕业于广西大学，获农学硕士学位。2011年7月至今任职于广西国有七坡林场，现任林业科研所所长、工程师，在职攻读福建农林大学博士学位。

（7）朱江锋，男，1985年2月出生，河南省荥阳市人，中共党员。2008年毕业于河南科技学院园林专业。2014年成立河南熙春园林绿化工程有限公司。

（8）王春艳，女，1987年1月出生，河南周口人，中共党员。2008年毕业于河南科技学院园林专业。2014年至今自主创业。

（9）徐刘振，男，1986年7月出生，河南省商丘市人，中共党员。2008年毕业于河南科技学院园林专业，2008年至今自主创业。

（10）李鹏，男，1983年出生，河南南阳人，中共党员。2009年毕业于河南科技学院园林专业；2009年考取浙江农林大学研究生，2012年获得硕士学位；现任浙江省绍兴文理学院讲师。

（11）魏兆兆，女，1987年出生，河南汝州人，中共党员；2009年毕业于河南科技学院园林专业；2009年至2012年在浙江农林大学读研究生，现任职于富阳学院，从事园林技术教学工作。

（12）李喜印，男，1986年出生，河南南阳人，中共党员。2009年毕业于河南科技学院园林专业；2009年考取福建农林大学研究生，2012年获得硕士学位；现就职于郑州，从事规划设计工作。

（13）李玉娇，女，1985年出生，河南商丘人。2009年毕业于河南科技学院园林专业；2017年考取河南科技学院硕士研究生。

（14）陈放，女，1985年出生，河南新乡人，中共党员。2009年毕业于河南科技学院园林专业；2009年考取华中大学研究生，2012年获得硕士学位；现就职于郑州，从事甲方景观设计工作。

（15）陈丽静，女，1986年出生，河南郑州人，中共党员。2009年毕业于河南科技学院园林专业；2009年考取福建农林大学研究生，2012年获得硕士学位；现就职于福建大地景观有限公司河南分公司，从事景观设计工作。

（16）管雨，女，1984年出生，河南周口人，中共党员。2009年毕业于河南科技学院园林专业；2009年考取浙江农林大学研究生，2012年获得硕士学位。现任职于盐城师范学院科技处。

（17）鲁永现，男，汉族，1984年生，河南濮阳人。2009年毕业于河南科技学院园林专业；2009年9月考入东北林业大学林学院生态学专业，2012年6月获生态学硕士学位。现就职于濮阳市林业局林业技术推广站。

（18）魏景沙，男，1984年出生，河南省博爱县人，中共党员。2009年毕业于河南科技学院园林专业；2009年考取西北农林科技大学风景园林艺术学院研究生，2011年获得风景园林硕士学位，中级职称。现就职于风土（北京）城乡规划设计有限公司郑州中心，主要从事园林方案创作工作。

（19）王乔健，1985年出生，2010年毕业于河南科技学院园林专业；2016年毕业于河南科技学院，获农学硕士学位；2019年毕业于安徽农业大学林学与园林学院，获农学博士学位。

（20）王伟燕，1987年出生，2010年毕业于河南科技学院园林专业；2016年毕业于山东农业大学林学院，获农学硕士学位；2019年毕业于安徽农业大学生命科技学院，获农学博士学位。

（21）孙士咏，女，1990年出生，河南林州人，中共党员。2013年毕业于河南科技学院园林专业；2013年考取本校研究生，2016年获得硕士学位，硕士论文被评为“河南省优秀硕士论文”。现就读于中国林业科学研究院，攻读博士学位。

（22）廖双，女，1990年7月出生，河南许昌人，中共党员。2012年毕业于河南科技学院园林专业；2015年毕业于西南林业大学，获工学硕士学位；现在许昌市发展和改革委员会工作。

（23）马旭，男，1990年4月出生，河南许昌人，中共党员。2012年毕业于河南科技学院园林专业；2016年毕业于西南林业大学，获工学硕士学位；现在岭南生态文旅股份有限公司工作。

（24）张朝松，男，1987年11月出生，河南南阳人，中级工程师。2012年毕业于河南科技学院园林专业；2015年毕业于哈尔滨工业大学，获工学硕士学位；现在中国建材检验认证集团股份有限公司工作。

（25）韩静静，女，1989年9月出生，河南濮阳人，中共党员。2012年毕业于河南科技学院园林专业；2015年毕业于武汉大学，获工学硕士学位；现在棕榈设计有限公司工作。

（26）李峥，女，1989年10月出生，2012年毕业于河南科技学院园林专业；2015年毕业于西南林业大学，获工学硕士学位；现在河南居易置业有限公司工作。

（27）刘晓杰，女，1990年3月出生，河南巩义人，中共党员。2012年毕业于河南科技学院园林专业；2015年毕业于西南林业大学，获工学硕士学位；现在郑州商学院工作。

（28）康利平，女，1988年3月出生，河南安阳人，中共党员。2012年毕业于河南科技学院园林专业；2015年毕业于浙江农林大学，获工学硕士学位；现在北京天泉佳境陵园建筑设计有限公司滨江分公司工作。

（29）肖之强，男，1990年05月出生，河南信阳人，博士研究生。2014年毕业于河南科技学院园林专业；2017年6月毕业于西南林业大学，获农学硕士学位。2018年9月至今，在中国科学院武汉植物园攻读博士学位。

（30）朱保全，男，1990年9月出生，河南周口人，中共党员。2014年毕业于河南科技学院园艺园林专业；2017年毕业于西南林业大学，获风景园林学硕士学位；2018年至今任教于河南工学院。

（31）魏文彬，男，1990年10月出生，河南南阳人。2014年毕业于河南科技学院园艺园林专业；2016年毕业于西南林业大学，获风景园林硕士学位；2019年3月至今任职于南阳市城乡一体化示范区城市管理服务中心。

（32）李兆丰，男，1992年9月出生，河南许昌人。2014年毕业于河南科技学院园林专业，2018年毕业于南京林业大学，获风景园林学硕士学位；2018年进入苏州生态园林担任景观设计师。

（33）李向阳，男，1990年3月出生，河南商丘人。2014年毕业于河南科技学院园林专业。2018年与室友梁坤共同创立上海庭合景观设计有限公司。

（34）梁坤，男，1989年9月出生，河南信阳人，中共党员。2014年毕业于河南科技学院园林专业。2018年创立上海庭合景观设计有限公司。

（35）田芸溪，女，1992年2月出生，河南新乡人，中共党员。2015年毕业于河南科技学院园林专业；2018年毕业于西南林业大学，获风景园林学硕士学位；2018年至今于西北农林科技大学攻读风景园林学博士学位。

（36）崔春英，女，2015年毕业于河南科技学院园林专业；2015年考入东北林业大学，2018年硕士毕业，目前就职于广东佛山市碧桂园顺茵公司，担任设计副主管。

（37）胡晓晴，女，2015年毕业于河南科技学院园林专业；2015年考入天津城建大学，2018年硕士毕业，目前就职于郑州大学综合设计研究院有限公司，担任景观助理工程师。

（38）孔倩倩，女，2015年毕业于河南科技学院园林专业；2015年考入福建农林大学，2018年硕士毕业，目前就职于平顶山农业科学院。

（39）王强，男，2015年毕业于河南科技学院园林专业；2015年考入福建农林大学，2018年硕士毕业，目前就职于郑东新区盛世生态环境股份有限公司。

（三）城市规划专业部分优秀毕业生代表

（1）孙忠，男，1986年10月出生。2008年毕业于河南科技学院城市规划专业；2011年毕业于西安建筑科技大学建筑学院城市规划专业，获硕士学位。2015年9月至今，就读于天津大学建筑学院城乡规划学专业，攻读博士研究生。

（2）靳金，男，1985年2月出生。2008年毕业于河南科技学院城市规划专业；2011年2月毕业于韩国庆熙大学（Kyung Hee University）建筑系，获建筑信息技术方向硕士学位。现任北京国际度假区有限公司［美国环球影城（Universal Studio）北京项目业主公司］BIM经理。曾获第十三届“上海市青年岗位能手”“上海市青年五四奖章集体成员(2015)”等荣誉称号。

（3）任娟，硕士，2008年毕业于河南科技学院城市规划专业；现任职于郑州市城乡规划局。

（4）刘林，2008年毕业于河南科技学院城市规划专业；现任职于周口市自然资源和规划局副主任科员。

（5）耿红生，硕士，2008年毕业于河南科技学院城市规划专业；现任职于河南省城乡规划设计研究总院有限公司。

（6）胡诗魁，高级工程师，2008年毕业于河南科技学院城市规划专业；现任职于湖南湘江新区发展集团有限公司。

（7）李锋，2008年毕业于河南科技学院城市规划专业；现任职于郑州美泽景观设计有限公司，经理。

（8）白霜，女，1990年6月出生。2011年毕业于河南科技学院城市规划专业；2014年6月毕业于吉林建筑大学建筑与规划学院工业设计工程专业，获得硕士学位。2014年7月至今，在上海市地下空间设计研究总院有限公司工作。

（9）张晶，女，2011年毕业于河南科技学院城市规划专业；2012年9月至2015年6月就读于武汉大学城市设计学院城市规划专业，获得硕士学位。

（10）王晨光，男，1989年2月出生。2011年毕业于河南科技学院城市规划专业；2014年6月毕业于苏州科技学院城市规划与设计专业，取得硕士学位。毕业后在苏州科技大学工作至今。

（11）丁梦蝶，女，1987年12月出生。2011年毕业于河南科技学院城市规划专业。2014年9月至2017年6月就读于吉林建筑大学建筑与规划学院城乡规划学，取得硕士学位。2019年3月至今，在大原建筑设计咨询（上海）有限公司工作。

（12）栗利琴，女，1986年05月出生。2011年毕业于河南科技学院城市规划专业；2013年6月毕业于浙江农林大学经济管理学院农村与区域发展专业，取得硕士学位。2016年11月至今，在广州科城规划勘测技术有限公司河南分公司工作。

（13）石秀平，男，1988年2月出生，城市规划工程师。2011年毕业于河南科技学院城市规划专业；2014年6月毕业于西南科技大学土木工程与建筑学院城市规划与设计专业，取得硕士学位。2014年7月至今，在深圳市新城市规划建筑设计股份有限公司工作。

（14）刘鸽，女，1988年11月出生。2011年毕业于河南科技学院城市规划专业；2014年6月毕业于安徽建筑大学建筑学院城市规划专业，取得硕士学位。2014年7月至今，在安徽省安庆市城乡规划设计院工作。

（15）何晓勇，男，1988年2月出生。2011年毕业于河南科技学院城市规划专业；2014年6月毕业于广东工业大学建筑与城市规划学院城市规划专业，取得硕士学位。2019年3月至今，在杭州市建筑设计研究院有限公司工作。

（16）李晓芳，女，1989年1月出生。2011年毕业于河南科技学院城市规划专业；2014年7月毕业于安徽建筑大学建筑与规划学院城乡规划专业，取得硕士学位。2017年7月至今，在蓝城集团研究院工作。

（17）杜明凯，男，1987年5月出生。2011年毕业于河南科技学院城市规划专业；2013年7月毕业于云南大学城建学院建筑与土木工程专业，取得硕士学位。在2016年至今，在安阳工学院工作。

（18）王影影，女，1988年8月出生。2011年毕业于河南科技学院城市规划专业；2014年6月毕业于苏州科技大学建筑与城市规划学院城市规划与设计专业，取得硕士学位。2014年7月至今，在焦作市自然资源和规划局工作。

（19）朱哲华，男，1989年4月出生。2011年毕业于河南科技学院城市规划专业；2014年7月毕业于安哈尔特应用科技大学古建筑保护专业，取得硕士学位。2015年12月至今，在德国工作。

（20）张阳，男，1988年12月出生，工程师，注册城乡规划师。2011年毕业于河南科技学院城市规划专业；2013年12月毕业于武汉大学城市设计学院建筑学专业，取得硕士学位。2013年12月至2019年1月，在南阳市城乡规划局工作。2019年1月至今，在南阳市自然资源和规划局工作。

（21）卢华峰，女，1989年5月出生。2011年毕业于河南科技学院城市规划专业；2014年7月毕业于德国安哈尔特应用技术大学建筑设计专业，取得硕士学位。2014年8月至2018年12月，在德国ECE公司从事商业建筑设计和项目开发。2019年5月于维也纳成立设计工作室，承接国内外创意设计和国际交流项目。

（22）张国晨，男，1988年12月出生。2011年毕业于河南科技学院城市规划专业。2017年7月至2019年1月，任新乡市凤泉区城乡规划分局副局长。2019年1月至今，任新乡市凤泉区自然资源局副局长。

（23）刘鑫，男，1989年3月出生。2011年毕业于河南科技学院城市规划专业。2012

年8月至2016年4月，任开封市宋城街道办事处党政办主任。

（24）李阳，2012年毕业于河南科技学院城市规划专业；西安建筑科技大学博士研究生。

（25）马海彦，2012年毕业于河南科技学院城市规划专业；任河南城市建筑设计院有限公司设计师。

（26）常征，2013年毕业于河南科技学院城市规划专业；西安建筑科技大学硕士，河南省城乡规划设计研究总院有限公司规划师。

（27）刘诗芳，男，1990年06月出生，河南灵宝人，中共党员。2014年毕业于河南科技学院城市规划专业；重庆大学建筑城规学院在读博士。任重庆大学建筑城规学院博士生党支部书记，曾获“优秀党务工作者”“优秀团员”等称号。

（28）李琳琳，硕士，2015年毕业于河南科技学院城市规划专业；浙江大学城乡规划设计研究院设计师。

（29）庞梦来，2018年毕业于河南科技学院城市规划专业；贵州大学硕士研究生。

（30）李龙龙，河南巩义人，2018年毕业于河南科技学院城市规划专业；西安建筑科技大学硕士。

（31）武兵，河南商丘人，2019年毕业于河南科技学院城市规划专业；沈阳建筑大学研究生。

（32）王骏奇，河南省商水县人，2019年毕业于河南科技学院城市规划专业；沈阳建筑大学硕士。

（33）罗文硕，2019年毕业于河南科技学院城市规划专业；桂林理工大学硕士。

（34）振乾，河南濮阳人，2019年毕业于河南科技学院城市规划专业；西安建筑科技大学研究生。

园林科1977年首届园林1班毕业生合影

园艺系1980届园林4班毕业生合影

园艺系1981届果树5、6班毕业生合影

园艺系1982届果树7班毕业生合影

园艺系1982届果树8班毕业生合影

园艺系1983届果树9、10班毕业生合影

园艺系1984届果树11、12班毕业生合影

园艺系1985届果树13、14班毕业生合影

园艺系1986届果树15、16班毕业生合影

园艺系1987届果树17、18班毕业生合影

园艺系1988届19班毕业生合影

园艺系1988届20班毕业生合影

园艺系1989届毕业生合影

园 艺 系 1990 届 毕 业 生 合 影

园 艺 系 1991 届 毕 业 生 合 影

园艺系 1993 年首届本科生毕业合影

园艺系1994届毕业生合影

园艺系1995届本科毕业生合影

园艺系1995届城镇园林绿化班毕业生合影

园艺系1995届大专班毕业生合影

园艺系1996届毕业生合影

园艺系1997届毕业生合影

园艺系1998届毕业生合影
98.6.28

园艺系1999届毕业生合影
左一排 卫银灵 解宏凡 孟建玲 梁 一 刘 萍 何 莉 李淑香 娄爱萍 周海霞 陈 勋 杨俊显 赵 莉 黄世云 邓光霞 罗香平 左二排 苗卫东 周俊国 王广印
刘会超 李新峥 刘用生 焦 涛 宋建伟 韩德全 旦勇刚 姚连芳 张百俊 郑树景 王少平 赵兰枝 左三排 郑芝娟 尚红霞 靳爱花 符书玲 牛军青 潘爱荣 支玉珍
吴慧敏 祁玉玲 张 悦 吴 娟 李念东 赵嘉风 刘 弘 左四排 郭雪峰 周 峰 韩国强 朱二刚 吴宽成 夏维杰 周子发 王培育 冷天波 王云峰 丁立军 朱爱民
王新海 黄明宏 李智勇 杨成田 史青芝 高启明 左五排 胡付广 刘 爽 尤 扬 董天成 胡开鸿 李玉川 宋 帆 宋世刚 张忠迪 李 伟 尹延军 耿 硕 王士启
李文杰 王肖东 岳 锋 杜耀哲 常明喜
加宇摄影 秦建克 3040326

园艺系2000届毕业生合影

左起：第一排：李运合 高启明 张忠迪 胡付广 刘 宏 郭雪峰 苗卫东 焦 涛 旦勇刚 韩德全 宋建伟 姚连芳 刘用生 李新峥 周俊国 扈会玲 郑树景
第二排：毛辉平 茹景峰 周艳芳 潘艳淑 魏焕丽 朱玉玲 王淑红 王艺玲 张俊芬 赵永琴 马 杰 李慧芬 郭丽娜 马 远 郝猛飞 张 蕊 曹红星 李妍琴
何 静 胡群霞 贾继芬 第三排：郑军伟 吴英利 常玉娟 李庆美 代艳玲 柴福云 贾永芳 丁锦平 韩鹏飞 樊红芬 宋丽娟 张晓云 周红玲 张 云 刘晓玉
孙晓霞 董文丽 李 炜 贾 敏 孟亚楠 郝秀占 孙超峰 第四排：杨有才 马玉坤 赵振峰 王 峰 李恒立 李广磊 丁 杰 杜建朋 刘建锋 齐军勇 金典生
曾庆德 张俊收 赵永升 王五星 王道富 杨增奎 赵保国 王炜熙 胡 云 第五排：孙程旭 姚石伟 武文兵 王向雨 韩 义 周少波 金建猛 李德华 吕永胜
赫胜勇 李军峰 范书鹏 陈大勇 朱亚强 沈元凯 孙 奎 周建华 王跃强 陈志鹏 刘 斌 牛 军 曾献林 龚守福 王 彬 杨晓杰 信用影楼2000.5.20

园艺系2002届毕业生合影

第一排左起：张校辉 李沛 任艳荣 吴玲玲 林紫玉 赵兰芝 张毅川 齐安国 李保印 王广印 张百俊 姚连芳 且勇刚 焦涛 张传来 李新峥 周俊国 高启明 刘弘 张忠迪
胡付广 杨和连 周秀梅 殷利华 李兵团 薛中华 王渊 第二排：綦慧云 张华 梁凤改 李小娜 胡亚丽 李伟 韩瑞娜 孟俊霞 乔亚辉 焦书萱 张静粉 曹红 孙俊逢 李靓
张晓燕 程湘云 冯文娟 陈淑雅 赵海英 赛东红 张景华 孙学荣 范卫丽 乔金霞 王晓伟 黄艳丽 马慧丽 戚希婷 李健恒 徐丽 宋孝霞 刘小红 郝丽萍 张军格 梁忠凤
张冠花 李留振 第三排：王军令 宋小芬 徐荣 郭丽 王琳 张智慧 雷艳云 张瑞 郑雪 王慧娟 白艳蕾 张蕾 刘艳红 王会丽 曹杰 张百前 杨晓燕 聂少华 刘宇飞
张娟 王瑞萍 刘冰 苗震利 马勤 张岩岩 张爱香 赵靓兰 张慧敏 李霞霞 刘爱平 宋珊蔚 周国祥 第四排：张磊 皇甫超河 王路军 谢嵩伟 潘光乐 刘中富 王兆海
贾文庆 雷进晓 李买福 王新泉 王全彪 潘卫广 肖丰 岳文辉 麻国炯 胡书海 朱曾一 杨继华 王文学 杨卫刚 刘宏伟 徐伟峰 郭永青 李风周 兰运奇 邢峰奇 宋庆松
刘保群 汪家哲 秦朝宾 杨森 任建波 方站民 梁书恩 王存钢 刘松虎 第五排：丁自立 马卫华 张伟 燕志翔 段少华 付志品 殷新峰 王东利 孙红伟 卢红林 王晓伟
穆军 魏江春 鲁建勇 尚英豪 郝文凯 路广顺 马玉林 韩富亮 曹海河 杨筱伟 李伟东 艾建东 任子建 宋发庆 郑磊 井胜甲 杨泽勇 姚金利 李文健 张明华 孙金晓
周志国 李二斌 王同富 付高峰 张钊远 司志国 王永胜 刘晓东 程召全

园艺系 2003 届毕业生合影

第一排　左　起　吴文琪　司丽霞　张会丽　郭艳艳　王晓瑜　朱海矛　王　锦　张晓云　金　锋　邓海娜　徐利霞　王富荣　陈瑞霞　李献华　杨继林　徐　雨　张新饶
丁凌华　张　燕　闫佳卫　从培蕊　郭丹丹　王　颖　樊　靖　徐文娟　李　静　刘渊渊　王　茜　陶红果　朱俊峰　郭彩霞　张丽英　王明玲　第二排　潘　静　张冬梅
韩春叶　赵晓然　张艳丽　郑慧敏　吴玲玲　扈惠玲　刘志红　齐安国　杨立锋　李宝印　苗卫东　张传来　姚连芳　旦勇刚　宋建伟　王广印　王少平　赵兰芝　李新峥
刘　弘　胡付广　郭玉霞　张秋菊　王　芳　万秀娟　付海燕　李　洁　张　敏　杨　瑛　第三排　赵延鹏　侯晓宝　郭瑞芝　孙喜云　段冬霞　谷金丽　王朝霞　王一晓
徐军霞　郭　燕　左红英　张晓飞　贾朝亮　王艳红　张会娜　郑瑞华　陈永红　马利平　何智源　王晓东　王成涛　毛新芳　雷晓亭　车灵艳　李　玲　崔　璨　马翠霞
李银凤　范亚丽　孟　芮　王启端　高俊峰　任玉巧　张占艳　金梦阳　邵珠霞　陈金慧　夏文辉　焦春燕　第四排　王艳平　吴向格　焦玉慧　王绍磊　沈克宪　张　勇
李世勋　周　飞　王红雨　王振华　赵庆端　乔　勇　张亚强　屈振峰　方永涛　俞春剑　鲁　辉　刘春雷　李世林　周华伟　刘　刚　刘　威　张卫国　李艳良　任买官
马江伟　杨步亮　阮先乐　张钦森　马玉周　张小鹏　聂少安　李文博　李无朋　王留海　第五排　王森仁　陈　群　王红强　张高永　许水波　王文峰　冯国杰　李　宏
李会军　申涛峰　宋永刚　赵帅普　贺松峰　詹昌保　陈启鹏　郑　堃　张志恒　范军华　王宏民　李俊杰　陈心胜　安海周　朱宏涛　齐金彪　刘延成　周　威　郭海波
张中海　王俊法　李　飞　张红旗　史红卫　刘本纯　孙军锋　李元应　王长兴　李志超　陈洪涛　王　晋　王朝阳

新新娘摄影　2003.6.25

园艺系 2004 届毕业生合影

园林学院2005届毕业生合影

园林学院2006届毕业生合影

园林学院2007届毕业生合影

园林学院2008届毕业生合影

园林学院2009届毕业生合影

第一排 贾文庆 胡付广 陈腾 陈碧华 曹娓 周秀梅 扈惠玲 赵兰枝 苗卫东 周俊国 王广印 焦涛 姚连芳 张传来 刘会超 杨立峰 李新铮 郑树景 刘弘 王瑶 孙涌栋 刘亚东 宰波 周凯 吴玲玲 王少平 第二排 张桂芝 张丹 杨卉卉 冯可可 石薇 韩夏 孙静静 崔海娇 郭玉凤 琚茜茜 常林燕 谷艳霞 韩丽利 周芳 郑书慧 李静 王正菊 杜长梅 汪春梅 赵彦静 刘丹 郑肖贞 刘学敏 刘田田 栗俊红 胡平 陈冕 袁少寒 许书贞 贺莉莎 李凤梅 第三排 张慈 刘月红 郭东阁 刘俊敏 魏丛 任文娟 陈卫莉 陈倩 邓丽娟 张雁雁 杜晶晶 郭林艳 段青青 王雪菊 李倩青 陈娅 王晓花 于利利 任小瑞 李瑞芳 时秀霞 靖红琴 袁艳艳 王明慧 李建慧 张俊垒 赵利亚 王伟燕 曹桂霞 康敬花 杨彦玲 穆金艳 第四排 卢松山 姚帅萍 王秀晨 李晓芳 宋清华 宁引喜 孙露露 仝桃 孙少梦 孙苏南 赵梦蕾 温利飞 孟凤丽 宋倩 魏慧兰 刘海霞 申小雨 潘闪闪 杨丽 徐亚岚 郭艳艳 路景慧 苏海兰 康瑞华 田贞 任红贤 周利娟 马青青 王垒 朱花 惠文贤 第五排 徐浩 潘小帅 程鹏 王思丰 王江涛 郭帅 金会来 张世昌 潘永健 綦国魏 金迎亮 史贝贝 刘卫凯 许军 师利杰 杜伟光 曹小强 王俊峰 王雅文 马超慧 王乔健 冯长卫 王晓伟 王占林 赵柱 牛好平 第六排 张沁松 陈崇茂 张文卯 卢超 黄俊华 贾贝龙 李文旭 刘东涛 焦要领 刘红彪 李振鹤 卢光景 刘飞 张鹤 赵恒亮 尉新强 李保栓 闫耿耿 周晓龙 岳晓雷 竹永奎 杨浩 李保亮 王振宇 孔令起 刘真 毛官杰 王智慧 成传意 郭小冬 张献礼 第七排 岳家俊 朱炎炎 解春浩 杜松茂 刘涛贝 韦进权 孙攀 秦林辉 宁晓明 田健杰 刘军 张敏杰 张海东 杨黄城 张新峰 穆运奕 曹帆 李传奇 孙太松 张国付 牛辉 张慧 耿朝阳 吴超放 张占营 杨小振 李聪慧 郑志永 陆金宝 李冬冬

园艺园林学院2013届毕业生合影
2013.5

园艺园林学院2014届毕业生合影
河南科技学院园艺园林学院2014届毕业师生合影留念
2014年5月

园艺园林学院2015届毕业生合影
河南科技学院园艺园林学院 2015 届毕业师生合影留念
2015 年 5 月

园艺园林学院2016届11级毕业生合影
社会主义核心价值观
富强 民主 文明 和谐
自由 平等 公正 法治
河南科技学院园艺园林学院 11 级合影留念
2016 年 5 月

园艺园林学院2016届12级毕业生合影
社会主义核心价值观
富强 民主 文明 和谐
自由 平等 公正 法治
爱国 敬业 诚信 友善
信息工程学院
河南科技学院园艺园林学院 12级合影留念　2016年5月

园艺园林学院2017届毕业生合影

园艺园林学院2018届毕业生合影

河南科技学院
河南科技学院园艺园林学院2019届毕业生合影留念

图书在版编目（CIP）数据

河南科技学院园艺园林学院院志：1975—2018/园艺园林学院院志编写委员会编．—北京：中国农业出版社，2019.10

ISBN 978-7-109-26054-2

Ⅰ.①河…　Ⅱ.①园…　Ⅲ.①河南科技学院园艺园林学院-校史-1975—2018　Ⅳ.①S6-40

中国版本图书馆CIP数据核字（2019）第230447号

中国农业出版社出版

地址：北京市朝阳区麦子店街18号楼

邮编：100125

责任编辑：刁乾超　王贺春　　文字编辑：孙蕴琪　赵冬博

版式设计：李　文　　责任校对：巴红菊

印刷：北京通州皇家印刷厂

版次：2019年10月第1版

印次：2019年10月北京第1次印刷

发行：新华书店北京发行所

开本：787mm × 1092mm　1/16

印张：18.25

字数：350千字

定价：68.00元